高等学校数学教材系列丛书

复变函数与积分变换

主　编　贾君霞
副主编　田　瑞　彭　静

西安电子科技大学出版社

内 容 简 介

本书依据工科数学复变函数与积分变换教学大纲，结合该学科的发展趋势，在教学实践的基础上编写而成。本书主要内容分为七章，包括复数和复平面、解析函数、复变函数的积分、解析函数的级数表示法、留数、傅里叶变换和拉普拉斯变换。每一章都有小结，并配有一定数量的习题，书末附有习题参考答案。

本书适合作为高等学校理工科各专业的复变函数与积分变换教材，也可供工程技术人员参考。

图书在版编目(CIP)数据

复变函数与积分变换/贾君霞主编. —西安：西安电子科技大学出版社，2017.7
高等学校数学教材系列丛书
ISBN 978 - 7 - 5606 - 4532 - 2

Ⅰ. ① 复…　Ⅱ. ① 贾…　Ⅲ. ① 复变函数　② 积分变换　Ⅳ. ① O174.5
② O177.6

中国版本图书馆 CIP 数据核字(2017)第 114898 号

策　　划　秦志峰
责任编辑　杜　萍　秦志峰
出版发行　西安电子科技大学出版社(西安市太白南路 2 号)
电　　话　(029)88242885　88201467　　　邮　　编　710071
网　　址　www.xduph.com　　　　　　　电子邮箱　xdupfxb001@163.com
经　　销　新华书店
印刷单位　陕西华沐印刷科技有限责任公司
版　　次　2017 年 7 月第 1 版　2017 年 7 月第 1 次印刷
开　　本　787 毫米×960 毫米　1/16　印张 12
字　　数　280 千字
印　　数　1～2000 册
定　　价　26.00 元
ISBN 978 - 7 - 5606 - 4532 - 2/O

XDUP 4824001 - 1

前　言

　　复变函数与积分变换既是高等院校理工科专业的一门专业基础课，也是高等数学的理论推广，更是众多专业学科的学习基础，目前已被广泛地应用于自然科学的众多领域。

　　本书是依据高等院校复变函数与积分变换的教学大纲，并结合编者多年的教学实践编写的，书中立足于普通高等学校人才培养的需要，对内容进行了适度的约简，兼顾数学方法的物理意义和工程应用背景，以期达到通俗易懂、易教易学的目的。编者希望通过本书的学习，读者能初步掌握复变函数与积分变换的理论方法，并能够将其运用到自己的专业领域。

　　本书主要内容包括复数和复平面、解析函数、复变函数的积分、解析函数的级数表示法、留数、傅里叶变换和拉普拉斯变换。在学习过程中，读者需要注重与实变函数进行比较并分析、体会二者的联系和变化，从而达到融会贯通的效果。本书内容均是经过仔细筛选的，精简之余又保证了该课程的完整性。在教学过程中，教师还可根据学生具体情况再进行适当删减。

　　本书由贾君霞担任主编并编写第 1 章、第 3 章、第 4 章、第 5 章、第 7 章，田瑞编写第 2 章，彭静编写了第 6 章。本书在编写过程中得到了兰州交通大学电信基础教研室全体教师的支持，在此表示衷心的感谢。

　　由于编者水平有限，书中难免存在疏漏，敬请广大读者批评指正。

编　者

2017 年 2 月

目　　　录

第 *1* 章

复数和复平面

复变函数是自变量为复数的函数。本章将在中学阶段所学复数的基础上，对复数的概念和基本运算作简要的复习与补充，并介绍扩充复平面、曲线和区域的概念，为进一步的学习奠定基础。

1.1　复数及其运算

1.1.1　复数的概念及其表示

复数的产生和发展是数学史上奇特的一章，它不是按现在教材中描述的逻辑顺序建立起来的，而是从求解方程的实践过程中产生的。意大利学者卡当在 1545 年发表的《重要的艺术》一书中，第一次把负数的平方根写到公式(后人称之为卡当公式)中。欧拉在 1777 年发表的《微分公式》一文中，首次使用符号 i 作为虚数的单位。经过许多数学家的长期不懈的努力，才使得在数学领域游荡了 200 多年的"幽灵"——虚数揭去了神秘的面纱，显现出它的本来面目，成为了数系大家庭中的一员，从而使实数集扩充到了复数集，复数理论也被运用到了各个领域当中。

我们知道，方程 $x^2+1=0$ 在实数集中无解，为了解方程的需要，引入一个新数 i，称为虚数单位。对虚数单位，做如下规定：

(1) $i^2=-1$；

(2) i 可以与实数在一起按同样的法则进行四则运算。

这样，方程 $x^2+1=0$ 就有两个根，即 i 和 $-i$。

对于任意两个实数 x 和 y，称 $z=x+iy$ 或者 $z=x+yi$ 为复数，其中，x 和 y 分别称为 z 的实部和虚部，记作：

$$x=\mathrm{Re}(z), \ y=\mathrm{Im}(z)$$

当 $x=0$，$y\neq0$ 时，$z=iy$ 称为纯虚数；当 $y=0$ 时，$z=x+0i$，把它看做实数 x。

两复数相等当且仅当它们的实部和虚部分别相等。一个复数 z 等于 0，当且仅当它的实部和虚部同时等于 0。

注意，两个实数可以比较大小，而两个复数不能比较大小，因为复数是无序的。

由于复数 $z=x+\mathrm{i}y$ 由一对有序实数 (x,y) 唯一确定，它与直角坐标 xOy 平面上的点是一一对应的，和坐标原点到点 (x,y) 的向量也是一一对应的，所以可以用平面上的点和向量来表示复数 $z=x+\mathrm{i}y$，如图 1-1 所示。在几何上称该复数 z 为点 z 或向量 z，称表示复数的 xOy 平面为复平面，又简称该平面为 z 平面。其中，x 轴上的点表示的是实数，称为实轴，y 轴上的点表示的是纯虚数，称为虚轴；原点即 $z=0$，称为零向量。

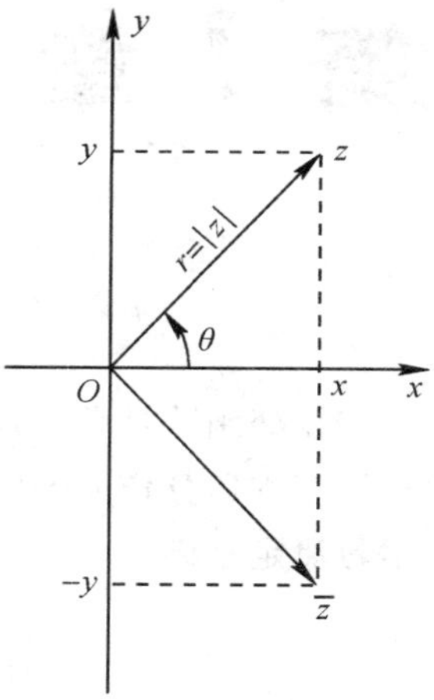

向量的长度称为复数 $z=x+\mathrm{i}y$ 的模或绝对值，记为 $|z|=r$。当 $z\neq0$ 时，把以正实轴为始边、以向量 z 为终边的角的弧度数称为复数 $z=x+\mathrm{i}y$ 的辐角，记为 $\mathrm{Arg}z=\theta$。有

$$x=r\cos\theta,\ y=r\sin\theta,\ r=|z|=\sqrt{x^2+y^2} \qquad (1.1.1)$$

注意，$z=0$ 的辐角不确定，$\mathrm{Arg}(0)$ 无意义。任一非零复数的辐角有无限多个值，这些值相差 2π 的整数倍，而满足条件 $-\pi<\theta\leqslant\pi$ 的辐角值是唯一的，称为辐角的主值，记为 $\arg z$。于是有

图 1-1

$$\mathrm{Arg}z=\arg z+2k\pi \quad (k=0,\pm1,\pm2,\cdots) \qquad (1.1.2)$$

当复数位于不同象限时，可由下式确定其辐角主值：

$$\arg z=\begin{cases}\arctan\dfrac{y}{x}, & x>0 \\[2mm] \dfrac{\pi}{2}, & x=0,\ y>0 \\[2mm] \arctan\dfrac{y}{x}+\pi, & x<0,\ y\geqslant0 \\[2mm] -\dfrac{\pi}{2}, & x=0,\ y<0 \\[2mm] \arctan\dfrac{y}{x}-\pi, & x<0,\ y<0\end{cases} \qquad (1.1.3)$$

$z=x+\mathrm{i}y$ 是复数的代数表示式。当 $z\neq0$ 时，由式(1.1.1)和欧拉(Euler)公式 $\mathrm{e}^{\mathrm{i}\theta}=\cos\theta+\mathrm{i}\sin\theta$，可分别写出复数的三角表示式和指数表示式，分别如式(1.1.4)和式(1.1.5)所示。

$$z=r(\cos\theta+\mathrm{i}\sin\theta) \qquad (1.1.4)$$

$$z=r\mathrm{e}^{\mathrm{i}\theta} \qquad (1.1.5)$$

【例 1.1.1】 求以下复数的模、辐角及辐角主值，并将其表示成指数形式。

(1) $1+\mathrm{i}$；(2) i；(3) -1；(4) $-1+\mathrm{i}$

解　(1)
$$|1+i|=\sqrt{2}$$

$$\mathrm{Arg}(1+i)=\arctan 1+2k\pi=\frac{\pi}{4}+2k\pi \qquad (k=0,\pm 1,\pm 2,\cdots)$$

$$\arg(1+i)=\frac{\pi}{4}$$

$$1+i=\sqrt{2}\,\mathrm{e}^{\mathrm{i}\frac{\pi}{4}}$$

(2)
$$|i|=1$$

$$\mathrm{Arg}(i)=\frac{\pi}{2}+2k\pi \qquad (k=0,\pm 1,\pm 2,\cdots)$$

$$\arg(i)=\frac{\pi}{2}$$

$$i=\mathrm{e}^{\mathrm{i}\frac{\pi}{2}}$$

(3)
$$|-1|=1$$

$$\mathrm{Arg}(-1)=\pi+2k\pi=(2k+1)\pi \qquad (k=0,\pm 1,\pm 2,\cdots)$$

$$\arg(-1)=\pi$$

$$-1=\mathrm{e}^{\mathrm{i}\pi}$$

(4)　$|-1+i|=\sqrt{2}$，此时复数在第二象限，需对辐角进行修正，因此

$$\mathrm{Arg}(-1+i)=\arctan(-1)+\pi+2k\pi=\frac{3}{4}\pi+2k\pi \qquad (k=0,\pm 1,\pm 2,\cdots)$$

$$\arg(-1+i)=\frac{3\pi}{4}$$

$$-1+i=\sqrt{2}\,\mathrm{e}^{\mathrm{i}\frac{3\pi}{4}}$$

1.1.2　复数的运算

1. 代数运算

设有两个复数 $z_1=x_1+\mathrm{i}y_1$，$z_2=x_2+\mathrm{i}y_2$，则两个复数的四则运算规则如下：

两个复数的和与差：
$$z_1\pm z_2=(x_1\pm x_2)+\mathrm{i}(y_1\pm y_2)$$

两个复数的积：
$$z_1\cdot z_2^{*}=(x_1x_2-y_1y_2)+\mathrm{i}(x_2y_1+x_1y_2)$$

两个复数的商：
$$\frac{z_1}{z_2}=\frac{x_1x_2+y_1y_2}{x_2^2+y_2^2}+\mathrm{i}\frac{x_2y_1-x_1y_2}{x_2^2+y_2^2}$$

其中，$z_2\neq 0$。

另外，因为复数可以由向量表示，所以复数的和与差可以按照向量的平行四边形法则来表示，易知：

$$|z_2 + z_1| \leqslant |z_2| + |z_1|, \quad |z_2 - z_1| \geqslant ||z_2| - |z_1|| \tag{1.1.6}$$

对于非零复数 $z_1 = r_1(\cos\theta_1 + \mathrm{i}\sin\theta_1)$ 和 $z_2 = r_2(\cos\theta_2 + \mathrm{i}\sin\theta_2)$，利用三角函数的和、差角公式，可以得到 $z_1 z_2$ 和 $\dfrac{z_1}{z_2}$ 的三角形式表示式分别为

$$z_1 z_2 = r_1 r_2 [\cos(\theta_1 + \theta_2) + \mathrm{i}\sin(\theta_1 + \theta_2)] \tag{1.1.7}$$

$$\frac{z_1}{z_2} = \frac{r_1}{r_2}[\cos(\theta_1 - \theta_2) + \mathrm{i}\sin(\theta_1 - \theta_2)] \tag{1.1.8}$$

所以有

$$|z_1 z_2| = r_1 r_2 = |z_1||z_2| \tag{1.1.9}$$

$$\mathrm{Arg}(z_1 z_2) = \mathrm{Arg}z_1 + \mathrm{Arg}z_2 \tag{1.1.10}$$

$$\left|\frac{z_1}{z_2}\right| = \frac{r_1}{r_2} = \frac{|z_1|}{|z_2|} \tag{1.1.11}$$

$$\mathrm{Arg}\left(\frac{z_1}{z_2}\right) = \mathrm{Arg}z_1 - \mathrm{Arg}z_2 \tag{1.1.12}$$

式(1.1.10)和式(1.1.12)两边都是多值的，它们成立是指等式两边辐角值的集合相等。由于两个主值辐角的和或差可能超出主值的范围，因此，这两个等式对于辐角的主值而言不一定成立，所以不能写成 $\mathrm{arg}(z_1 z_2) = \mathrm{arg}z_1 + \mathrm{arg}z_2$ 或 $\mathrm{arg}\left(\dfrac{z_1}{z_2}\right) = \mathrm{arg}z_1 - \mathrm{arg}z_2$。

2. 复数的乘幂与方根

当 $z_1 = z_2 = z = r(\cos\theta + \mathrm{i}\sin\theta)$ 时，对于任意自然数 n，由式(1.1.7)有

$$z^n = r^n[\cos(n\theta) + \mathrm{i}\sin(n\theta)] \tag{1.1.13}$$

式(1.1.13)表示 n 个相同复数 z 的乘积，称为 z 的 n 次幂。

当 $r = 1$ 时，就是棣莫佛公式：

$$(\cos\theta + \mathrm{i}\sin\theta)^n = \cos n\theta + \mathrm{i}\sin n\theta \tag{1.1.14}$$

利用公式(1.1.13)可以求方程 $w^n = z$ 的根 w，其中，z 为已知的复数。当 z 的值不等于零时，就有 n 个不同的 w 值与之对应，每一个这样的值称为 z 的 n 次根，记作 $\sqrt[n]{z}$，也即 $w = \sqrt[n]{z}$。

令 $z = r(\cos\theta + \mathrm{i}\sin\theta)$，$w = \rho(\cos\varphi + \mathrm{i}\sin\varphi)$，将其代入 $w^n = z$，有

$$w^n = \rho^n(\cos n\varphi + \mathrm{i}\sin n\varphi) = r(\cos\theta + \mathrm{i}\sin\theta) = z$$

于是 $\rho^n = r$，$\cos n\varphi = \cos\theta$，$\sin n\varphi = \sin\theta$。显然，后两式成立的条件是 $n\varphi = \theta + 2k\pi(k = 0, \pm 1, \pm 2, \cdots)$，故

$$\rho = r^{\frac{1}{n}}, \quad \varphi = \frac{\theta + 2k\pi}{n}$$

所以

$$w = \sqrt[n]{z} = r^{\frac{1}{n}}\left(\cos\frac{\theta+2k\pi}{n} + i\sin\frac{\theta+2k\pi}{n}\right) \tag{1.1.15}$$

当 $k = 0, 1, 2, \cdots, n-1$ 时，分别对应 n 个相异的根：

$$w_0 = r^{\frac{1}{n}}\left(\cos\frac{\theta}{n} + i\sin\frac{\theta}{n}\right)$$

$$w_1 = r^{\frac{1}{n}}\left(\cos\frac{\theta+2\pi}{n} + i\sin\frac{\theta+2\pi}{n}\right)$$

$$\vdots$$

$$w_{n-1} = r^{\frac{1}{n}}\left(\cos\frac{\theta+2(n-1)\pi}{n} + i\sin\frac{\theta+2(n-1)\pi}{n}\right)$$

当 k 取其他整数时，这些根会重复出现。容易发现，这些根的模值相同，相邻两个根的夹角相同，所以这 n 个根是等间隔地分布在以原点为圆心、半径为 $r^{\frac{1}{n}}$ 的圆周上，或者说这 n 个根是以原点为圆心、半径为 $r^{\frac{1}{n}}$ 的圆的内接正多边形的顶点。

【例 1.1.2】　求 5 次单位根。

解　5 次单位根即求 1 的 5 次根。

$$1 = e^{i0}$$

由式(1.1.15)可知：

$$w_k = \cos\left(\frac{2k\pi}{5} + i\sin\frac{2k\pi}{5}\right) \qquad (k = 0 \sim 4)$$

所以

$$w_0 = 1,\ w_1 = e^{i\frac{2}{5}\pi},\ w_2 = e^{i\frac{4}{5}\pi},\ w_3 = e^{i\frac{6}{5}\pi} = e^{-i\frac{4}{5}\pi},\ w_4 = e^{i\frac{8}{5}\pi} = e^{-i\frac{2}{5}\pi}$$

【例 1.1.3】　求 $z = 1 + i\sqrt{3}$ 的 4 次根。

解　$z = 2e^{i\frac{\pi}{3}}$，即

$$r = 2,\ \theta = \frac{\pi}{3}$$

由式(1.1.15)知：

$$w_k = 2^{\frac{1}{4}}\cos\left(\frac{\frac{\pi}{3}+2k\pi}{4} + i\sin\frac{\frac{\pi}{3}+2k\pi}{4}\right) \qquad (k = 0 \sim 3)$$

所以

$$w_0 = 2^{\frac{1}{4}}e^{i\frac{\pi}{12}},\ w_1 = 2^{\frac{1}{4}}e^{i\frac{7\pi}{12}},\ w_2 = 2^{\frac{1}{4}}e^{i\frac{13\pi}{12}} = 2^{\frac{1}{4}}e^{-i\frac{11\pi}{12}},\ w_3 = 2^{\frac{1}{4}}e^{i\frac{19\pi}{12}} = 2^{\frac{1}{4}}e^{-i\frac{5\pi}{12}}$$

3. 共轭复数

实部相同而虚部绝对值相等且符号相反的两个复数称为共轭复数，记为 $\bar{z}$。

共轭复数的运算按照以下规律进行：

(1) $\overline{z_1 \pm z_2} = \overline{z_1} \pm \overline{z_2}$，$\overline{z_1 z_2} = \overline{z_1} \cdot \overline{z_2}$，$\overline{\left(\dfrac{z_1}{z_2}\right)} = \dfrac{\overline{z_1}}{\overline{z_2}}$；

(2) $\overline{\overline{z}} = z$；

(3) $|\overline{z}| = |z|$；

(4) $z\overline{z} = |z|^2$；

(5) $z + \overline{z} = 2\mathrm{Re}(z)$，$z - \overline{z} = 2\mathrm{Im}(z)$。

上述公式的证明请读者自行完成。

1.1.3 扩充复平面及复球面

为了建立扩充复平面的概念，引入复数的另一种几何表示法——用球面上的点来表示复数。这个球面与复平面切于原点 $z=0$，球面上的点 S 与原点重合，通过 S 作垂直于复平面的直线与球面相交于另一点 N。N 称为北极，S 称为南极。

对于复平面内任何一点 z，如果用一直线段把北极 N 和点 z 连起来，那么该直线段一定与球面相交于异于 N 的唯一一点 P。这样，就建立了复平面上的有限点 z 与球面上的点 P($P \neq N$) 之间的一一对应关系，如图 1-2 所示。当点 z 在复平面上沿任意方向趋于无穷远时，即 $|z| \to +\infty$，对应球面上的点 P 就趋向北极 N。因此，为了使点 N 对应复平面上的唯一一个点，应当把复平面的各个方向上趋向无穷远的极限点看做一个点，称这个点为复平面上的无穷远点，记它和它所对应的复数为 ∞。这样一来，球面上的每一个点，就有唯一的一个复数与它对应，这样的球面称为复球面。

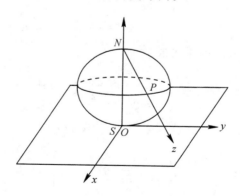

图 1-2

我们把包括无穷远点在内的复平面称为扩充复平面，不包括无穷远点在内的复平面称为有限复平面，或者简称复平面。对于复数 ∞ 来说，实部、虚部与辐角均无意义，但它的模为正无穷大，即 $|\infty| = +\infty$。这样，对其他每一个复数都有 $|z| < +\infty$。对于复数 ∞ 的四则

运算作如下规定：

（1）加法：

$$\alpha + \infty = \infty + \alpha = \infty \qquad (\alpha \neq \infty)$$

（2）减法：

$$\alpha - \infty = \infty - \alpha = \infty \qquad (\alpha \neq \infty)$$

（3）乘法：

$$\alpha \cdot \infty = \infty \cdot \alpha = \infty \qquad (\alpha \neq 0)$$

（4）除法：

$$\frac{\alpha}{\infty} = 0, \qquad \frac{\infty}{\alpha} = \infty \quad (\alpha \neq \infty), \qquad \frac{\alpha}{0} = \infty \quad (\alpha \neq 0)$$

今后，本书中如无特殊说明，所谓"平面"一般指有限复平面，所谓"点"一般指有限复平面上的点。

1.2　复平面上的曲线和区域

1.2.1　复平面上曲线方程的表示

复平面上的曲线方程有两种形式，即直角坐标形式和参数方程形式，其中直角坐标形式也可以用复数形式来表示。

1. 直角坐标形式

直角坐标形式的一般方程即 $F(x, y) = 0$ 或者 $F(z) = 0$，二者可以相互转换。将关系式 $z = x + \mathrm{i}y$ 和 $\bar{z} = x - \mathrm{i}y$ 代入 $F(z) = 0$，可得到 $F(x, y) = 0$ 的形式；而将关系式 $x = \dfrac{z + \bar{z}}{2}$ 和 $y = \dfrac{z - \bar{z}}{2\mathrm{i}}$ 代入 $F(x, y) = 0$，即可转化为复数形式 $F(z) = 0$。

【例 1.2.1】 将通过两点 $z_1 = x_1 + \mathrm{i}y_1$ 和 $z_2 = x_2 + \mathrm{i}y_2$ 的直线用复数形式的方程来表示。

解　通过两点 (x_1, y_1) 与 (x_2, y_2) 的直线方程为

$$\begin{cases} x = x_1 + t(x_2 - x_1) \\ y = y_1 + t(y_2 - y_1) \end{cases}, \quad t \in (-\infty, +\infty)$$

所以它的复数形式的参数方程为

$$z = z_1 + t(z_2 - z_1), \quad t \in (-\infty, +\infty)$$

故由 z_1 到 z_2 的直线段的参数方程为

$$z = z_1 + t(z_2 - z_1) \quad (0 \leqslant t \leqslant 1)$$

若取 $t = \dfrac{1}{2}$，得线段 $\overline{z_1 z_2}$ 的中点坐标为

$$z = \frac{z_1 + z_2}{2}$$

【例 1.2.2】 求下列方程所表示的曲线。

(1) $|z + i| = 2$；　　(2) $|z + 2 - 2i| = |z + 2|$；　　(3) $\mathrm{Im}(1 + i + \bar{z}) = 2$

解　(1) 方程 $|z + i| = 2$ 表示所有与点 $-i$ 距离为 2 的点的轨迹，即表示中心为 $-i$、半径为 2 的圆。

设 $z = x + iy$，则

$$|x + (y + 1)i| = 2, \quad \sqrt{x^2 + (y + 1)^2} = 2$$

整理得圆方程为

$$x^2 + (y + 1)^2 = 4$$

(2) $|z + 2 - 2i| = |z + 2|$ 表示所有与点 $-2 + 2i$ 和点 -2 距离相等的点的轨迹，故方程表示的曲线就是连接点 $-2 + 2i$ 和点 -2 的线段的垂直平分线。

设 $z = x + iy$，有

$$|x + yi + 2 - 2i| = |x + yi + 2|$$

化简后得

$$y = 1$$

(3) $\mathrm{Im}(1 + i + \bar{z}) = 2$，设 $z = x + iy$，有

$$1 + i + \bar{z} = 1 + x + (1 - y)i$$

$$\mathrm{Im}(1 + i + \bar{z}) = 1 - y = 2$$

故所求曲线方程为

$$y = -1$$

2. 参数方程形式

设 $z = x + iy$，$z(t) = x(t) + iy(t)$，则由两个复数相等的定义得曲线 C 的参数方程：

$$x = x(t) \text{ 且 } y = y(t) \quad (\alpha \leqslant t \leqslant \beta) \tag{1.2.1}$$

等价于其复数形式

$$z = x(t) + iy(t) \text{ 或 } z = z(t) \quad (\alpha \leqslant t \leqslant \beta) \tag{1.2.2}$$

【例 1.2.3】 指出下列方程表示什么曲线。

(1) $z = (1 + i)t + z_0 \quad (-\infty < t < \infty)$

(2) $z = (1 + i)t + z_0 \quad (t > 0)$

解　设 $z = x + iy$，$z_0 = x_0 + iy_0$，则由 $z = (1+i)t + z_0$ 知
$$x = x_0 + t \quad 且 \quad y = y_0 + t$$
可见，方程(1)表示过点 z_0 且其方向平行于向量 $1+i$ 的直线。

由参数 t 的范围知，方程(2)是方程(1)中直线的半直线，由于点 z 满足：
$$\arg(z - z_0) = \arg[(1+i)t] = \frac{\pi}{4} \quad (t > 0)$$
因此，方程(2)是从 z_0 出发倾角为 $\dfrac{\pi}{4}$ 的射线(不包含 z_0)。

显然，方程(2)可简写为
$$\arg(z - z_0) = \frac{\pi}{4}$$
另外，对于圆周的参数方程：
$$\begin{cases} x = x_0 + r\cos t \\ y = y_0 + r\sin t \end{cases} \quad (0 \leqslant t \leqslant 2\pi)$$

令
$$z_0 = x_0 + iy_0$$
其等价的复数形式为
$$z = z_0 + r(\cos t + i\sin t) \quad 或 \quad z = z_0 + re^{it}$$

1.2.2　连续曲线、简单曲线和光滑曲线

设曲线 C 为 $z = z(t) = x(t) + iy(t)$ $(\alpha \leqslant t \leqslant \beta)$，若 $x(t)$ 和 $y(t)$ 在 $[\alpha, \beta]$ 上连续，即 $z(t)$ 在 $[\alpha, \beta]$ 上连续，则称曲线 C 为连续曲线。

对于曲线 C，当 $\alpha \leqslant t_1 < t_2 < \beta$ 时，总有 $z(t_1) \neq z(t_2)$，则该连续曲线在图形上无重点，称它为简单曲线或 Jordan 曲线。如果简单曲线的起点与终点重合，即 $z(\alpha) = z(\beta)$，则称为简单闭曲线。

若曲线 C 为 $z = z(t)$ $(\alpha \leqslant t \leqslant \beta)$，其中，$z'(t) = x'(t) + iy'(t)$ 在 $[\alpha, \beta]$ 上连续且 $z'(t) \neq 0$，则称曲线 C 为光滑曲线。由有限条光滑曲线所连接成的曲线称为按段光滑曲线。显然，直线、圆周、椭圆、抛物线等都是光滑曲线，而折线、多边形的边界等都是按段光滑曲线。

1.2.3　平面点集和区域

为了研究复变函数，我们会讨论复变数的变化范围，这个范围就是区域。本节主要介绍一些相关的概念。

1. 平面点集的相关概念

平面上以 z_0 为中心、δ(任意的正数)为半径的圆：

$$|z - z_0| < \delta$$

其内部的点的集合称为 z_0 的邻域，由不等式 $0 < |z - z_0| < \delta$ 确定的点的集合称为 z_0 的去心邻域。

设 D 是复平面上的点集，若 $z_0 \in D$ 且存在 z_0 的一个邻域，使得该邻域内的所有点都属于 D，则称 z_0 为 D 的一个内点。如果 D 中的每一个点都是内点，则称平面点集 D 为开集。

2. 区域的相关概念

平面点集 D 如果满足以下两个条件：

（1）D 是一个开集；

（2）D 是连通的。连通是指 D 中的任何两点都可以用完全含于 D 的一条折线连接起来。

则称平面点集 D 为区域。

对于给定的点 z，若 z 的任意邻域内总包含属于 D 的点，同时又包含不属于 D 的点，则称 z 为 D 的边界点。D 的所有边界点组成 D 的边界，区域的边界可以由一条或几条曲线和一些孤立的点组成。区域 D 和它的边界一起构成的点集称为闭区域，记为 $\overline{D}$。

如果区域 D 可以被包含在一个以原点为中心、以有限值为半径的圆内，则称 D 是有界区域，否则称为无界区域。

注意：区域不包含任何它的边界点，闭区域不是区域，而闭区域也不一定是有界区域。

【例 1.2.4】 下列集合中是区域的有（　　）。

A. $0 < |z| \leqslant 1$；　　B. $1 < \mathrm{Re}z < 3$；　　C. $0 \leqslant \mathrm{Im}z < 3$；　　D. $\dfrac{1}{2} \leqslant |z| < 1$

解　B。

任意一条简单闭曲线 C 将复平面唯一地分成三个互不相交的点集，即曲线的内部（有界区域）、曲线的外部（无界区域）以及边界（该简单闭曲线）。

对于复平面上的区域 D，如果在其中任作一条简单闭曲线，闭曲线的内部总属于 D，则称 D 为单连通域，不是单连通域的区域称为多连通域。

单连通域是一个内部没有空洞（包括"点洞"）和缝隙的区域，因此，在单连通域中的任意简单闭曲线可以在 D 内经过连续变形而缩成一点。任意一条简单闭曲线的内部、整个复平面、半个复平面、四分之一个复平面等都是单连通域，而任意一条简单闭曲线的外部、任意一个去心邻域、环形域都是多连通域。

【例 1.2.5】 判断以下点集是否为区域？若是区域，是单连通域还是多连通域？

（1）$|z| < 2$，$\mathrm{Im}(z) > 1$；（2）$0 < |z + \mathrm{i}| < 2$；（3）$0 < \arg(z - 1) < \dfrac{\pi}{4}$，$\mathrm{Re}(z) \geqslant 2$

解　（1）有界单连通域；

（2）有界多连通域；

（3）不是区域。

小　　结

本章的主要内容包括：复数的引入及复数的有关概念；复数的表示方法，有代数形式、三角形式和指数形式、几何形式（点和向量）；复数的运算，有四则运算、乘幂和 n 次根。重点应该理解复数辐角的多值性，辐角的多值性会引起复变函数的多值性。

理解复平面和扩充复平面的不同，重点理解 ∞ 的定义以及复球面和复平面的对应关系，还要理解区域和曲线的相关定义以及曲线的各种表示方法。

习　　题　　一

1. 用复数的代数形式 $a+\mathrm{i}b$ 表示以下复数。

（1）$\mathrm{e}^{-\mathrm{i}\pi/4}$；　　　　　　　　（2）$\dfrac{3+\mathrm{i}5}{\mathrm{i}7+1}$；

（3）$(2+i)(4+i3)$；　　　　（4）$\dfrac{1}{\mathrm{i}}+\dfrac{3}{1+\mathrm{i}}$

2. 下列等式在什么条件下成立？

（1）$\arg(z_1 z_2)=\arg(z_1)+\arg(z_2)$

（2）$\arg\left(\dfrac{z_1}{z_2}\right)=\arg(z_1)-\arg(z_2)$

（3）$\arg(z^n)=n\arg(z)$　　　$(n=2,3,\cdots)$

（4）$\arg\left(\dfrac{1}{z}\right)=-\arg(z)$

3. 试写出 $\mathrm{Arg}(\mathrm{i}^2)$ 和 $2\mathrm{Arg}(\mathrm{i})$ 的所有值，并且说明多值等式 $\mathrm{Arg}(z^2)=2\mathrm{Arg}(z)$ 是否成立。

4. 写出下列复数的三角形式和指数形式。

（1）$\dfrac{3+\mathrm{i}5}{\mathrm{i}7+1}$；　　　　　　　（2）i；

（3）-1；　　　　　　　　　（4）$-8\pi(1+\mathrm{i}\sqrt{3})$；

（5）$\left(\cos\dfrac{2\pi}{9}+\mathrm{i}\sin\dfrac{2\pi}{9}\right)^3$；　　（6）$1-\cos\theta+\mathrm{i}\sin\theta$

5. 设 $z,w\in C$，证明：

$$|z+w|\leqslant|z|+|w|$$

6. 设 n 为自然数且 $x_n + iy_n = (1 + i\sqrt{3})^n$，证明：

$$x_{n-1}y_n - x_ny_{n-1} = 4^{n-1}\sqrt{3}$$

7. 设 $z_k = r_k(\cos\theta_k + i\sin\theta_k)(k = 1, 2)$，$n$ 为自然数，求证：

$$(z_1z_2)^n = z_1^nz_2^n, \qquad \left(\frac{z_1}{z_2}\right)^n = \frac{z_1^n}{z_2^n}$$

8. 设 $(3 + 6i)x + (5 - 9i)y = 6 - 7i$，求实数 x 和 y。

9. 计算下列各式的值。

(1) $\sqrt[3]{-8}$；   (2) $\sqrt[3]{i}$；

(3) $\sqrt[4]{-1}$；   (4) $\sqrt{1 + i}$。

10. 设 $z = e^{i\frac{2\pi}{n}}$（$n \geq 2$）。证明：

$$1 + z + \cdots + z^n = 0$$

11. 指出下列方程所表示的曲线，并作图。

(1) $|z + 2| + |z - 2| = 6$；   (2) $|z + 2| - |z - 2| = 3$；

(3) $\text{Im}(z + 2i) = 2$；   (4) $\arg(z - i) = \dfrac{\pi}{4}$；

(5) $\left|\dfrac{z}{z + 1}\right| = \sqrt{2}$

12. 指出下列参数方程所表示的曲线，其中，$t \in (-\infty, \infty)$。

(1) $z = t + it^2$；   (2) $z = t^2 + it$；

(3) $z = t + it^3$；   (4) $z = t + \dfrac{i}{t}$ （$t \neq 0$）

13. 指出下列参数方程所表示的曲线，其中，$t \in [0, 2\pi]$。

(1) $z = a\cos t + ib\sin t$ （$a \neq b$ 为正实数）；(2) $z = r(1 + i)e^{it}$ （$r > 0$）

14. 指出下列点集的平面图形，并判断是否是区域或闭区域。

(1) $|z| \leq |z - 4|$；   (2) $0 < \arg(z - 1) < \dfrac{\pi}{4}$ 且 $\text{Re}(z) = 3$；

(3) $|z + 2| + |z - 2| \leq 6$；   (4) $\left|\dfrac{z}{z + 1}\right| < \sqrt{2}$

15. 作下列区域的图形，指出是否为单连通域和有界域。

(1) $0 < |z - 1| < 1$；   (2) $1 < |z - i| < 2$；

(3) $|z - 1| > 2$；   (4) $\dfrac{\pi}{4} < \arg(z) < \dfrac{3\pi}{4}$；

(5) 割去线段 $z = it$（$0 \leq t \leq 1$）的复平面。

第 2 章

解 析 函 数

复变函数研究的主要对象是解析函数。解析函数是复变函数中一类具有特殊性质的可导函数，它在理论研究和实际问题中有着广泛的应用。在讨论解析函数时，其中有些概念是由实变函数中的概念推广得到的，注意到这一点，将有利于读者今后的学习。本章首先介绍复变函数的概念、极限与连续性，然后讨论解析函数的概念和判别方法，最后介绍几种复数域的初等函数。

2.1　复 变 函 数

2.1.1　复变函数的概念

复变函数是实变函数基本概念的推广，因此复变函数的概念、极限、连续性和可导、可微等概念与高等数学中的叙述相似。

设 D 是一个复数 $z=x+\mathrm{i}y$ 的集合，若对每一个 $z\in D$，按照一定的法则，总有一个或几个复数 $w=u+\mathrm{i}v$ 与之对应，则称复变数 w 为复变数 z 的函数，简称复变函数，记为 $w=f(z)$。D 称为 $f(z)$ 的定义域，函数值的全体所组成的集合称为函数 f 的值域，记为 $f(D)=\{w\,|\,w=f(z),z\in D\}$，并把 z 称为函数的自变量，w 称为因变量。如果一个 z 值有两个或两个以上的 w 值与之对应，则称 $f(z)$ 是多值的。

在本书中，如无特殊声明，讨论的函数都是单值的。

例如，复变函数 $w=z^2=(x+\mathrm{i}y)^2$，其定义域为整个复平面，其实部和虚部都是二元实函数，分别记为 $u=x^2-y^2$，$v=2xy$。一般而言，复变函数的实部和虚部都是 x 和 y 的二元实函数，可分别表示为 $u=u(x,y)$ 和 $v=v(x,y)$，即

$$w=u(x,y)+\mathrm{i}v(x,y)\quad(x,y\in D) \tag{2.1.1}$$

当 $z\neq 0$ 时，利用关系式 $x=r\cos\theta$，$y=r\sin\theta$，还可以将 $w=f(z)$ 表示成

$$w=p(r,\theta)+\mathrm{i}q(r,\theta) \tag{2.1.2}$$

其中，$p(r,\theta)$ 和 $q(r,\theta)$ 分别为变量 $r=|z|$ 和 $\theta=\arg(z)$ 的二元实函数。

可见，复变函数反映了两组变量 u，v 和 x，y（或者 p，q 和 r，θ）之间的对应关系，为

了直观地理解和研究复变函数，我们利用两个不同的复平面上的点集之间的对应关系来说明。

若将定义域 D 看成 z 平面上的点集，而将值域 $f(D)$ 看成 w 平面上的点集，在几何上，函数 $w=f(z)$ 可以看成 z 平面上的点集 D 到 w 平面上的点集 $G=f(D)$ 的映射（或称变换），这个映射通常简称为由函数 $w=f(z)$ 所构成的映射。在 $w=f(z)$ 的映射下，G 中的点 w 称为 D 中的点 z 的像，而 D 中的点 z 称为 G 中的点 w 的原像，见图 2-1。

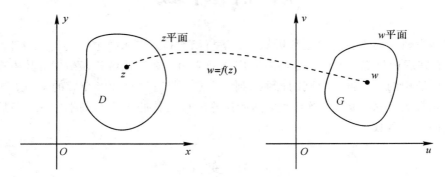

图 2-1

设函数 $w=f(z)$ 的定义域为 D（z 平面上的集合），值域为 G（w 平面上的集合），则 G 中每一个 w 必将对应着 D 中的一个或几个 z。按照函数的定义，在 G 上确定了一个函数 $z=\varphi(w)$，它称为函数 $w=f(z)$ 的反函数，记为 $z=f^{-1}(w)$，也称为映射 $w=f(z)$ 的逆映射。值得注意的是，单值函数的反函数不一定是单值函数。如果函数 $w=f(z)$ 与它的反函数 $z=f^{-1}(w)$ 都是单值的，那么称函数 $w=f(z)$ 是一一对应的。

【例 2.1.1】 函数 $w=\dfrac{1}{z}$ 将 z 平面上的直线 $x=1$ 变成 w 平面上的何种曲线？

解 设 $z=x+\mathrm{i}y$，$w=u+\mathrm{i}v=\dfrac{1}{z}=\dfrac{1}{x+\mathrm{i}y}=\dfrac{x-\mathrm{i}y}{x^2+y^2}$，则

$$u=\frac{x}{x^2+y^2},\quad v=-\frac{y}{x^2+y^2}$$

z 平面上的直线 $x=1$ 对应于 w 平面上的曲线：

$$u=\frac{1}{1+y^2},\quad v=-\frac{y}{1+y^2}$$

又

$$u^2+v^2=\frac{1}{(1+y^2)^2}+\frac{y^2}{(1+y^2)^2}=\frac{1}{1+y^2}=u$$

即

$$\left(u-\frac{1}{2}\right)^2+v^2=\frac{1}{4}$$

所以，$w=\dfrac{1}{z}$ 将 z 平面上的直线 $x=1$ 变成了 w 平面上的一个以 $\left(\dfrac{1}{2},0\right)$ 为中心、$\dfrac{1}{2}$ 为半径的圆周，如图 2-2 所示。

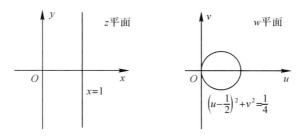

图 2-2

2.1.2 复变函数的极限

设函数 $w=f(z)$ 在 z_0 的去心邻域 $0<|z-z_0|<r$ 内有定义，对于任意给定的 $\varepsilon>0$，相应地存在 $\delta(0<\delta\leqslant r)$，使得当 $0<|z-z_0|<\delta$ 时，有 $|f(z)-A|<\varepsilon$，则称 A（确定的常数）为 $f(z)$ 当 $z\to z_0$ 时的极限，记为 $\lim\limits_{z\to z_0}f(z)=A$，或者当 $z\to z_0$ 时，$f(z)\to A$。

该定义的几何意义是：当变点 z 进入 z_0 的充分小的去心 δ 邻域时，它的像点 $f(z)$ 就落入 A 的一个预先给定的 ε 邻域内，见图 2-3。需要注意的是，定义中 $z\to z_0$ 的方式是任意的，也就是说，z 在 z_0 的去心邻域内沿任何曲线以任何方式趋于 z_0 时，$f(z)$ 都要趋向于同一个常数 A。显然，和实变函数的极限定义中 $x\to x_0$ 只是在 x 轴上沿左右两个方向趋于 x_0 相比，复变函数的极限存在要求要严苛得多。

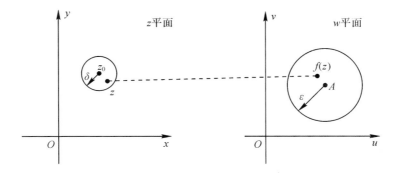

图 2-3

【例 2.1.2】 证明：$\lim\limits_{z\to 0}\dfrac{\mathrm{Im}(z)}{z}$ 不存在。

证明 令 $z=x+\mathrm{i}y$，则有

$$\frac{\mathrm{Im}(z)}{z}=\frac{y}{x+\mathrm{i}y}$$

显然，当 z 沿直线 $y=kx$（k 是常数）趋于零时，极限

$$\lim_{z\to 0}\frac{\mathrm{Im}(z)}{z}=\lim_{z\to 0}\frac{y}{x+\mathrm{i}y}=\lim_{z\to 0}\frac{kx}{x+\mathrm{i}kx}=\frac{k}{1+\mathrm{i}k}$$

注意到 k 可以取不同的值，极限 $\lim\limits_{z\to 0}\dfrac{\mathrm{Im}(z)}{z}$ 也不同，所以，所求的极限不存在。

定理 2.1 设 $f(z)=u(x,y)+\mathrm{i}v(x,y)$，$A=u_0+\mathrm{i}v_0$，$z_0=x_0+\mathrm{i}y_0$，则 $\lim\limits_{z\to z_0}f(z)=A$ 的充要条件是

$$\lim_{\substack{x\to x_0\\y\to y_0}}u(x,y)=u_0,\quad \lim_{\substack{x\to x_0\\y\to y_0}}v(x,y)=v_0 \tag{2.1.3}$$

证明 （1）必要性。

已知 $\lim\limits_{z\to z_0}f(z)=A$，则由极限定义，当 $0<|(x+\mathrm{i}y)-(x_0+\mathrm{i}y_0)|<\delta$ 时，有

$$|(u+\mathrm{i}v)-(u_0+\mathrm{i}v_0)|<\varepsilon$$

或者当 $0<\sqrt{(x-x_0)^2+(y-y_0)^2}<\delta$ 时，有

$$|(u-u_0)+\mathrm{i}(v-v_0)|<\varepsilon\Rightarrow|u-u_0|<\varepsilon,\ |v-v_0|<\varepsilon$$

故

$$\lim_{\substack{x\to x_0\\y\to y_0}}u(x,y)=u_0,\quad \lim_{\substack{x\to x_0\\y\to y_0}}v(x,y)=v_0$$

（2）充分性。

若 $\lim\limits_{\substack{x\to x_0\\y\to y_0}}u(x,y)=u_0$，$\lim\limits_{\substack{x\to x_0\\y\to y_0}}v(x,y)=v_0$，那么当 $0<\sqrt{(x-x_0)^2+(y-y_0)^2}<\delta$ 时，有

$$|u-u_0|<\frac{\varepsilon}{2},\ |v-v_0|<\frac{\varepsilon}{2}$$

$$|f(z)-A|=|(u-u_0)+\mathrm{i}(v-v_0)|\leqslant|u-u_0|+|v-v_0|$$

故当 $0<|z-z_0|<\delta$ 时，

$$|f(z)-A|<\varepsilon$$

所以

$$\lim_{z\to z_0}f(z)=A$$

定理 2.1 将求复变函数 $f(z)=u(x,y)+\mathrm{i}v(x,y)$ 的极限问题转化为求两个二元实函数 $u(x,y)$ 和 $v(x,y)$ 的极限问题。

定理 2.2(极限运算法则)　若 $\lim\limits_{z \to z_0} f(z) = A$，$\lim\limits_{z \to z_0} g(z) = B$，则

(1) $\lim\limits_{z \to z_0} [f(z) \pm g(z)] = A \pm B$

(2) $\lim\limits_{z \to z_0} [f(z)g(z)] = AB$

(3) $\lim\limits_{z \to z_0} \dfrac{f(z)}{g(z)} = \dfrac{A}{B}$　$(B \neq 0)$

定理 2.2 说明两个函数 $f(z)$ 和 $g(z)$ 在点 z_0 处有极限，则其和、差、积、商(要求分母不为零)在点 z_0 处的极限仍存在，并且极限值等于 $f(z)$ 和 $g(z)$ 在点 z_0 处极限值的和、差、积、商。

2.1.3　复变函数的连续性

若 $\lim\limits_{z \to z_0} f(z) = f(z_0)$，则称函数 $f(z)$ 在点 z_0 处连续。如果函数 $f(z)$ 在区域 D 内每一点都连续，那么称函数 $f(z)$ 在区域 D 内连续。

定理 2.3　函数 $f(z) = u(x, y) + \mathrm{i}v(x, y)$ 在点 $z_0 = x_0 + \mathrm{i}y_0$ 处连续的充要条件是：$u(x, y)$ 和 $v(x, y)$ 在 (x_0, y_0) 处连续。

【例 2.1.3】　设 $f(z) = x^2 + y^2 + \mathrm{i}(x^2 - y^2)$，证明：$f(z)$ 在 z 平面上处处连续。

证明　因为

$$f(z) = x^2 + y^2 + \mathrm{i}(x^2 - y^2)$$

则

$$u(x, y) = x^2 + y^2, \quad v(x, y) = x^2 - y^2$$

并且 $u(x, y)$ 和 $v(x, y)$ 在 z 平面上处处连续，则由定理 2.3 知，$f(z)$ 在 z 平面上处处连续。

定理 2.4

(1) 在 z_0 处连续的两个函数 $f(z)$ 和 $g(z)$ 的和、差、积、商(分母在 z_0 不为零)在 z_0 处仍连续。

(2) 如果函数 $h = g(z)$ 在 z_0 处连续，函数 $w = f(h)$ 在 $h_0 = g(z_0)$ 处连续，那么复合函数 $w = f[g(z)]$ 在 z_0 处连续。

由以上定理可知，有理整函数(多项式)$P(z) = a_0 + a_1 z + a_2 z^2 + \cdots + a_n z^n$ 在复平面上处处连续，而有理分式函数 $w = \dfrac{P(z)}{Q(z)}$($P(z)$ 和 $Q(z)$ 都是多项式)在复平面内分母不为零的点处连续。

应该指出，所谓函数 $f(z)$ 在曲线 C 上 z_0 点处连续的意义是指

$$\lim\limits_{z \to z_0} f(z) = f(z_0) \qquad (z \in C)$$

在闭曲线或包括曲线端点在内的曲线段上的连续函数 $f(z)$ 在曲线上是有界的，即指

存在一正数 M，在曲线上有 $|f(z)| \leqslant M$。

【例 2.1.4】 求证：$f(z) = \arg z$ 在整个复平面上除去原点以及负实轴外处处连续。

证明 当 z 在原点时，$\arg z$ 无定义，所以当 $z = 0$ 时 $\arg z$ 不连续。

当 z 在负实轴上时，有

$$\lim_{\substack{x \to x_0 \\ y \to 0^+}} \arg z = \pi, \lim_{\substack{x \to x_0 \\ y \to 0^-}} \arg z = -\pi$$

故 $\arg z$ 在负实轴上不连续。

当 z 为正、负虚轴上（不含原点）的点时，有

$$\lim_{z \to z_0} \arg z = \pm \frac{\pi}{2} = \arg z_0$$

故 $\arg z$ 在正、负虚轴上连续。

当 z 不是原点也不是坐标轴上的点时，有

$$\arg z = \begin{cases} \arctan\left(\dfrac{y}{x}\right) \\ \arctan\left(\dfrac{y}{x}\right) \pm \pi \end{cases}$$

因为 $z \neq 0$，所以

$$\lim_{z \to z_0} \arg z = \lim_{\substack{x \to x_0 \\ y \to y_0}} \begin{cases} \arctan\left(\dfrac{y}{x}\right) \\ \arctan\left(\dfrac{y}{x}\right) \pm \pi \end{cases} = \begin{cases} \arctan\left(\dfrac{y_0}{x_0}\right) \\ \arctan\left(\dfrac{y_0}{x_0}\right) \pm \pi \end{cases}$$

即 $\lim\limits_{z \to z_0} \arg z = \arg z_0$，故此时 $\arg z$ 连续。

综上，$\arg z$ 在整个复平面上除去原点以及负实轴外处处连续。

2.2 解 析 函 数

2.2.1 复变函数的导数

设函数 $w = f(z)$ 在区域 D 内有定义，z_0 是 D 内一点，点 $z_0 + \Delta z \in D$，如果极限 $\lim\limits_{\Delta z \to 0} \dfrac{f(z_0 + \Delta z) - f(z_0)}{\Delta z}$ 存在，则称函数 $f(z)$ 在 z_0 点可导，这个极限值称为 $f(z)$ 在 z_0 处的导数，记作：

$$f'(z_0) = \frac{\mathrm{d}w}{\mathrm{d}z}\bigg|_{z=z_0} = \lim_{\Delta z \to 0} \frac{f(z_0 + \Delta z) - f(z_0)}{\Delta z} = \lim_{\Delta z \to 0} \frac{f(z) - f(z_0)}{\Delta z}$$

如果函数 $f(z)$ 在区域 D 内每一点都可导，则称 $f(z)$ 在区域 D 内可导，$f'(z)$ 称为 $f(z)$ 在区域 D 内的导函数，简称导数。

【例 2.2.1】　求函数 $f(z)=z^n$（n 为正整数）的导数。

解　因为

$$\frac{\mathrm{d}w}{\mathrm{d}z}=\lim_{\Delta z\to 0}\frac{f(z+\Delta z)-f(z)}{\Delta z}=\lim_{\Delta z\to 0}\frac{(z+\Delta z)^n-z^n}{\Delta z}$$

$$=\lim_{\Delta z\to 0}(\mathrm{C}_n^1 z^{n-1}+\mathrm{C}_n^2 z^{n-2}\Delta z+\cdots+\mathrm{C}_n^{n-1}z\Delta z^{n-2}+\mathrm{C}_n^n\Delta z^{n-1})$$

$$=\mathrm{C}_n^1 z^{n-1}$$

$$=nz^{n-1}$$

所以

$$f'(z)=nz^{n-1}$$

该例题表明，z^n（n 为正整数）在整个复平面内处处可导。

【例 2.2.2】　证明 $f(z)=z\,\mathrm{Re}(z)$ 只在 $z=0$ 处可导。

证明

$$\lim_{\Delta z\to 0}\frac{f(z+\Delta z)-f(z)}{\Delta z}=\lim_{\Delta z\to 0}\frac{(z+\Delta z)\mathrm{Re}(z+\Delta z)-z\,\mathrm{Re}z}{\Delta z}$$

$$=\lim_{\Delta z\to 0}\frac{\Delta z\,\mathrm{Re}(z+\Delta z)+z\,\mathrm{Re}(\Delta z)}{\Delta z}$$

又因为

$$\lim_{\Delta z\to 0}\frac{\Delta x}{\Delta x+\mathrm{i}\Delta y}=\begin{cases}0,&\text{当 }\Delta y\neq 0,\ \Delta x\to 0\text{ 时}\\1,&\text{当 }\Delta x\neq 0,\ \Delta y\to 0\text{ 时}\end{cases}$$

所以有

$$\lim_{\Delta z\to 0}\frac{f(z+\Delta z)-f(z)}{\Delta z}=\begin{cases}\displaystyle\lim_{\Delta z\to 0}\frac{\Delta z\,\mathrm{Re}(\Delta z)}{\Delta z}=0,&z=0\\\displaystyle\lim_{\Delta z\to 0}\left[\mathrm{Re}(z+\Delta z)+z\,\frac{\Delta x}{\Delta x+\mathrm{i}\Delta y}\right]\text{不存在},&z\neq 0\text{ 时}\end{cases}$$

得证。

由例 2.2.2 可知，函数 $f(z)=z\,\mathrm{Re}(z)=x^2+\mathrm{i}xy$ 在整个复平面内处处连续但只在 $z=0$ 一点处可导，说明函数 $f(z)$ 在某点连续并不能保证在该点可导。但是反过来，函数 $f(z)$ 在某点可导则一定在该点连续。以下是关于这一结论的证明。

证明　若 $f(z)$ 在 z_0 处可导，则 $\forall\varepsilon>0,\exists\delta>0$，使得当 $0<|\Delta z|<\delta$ 时，有

$$\left|\frac{f(z_0+\Delta z)-f(z_0)}{\Delta z}-f'(z_0)\right|<\varepsilon$$

令

$$\rho(\Delta z) = \frac{f(z_0 + \Delta z) - f(z_0)}{\Delta z} - f'(z_0)$$

则有

$$\lim_{\Delta z \to 0} \rho(\Delta z) = 0$$

由此可得

$$f(z_0 + \Delta z) - f(z_0) = f'(z_0)\Delta z + \rho(\Delta z)\Delta z$$

$$\lim_{\Delta z \to 0} f(z_0 + \Delta z) = f(z_0)$$

所以 $f(z)$ 在 z_0 处连续。

由于复变函数中导数的定义与实变函数中导数的定义在形式上完全一样，而且复变函数中的极限运算法则也和实变函数中的一样，因而复变函数有与高等数学中完全相同的求导法则，且证法完全相同。求导法则如下：

(1) $(c)' = 0$，其中 c 为复常数。

(2) $(z^n)' = nz^{n-1}$，其中 n 为正整数。

(3) $[f(z) \pm g(z)]' = f'(z) \pm g'(z)$

(4) $[f(z)g(z)]' = f'(z)g(z) + f(z)g'(z)$

(5) $\left[\dfrac{f(z)}{g(z)}\right]' = \dfrac{f'(z)g(z) - f(z)g'(z)}{g^2(z)} \quad g(z) \neq 0$

(6) $\{f[g(z)]\}' = f'(w)g'(z)$，其中 $w = g(z)$。

(7) $f'(z) = \dfrac{1}{\varphi'(w)}$，其中，$w = f(z)$ 与 $z = \varphi(w)$ 是两个互为反函数的单值函数，且 $\varphi'(w) \neq 0$。

设函数 $w = f(z)$ 在 z_0 点处可导，则

$$\Delta w = f(z_0 + \Delta z) - f(z_0) = f'(z_0)\Delta z + \rho(\Delta z)\Delta z$$

$\lim\limits_{\Delta z \to 0} \rho(\Delta z) = 0$，$|\eta| = |\rho(\Delta z)\Delta z|$ 是 $\Delta z \to 0$ 时的高阶无穷小，$f'(z_0)\Delta z$ 是函数 $w = f(z)$ 的改变量 Δw 的线性部分。

$f'(z_0) \cdot \Delta z$ 称为函数 $w = f(z)$ 在 z_0 处的微分，记作

$$\mathrm{d}w = f'(z_0) \cdot \Delta z$$

如果函数在 z_0 处的微分存在，我们就说函数 $f(z)$ 在 z_0 处可微。如果函数 $f(z)$ 在区域 D 内处处可微，则称函数 $f(z)$ 在区域 D 内可微。与高等数学中一样，可导与可微是等价的。

2.2.2 解析函数的概念

如果函数 $w = f(z)$ 在 z_0 处及 z_0 的某个邻域内处处可导，则称 $f(z)$ 在 z_0 处解析；如

果 $f(z)$ 在区域 D 内每一点都解析,则称 $f(z)$ 在 D 内解析,或称 $f(z)$ 是 D 内的解析函数(或称全纯函数或正则函数)。

函数在区域内解析和可导是等价的,但是函数在某一点可导,则不一定在该点解析;而如果函数在某一点解析,则一定在该点可导。

如果 $f(z)$ 在 z_0 处不解析,但在 z_0 的任一邻域内总有 $f(z)$ 的解析点,则称 z_0 为 $f(z)$ 的一个奇点。奇点总是与解析点相联系,对于那些处处不解析的函数来说,也就没有奇点的说法,即不解析的点不一定是奇点。

【例 2.2.3】 讨论函数 $f(z)=|z|^2$ 的解析性。

解
$$\frac{f(z_0+\Delta z)-f(z_0)}{\Delta z}=\frac{|z_0+\Delta z|^2-|z_0|^2}{\Delta z}$$
$$=\frac{(z_0+\Delta z)(\overline{z_0}+\overline{\Delta z})-z_0\,\overline{z_0}}{\Delta z}$$
$$=\overline{z_0}+\overline{\Delta z}+z_0\,\frac{\overline{\Delta z}}{\Delta z}$$

当 $z_0=0$ 时,有

$$\lim_{\Delta z \to 0}\frac{f(z_0+\Delta z)-f(z_0)}{\Delta z}=0$$

当 $z_0 \neq 0$ 时,令 $z_0+\Delta z$ 沿直线 $y-y_0=k(x-x_0)$ 趋于 z_0,有

$$\frac{\overline{\Delta z}}{\Delta z}=\frac{\Delta x-\mathrm{i}\Delta y}{\Delta x+\mathrm{i}\Delta y}=\frac{1-\mathrm{i}\dfrac{\Delta y}{\Delta x}}{1+\mathrm{i}\dfrac{\Delta y}{\Delta x}}=\frac{1-\mathrm{i}k}{1+\mathrm{i}k}$$

由于 k 的任意性,$\dfrac{\overline{\Delta z}}{\Delta z}=\dfrac{1-k\mathrm{i}}{1+k\mathrm{i}}$ 不趋于一个确定值,所以 $\lim\limits_{\Delta z \to 0}\dfrac{f(z_0+\Delta z)-f(z_0)}{\Delta z}$ 不存在。因此,$f(z)=|z|^2$ 仅在 $z_0=0$ 处可导,在整个 z 平面内处处不解析。

【例 2.2.4】 研究函数 $w=\dfrac{1}{z}$ 的解析性。

解 因为 $w=\dfrac{1}{z}$ 在复平面内除 $z=0$ 外处处可导,且

$$\frac{\mathrm{d}w}{\mathrm{d}z}=-\frac{1}{z^2}$$

所以 $w=\dfrac{1}{z}$ 在复平面内除 $z=0$ 外处处解析,$z=0$ 是其奇点。

根据求导法则,可得如下定理:

定理 2.5 在区域 D 内解析的两个函数 $f(z)$ 与 $g(z)$ 的和、差、积、商(除去分母为零的点)在 D 内解析。

定理 2.6 设函数 $h=g(z)$ 在 z 平面上的区域 D 内解析，$w=f(h)$ 在 h 平面上的区域 G 内解析。如果对 D 内的每一个点 z，函数 $g(z)$ 的对应值 h 都属于 G，那么复合函数 $w=f[g(z)]$ 在 D 内解析。

由定理 2.5 和定理 2.6 可知，所有多项式函数在复平面内是处处解析的，任何一个有理分式函数在不含分母为零的点的区域内是解析函数，使分母为零的点是函数的奇点。

2.2.3 函数可导与解析的充要条件

复变函数的解析性由定义来判断往往比较麻烦，以下定理给出了判别函数可导和解析的简便方法。

定理 2.7 函数 $f(z)=u(x,y)+\mathrm{i}v(x,y)$ 在其定义域 D 内解析的充要条件是

(1) $u(x,y)$ 和 $v(x,y)$ 在 D 内任一点 $z=x+\mathrm{i}y$ 处可微；

(2) 满足柯西-黎曼方程（C - R 方程）：

$$\frac{\partial u}{\partial x}=\frac{\partial v}{\partial y},\ \frac{\partial v}{\partial x}=-\frac{\partial u}{\partial y}$$

证明 (1) 必要性。

设 $f(z)=u(x,y)+\mathrm{i}v(x,y)$ 定义在区域 D 内，且 $f(z)$ 在 D 内一点 $z=x+\mathrm{i}y$ 处可导，则对于充分小的 $|\Delta z|=|\Delta x+\mathrm{i}\Delta y|>0$，有

$$f(z+\Delta z)-f(z)=f'(z)\Delta z+\rho(\Delta z)\Delta z$$

其中

$$\lim_{\Delta z\to0}\rho(\Delta z)=0$$

令

$$f(z+\Delta z)-f(z)=\Delta u+\mathrm{i}\Delta v,\ f'(z)=a+\mathrm{i}b,\ \rho(\Delta z)=\rho_1+\mathrm{i}\rho_2$$

所以

$$\begin{aligned}\Delta u+\mathrm{i}\Delta v&=(a+\mathrm{i}b)\cdot(\Delta x+\mathrm{i}\Delta y)+(\rho_1+\mathrm{i}\rho_2)\cdot(\Delta x+\mathrm{i}\Delta y)\\&=(a\Delta x-b\Delta y+\rho_1\Delta x-\rho_2\Delta y)+\mathrm{i}(b\Delta x+a\Delta y+\rho_2\Delta x+\rho_1\Delta y)\end{aligned}$$

于是

$$\Delta u=a\Delta x-b\Delta y+\rho_1\Delta x-\rho_2\Delta y$$

$$\Delta v=b\Delta x+a\Delta y+\rho_2\Delta x+\rho_1\Delta y$$

因为 $\lim\limits_{\Delta z\to0}\rho(\Delta z)=0$，所以

$$\lim_{\substack{\Delta x\to0\\\Delta y\to0}}\rho_1=\lim_{\substack{\Delta x\to0\\\Delta y\to0}}\rho_2=0$$

由此可知，$u(x,y)$ 与 $v(x,y)$ 在点 (x,y) 可微，且满足方程

$$\frac{\partial u}{\partial x}=\frac{\partial v}{\partial y}\ ,\ \frac{\partial u}{\partial y}=-\frac{\partial v}{\partial x}$$

（2）充分性。由于

$$f(z + \Delta z) - f(z)$$
$$= [u(x + \Delta x, y + \Delta y) - u(x, y)] + i[v(x + \Delta x, y + \Delta y) - v(x, y)]$$
$$= \Delta u + i\Delta v$$

又因为 $u(x, y)$ 与 $v(x, y)$ 在点 (x, y) 可微，于是

$$\Delta u = \frac{\partial u}{\partial x}\Delta x + \frac{\partial u}{\partial y}\Delta y + \varepsilon_1\Delta x + \varepsilon_2\Delta y$$

$$\Delta v = \frac{\partial v}{\partial x}\Delta x + \frac{\partial v}{\partial y}\Delta y + \varepsilon_3\Delta x + \varepsilon_4\Delta y$$

其中

$$\lim_{\substack{\Delta x \to 0 \\ \Delta y \to 0}} \varepsilon_k = 0 \qquad (k = 1, 2, 3, 4)$$

因此

$$f(z + \Delta z) - f(z) = \left(\frac{\partial u}{\partial x} + i\frac{\partial v}{\partial x}\right)\Delta x + \left(\frac{\partial u}{\partial y} + i\frac{\partial v}{\partial y}\right)\Delta y + (\varepsilon_1 + i\varepsilon_3)\Delta x + (\varepsilon_2 + i\varepsilon_4)\Delta y$$

再由柯西-黎曼方程

$$\frac{\partial u}{\partial x} = \frac{\partial v}{\partial y}, \quad \frac{\partial u}{\partial y} = -\frac{\partial v}{\partial x} = i^2\frac{\partial v}{\partial x}$$

故

$$f(z + \Delta z) - f(z) = \left(\frac{\partial u}{\partial x} + i\frac{\partial v}{\partial x}\right)(\Delta x + i\Delta y) + (\varepsilon_1 + i\varepsilon_3)\Delta x + (\varepsilon_2 + i\varepsilon_4)\Delta y$$

$$\frac{f(z + \Delta z) - f(z)}{\Delta z} = \frac{\partial u}{\partial x} + i\frac{\partial v}{\partial x} + (\varepsilon_1 + i\varepsilon_3)\frac{\Delta x}{\Delta z} + (\varepsilon_2 + i\varepsilon_4)\frac{\Delta y}{\Delta z}$$

因为

$$\left|\frac{\Delta x}{\Delta z}\right| \leqslant 1, \left|\frac{\Delta y}{\Delta z}\right| \leqslant 1, \lim_{\Delta z \to 0}\left[(\varepsilon_1 + i\varepsilon_3)\frac{\Delta x}{\Delta z} + (\varepsilon_2 + i\varepsilon_4)\frac{\Delta y}{\Delta z}\right] = 0$$

所以

$$f'(z) = \lim_{\Delta z \to 0}\frac{f(z + \Delta z) - f(z)}{\Delta z} = \frac{\partial u}{\partial x} + i\frac{\partial v}{\partial x}$$

即函数 $f(z) = u(x, y) + iv(x, y)$ 在区域 D 内处处可导，因此函数 $f(z)$ 在区域 D 内解析。

利用柯西-黎曼方程，还可以得到解析函数的导数公式：

$$f'(z) = \frac{\partial u}{\partial x} + i\frac{\partial v}{\partial x} = \frac{\partial u}{\partial x} - i\frac{\partial u}{\partial y} = \frac{\partial v}{\partial y} - i\frac{\partial u}{\partial y} = \frac{\partial v}{\partial y} + i\frac{\partial v}{\partial x}$$

这个公式给出了复变函数计算导数的又一方法。

对于解析函数的判定，一般并不直接采用定理 2.7 的形式。因为二元函数可微性的证明不太容易，但是可以借助另外一个条件来说明二元函数可微性，即如果二元函数的一阶

偏导数都存在且连续，则该二元函数可微。

如果将定理中的"D 内任一点"改为"D 内某一点"，则定理变成函数 $f(z)$ 在某一点可导的充要条件，证明步骤完全一样，因而定理也可以用来判断函数在某一点的可导性。

【例 2.2.5】 判断以下函数的可导性和解析性。

(1) $w = \bar{z}$；　　(2) $f(z) = e^x(\cos y + i \sin y)$；　　(3) $f(z) = \bar{z}^2$

解 (1) $w = \bar{z}$，$u = x$，$v = -y$，则

$$\frac{\partial u}{\partial x} = 1, \quad \frac{\partial u}{\partial y} = 0, \quad \frac{\partial v}{\partial x} = 0, \quad \frac{\partial v}{\partial y} = -1$$

不满足柯西-黎曼方程，所以 $w = \bar{z}$ 在复平面内处处不可导，处处不解析。

(2) $f(z) = e^x(\cos y + i \sin y)$，$u = e^x \cos y$，$v = e^x \sin y$，则

$$\frac{\partial u}{\partial x} = e^x \cos y, \quad \frac{\partial u}{\partial y} = -e^x \sin y, \quad \frac{\partial v}{\partial x} = e^x \sin y, \quad \frac{\partial v}{\partial y} = e^x \cos y$$

四个偏导数均存在且连续，满足

$$\frac{\partial u}{\partial x} = \frac{\partial v}{\partial y}, \quad \frac{\partial u}{\partial y} = -\frac{\partial v}{\partial x}$$

故 $f(z) = e^x(\cos y + i \sin y)$ 在复平面内处处可导，处处解析。

$$f'(z) = e^x(\cos y + i \sin y) = f(z)$$

(3) $\bar{z}^2 = x^2 + y^2 - 2xy i$，$u = x^2 + y^2$，$v = -2xy$，则

$$\frac{\partial u}{\partial x} = 2x, \quad \frac{\partial u}{\partial y} = 2y, \quad \frac{\partial v}{\partial x} = -2y, \quad \frac{\partial v}{\partial y} = -2x$$

仅当 $x = 0$ 时满足柯西-黎曼方程，所以 $f(z) = \bar{z}^2$ 只在直线 $x = 0$ 上可导，处处不解析。

【例 2.2.6】 设 $f(z) = x^2 + axy + by^2 + i(cx^2 + dxy + y^2)$，问：常数 a，b，c，d 取何值时，$f(z)$ 在复平面内处处解析？

解 $\quad \dfrac{\partial u}{\partial x} = 2x + ay, \quad \dfrac{\partial u}{\partial y} = ax + 2by, \quad \dfrac{\partial v}{\partial x} = 2cx + dy, \quad \dfrac{\partial v}{\partial y} = dx + 2y$

欲使

$$\frac{\partial u}{\partial x} = \frac{\partial v}{\partial y}, \quad \frac{\partial u}{\partial y} = -\frac{\partial v}{\partial x}$$

须使

$$2x + ay = dx + 2y, \quad -2cx - dy = ax + 2by$$

解得

$$a = 2, \ b = -1, \ c = -1, \ d = 2$$

【例 2.2.7】 设 $f'(z)$ 在区域 D 内处处为零，那么 $f(z)$ 在 D 内为一常数。

证明 因为

$$f'(z) = \frac{\partial u}{\partial x} + \mathrm{i}\frac{\partial v}{\partial x} = \frac{\partial v}{\partial y} - \mathrm{i}\frac{\partial u}{\partial y} \equiv 0$$

故

$$\frac{\partial u}{\partial x} = \frac{\partial u}{\partial y} = \frac{\partial v}{\partial x} = \frac{\partial v}{\partial y}$$

所以，$u=$ 常数，$v=$ 常数，因而 $f(z)$ 在 D 内为一常数。

2.3　初等解析函数

本节介绍的初等函数是将实变函数中的初等函数推广到了复数域，这些初等函数既保持了原有的某些性质，又有一些不同于实数域的性质，在学习中应该注意这一点。

2.3.1　指数函数

对于复变数 $z = x + \mathrm{i}y$，定义指数函数为

$$\exp z = \mathrm{e}^z = \mathrm{e}^x(\cos y + \mathrm{i}\sin y) \tag{2.3.1}$$

可见：

$$|\exp z| = \mathrm{e}^x, \quad \mathrm{Arg}(\exp z) = y + 2k\pi \quad (k = 0, \pm 1, \pm 2, \cdots)$$

指数函数具有以下性质：

(1) $\forall z$，有　$\exp z \neq 0$，原因是 $|\exp z| = \mathrm{e}^x \neq 0$。

(2) 当 z 为实数 x 时（$y = 0$），$f(z) = \exp z = \mathrm{e}^x$，即为实指数函数。

(3) 当 z 的实部 $x = 0$ 时，就得到 Euler 公式：

$$\mathrm{e}^{\mathrm{i}y} = \cos y + \mathrm{i}\sin y$$

(4) $f(z) = \exp z$ 在复平面上处处解析，且 $(\exp z)' = \exp z$。

(5) 服从加法定理：

$$\exp z_1 \cdot \exp z_2 = \exp(z_1 + z_2)$$

证明　设 $z_1 = x_1 + \mathrm{i}y_1$，$z_2 = x_2 + \mathrm{i}y_2$，则

$$\begin{aligned}
\exp z_1 \cdot \exp z_2 &= \mathrm{e}^{x_1}(\cos y_1 + \mathrm{i}\sin y_1) \cdot \mathrm{e}^{x_2}(\cos y_2 + \mathrm{i}\sin y_2) \\
&= \mathrm{e}^{x_1+x_2}[\cos y_1\cos y_2 - \sin y_1\sin y_2 + \mathrm{i}(\sin y_1\cos y_2 + \cos y_1\sin y_2)] \\
&= \mathrm{e}^{x_1+x_2}[\cos(y_1+y_2) + \mathrm{i}\sin(y_1+y_2)] \\
&= \exp(z_1 + z_2)
\end{aligned}$$

(6) $\qquad f(z + T) = f(z), \quad T = 2k\pi\mathrm{i} \quad (k = 0, \pm 1, \pm 2, \cdots)$

即指数函数是以 $2\pi\mathrm{i}$ 为基本周期的周期函数，这一性质是实指数函数所不具备的。

证明　由加法定理：

$$f(z+2k\pi i) = e^{z+2k\pi i} = e^z e^{2k\pi i} = e^z(\cos 2k\pi + i\sin 2k\pi) = e^z = f(z)$$

所以

$$T = 2k\pi i \quad (k = 0, \pm 1, \pm 2, \cdots)$$

【例 2.3.1】 e^z 的值何时为实数？

解 $$e^z = e^x(\cos y + i\sin y)$$

若要 e^z 为实数，则需 $\sin y = 0$，即 $y = k\pi$(k 为整数)。

可见，当 z 在复平面内的实轴上以及在实轴上下每相距为 π 的直线上时，e^z 为实数。

【例 2.3.2】 求出下列复数的辐角主值。

(1) e^{2-3i}；(2) e^{3+4i}；(3) e^{-3-4i}

解 因为 $e^z = e^{x+iy} = e^x(\cos y + i\sin y)$ 的辐角为 $\mathrm{Arg}e^z = y + 2k\pi$($k$ 为整数)，其辐角主值 $\arg e^z$ 为区间 $(-\pi, \pi]$ 内的一个辐角，所以有

(1) $$\mathrm{Arg}e^{2-3i} = -3 + 2k\pi, \quad \arg e^{2-3i} = -3$$

(2) $$\mathrm{Arg}e^{3+4i} = 4 + 2k\pi, \quad \arg e^{3+4i} = 4 - 2\pi$$

(3) $$\mathrm{Arg}e^{-3-4i} = -4 + 2k\pi, \quad \arg e^{-3-4i} = -4 + 2\pi$$

2.3.2 对数函数

对数函数定义为指数函数的反函数，即把满足 $e^w = z(z \neq 0)$ 的函数 $w = f(z)$ 称为对数函数，记作 $w = \mathrm{Ln}z$。

令 $w = u + iv$，$z = re^{i\theta}$，那么，有

$$e^w = e^{u+iv} = z = re^{i\theta} \Rightarrow u = \ln r, \ v = \theta + 2k\pi \quad (k \in z)$$

则

$$w = u + iv = \mathrm{Ln}z = \ln r + i(\theta + 2\pi k) \quad (k = 0, \pm 1, \pm 2 \cdots) \tag{2.3.2}$$

或

$$\mathrm{Ln}z = \ln|z| + i\mathrm{Arg}z = \ln|z| + i(\arg z + 2k\pi) \quad (k = 0, \pm 1, \pm 2, \cdots) \tag{2.3.3}$$

由于 $\mathrm{Arg}z$ 是多值函数，所以对数函数也是多值函数，上式中对于每一个确定的 k，对应 $\mathrm{Ln}z$ 的一个分支，每一个分支本身都是单值函数。若令 $k = 0$，则 $\mathrm{Ln}z$ 对应的这个单值函数称为多值函数 $\mathrm{Ln}z$ 的主值，记作 $\ln z$，即

$$\ln z = \ln|z| + i\arg z$$

所以有

$$\mathrm{Ln}z = \ln z + i2k\pi \quad (k = \pm 1, \pm 2, \cdots) \tag{2.3.4}$$

对数函数具有以下性质：

(1) 当 $z = x > 0$ 时，$\ln z = \ln x$；当 $z = x < 0$ 时，$\ln z = \ln|x| + i\pi$。

(2) $e^{\mathrm{Ln}z} = z$，$\mathrm{Ln}e^z = z + 2k\pi i \quad (k = 0, \pm 1, \pm 2, \cdots)$。

(3) $\mathrm{Ln}(z_1 z_2) = \mathrm{Ln}z_1 + \mathrm{Ln}z_2$,　$\mathrm{Ln}\dfrac{z_1}{z_2} = \mathrm{Ln}z_1 - \mathrm{Ln}z_2$,其中 z_1, $z_2 \neq 0$。

这一性质与实变函数的性质一致,对这两个式子可以这样理解:对于等式两端可能取的函数值的全体是相同的。

(4) $\mathrm{Ln}z$ 的主值及各个分支在除去原点以及负实轴外连续。原因是 $\arg z$ 在除去原点以及负实轴外连续。

(5) $\mathrm{Ln}z$ 的主值及各个分支在除去原点以及负实轴外处处解析,且 $(\mathrm{Ln}z)' = \dfrac{1}{z}$。

证明　因为 $z = \mathrm{e}^{\omega}$, $(\mathrm{e}^{\omega})' = \mathrm{e}^{\omega} \neq 0$,所以

$$\frac{\mathrm{d}\omega}{\mathrm{d}z} = (\mathrm{Ln}z)' = \frac{1}{\dfrac{\mathrm{d}z}{\mathrm{d}\omega}} = \frac{1}{\mathrm{e}^{\omega}} = \frac{1}{z}$$

【**例 2.3.3**】　求 $\mathrm{Ln}2$、$\mathrm{Ln}(-1)$ 以及它们相应的主值分支。

解　因为 $\mathrm{Ln}2 = \ln 2 + 2k\pi\mathrm{i}$,所以 $\mathrm{Ln}2$ 的主值就是 $\ln 2$。
又因为

$$\mathrm{Ln}(-1) = \ln 1 + \mathrm{i}\mathrm{Arg}(-1) = (2k+1)\pi\mathrm{i} \quad (k \text{ 为整数})$$

所以 $\mathrm{Ln}(-1)$ 的主值就是 $\pi\mathrm{i}$。

由例 2.3.3 可见,负数在复数范围内也存在对数,这是和实变对数函数不一样的,而且正实数的对数是无穷多值的。因此,复对数函数是实对数函数的拓展。

【**例 2.3.4**】　设 $z_1 = -2$, $z_2 = 2\mathrm{i}$,计算 $\ln z_1$、$\ln z_2$、$\ln(-z_2)$、$\ln z_1 z_2$、$\ln\left(\dfrac{z_1}{-z_2}\right)$。

解
$$\ln z_1 = \ln 2 + \mathrm{i}\pi$$

$$\ln z_2 = \ln 2 + \mathrm{i}\frac{\pi}{2}$$

$$\ln(-z_2) = \ln 2 - \mathrm{i}\frac{\pi}{2}$$

$$\ln z_1 z_2 = \ln(-4\mathrm{i}) = \ln 4 - \mathrm{i}\frac{\pi}{2}$$

$$\ln\left(\frac{z_1}{-z_2}\right) = \ln - \mathrm{i} = -\mathrm{i}\frac{\pi}{2}$$

由例 2.3.4 可知,$\ln z_1 z_2 \neq \ln z_1 + \ln z_2$,$\ln\left(\dfrac{z_1}{-z_2}\right) \neq \ln z_1 - \ln(-z_2)$。说明对数函数的性质 (3)$\mathrm{Ln}(z_1 z_2) = \mathrm{Ln}z_1 + \mathrm{Ln}z_2$,$\mathrm{Ln}\dfrac{z_1}{z_2} = \mathrm{Ln}z_1 - \mathrm{Ln}z_2$,对于主值分支并不一定成立。究其原因是辐角的多值性造成的。另外,关于 $\mathrm{Ln}z^n = n\mathrm{Ln}z$ 和 $\mathrm{Ln}\sqrt[n]{z} = \dfrac{1}{n}\mathrm{Ln}z$ 这两个等式在

什么情况下成立，请读者自己证明。

2.3.3 幂函数

我们知道，如果 a 是正数，b 为实数，则乘幂 $a^b=e^{b\ln a}$，现在将它推广到复数的情形。设 a 为一个不为零的复数，b 为任意一个复数，则定义复数域内的乘幂为 $e^{b\ln a}$，即

$$a^b=e^{b\mathrm{Ln}a} \tag{2.3.5}$$

由于 $\mathrm{Ln}a=\ln|a|+i(\arg a+2k\pi)$ 是多值的，因而 a^b 也是多值的。

当 b 为整数时，由于

$$a^b=e^{b\mathrm{Ln}a}=e^{b(\ln|a|+i2k\pi)}=e^{b\ln|a|}e^{bi2k\pi}$$
$$=e^{b\ln|a|}(\cos2k\pi b+i\sin2k\pi b)=e^{b\ln a}$$

所以，当 b 为整数时，a^b 是单值函数。

当 $b=\dfrac{p}{q}$（p,q 为互质的整数，且 $q>0$）时，由于

$$a^b=e^{\frac{p}{q}(\ln|a|+i\arg a+2k\pi i)}=e^{\frac{p}{q}\ln|a|}e^{\frac{p}{q}i(\arg a+2k\pi)}$$
$$=e^{\frac{p}{q}\ln|a|}\left[\cos\frac{p}{q}(\arg a+2k\pi)+i\sin\frac{p}{q}(\arg a+2k\pi)\right]\quad(k=0,1,2,3,\cdots,q-1)$$

$$\tag{2.3.6}$$

可见，此时 a^b 有 q 个分支，即当 $k=0,1,2,3,\cdots,q-1$ 时对应的各个分支。另外，当 b 的值为正整数 n 和分数 $\dfrac{1}{n}$ 时，a^b 即为 a 的 n 次幂和 a 的 n 次根（见第一章）。因为

$$a^n=e^{n\mathrm{Ln}a}=e^{\mathrm{Ln}a+\mathrm{Ln}a+\cdots+\mathrm{Ln}a}=e^{\mathrm{Ln}a}e^{\mathrm{Ln}a}\cdots e^{\mathrm{Ln}a}=\underbrace{a\cdot a\cdot a\cdots a}_{n\text{个}}$$

$$a^{\frac{1}{n}}=e^{\frac{1}{n}\mathrm{Ln}a}=e^{\frac{1}{n}(\ln|a|+i\arg a+2k\pi i)}=e^{\frac{1}{n}\ln|a|}e^{i\frac{\arg a+2k\pi}{n}}$$
$$=\sqrt[n]{|a|}\left(\cos\frac{\arg a+2k\pi}{n}+i\sin\frac{\arg a+2k\pi}{n}\right)$$
$$=\sqrt[n]{a}\quad(k=0,1,2,\cdots n-1) \tag{2.3.7}$$

一般而言，a^b 具有无穷多的值。如果 $a=z$ 为一复变数，就得到一般的幂函数 $w=z^b$；当 b 的值为正整数 n 和分数 $\dfrac{1}{n}$ 时，就分别得到通常的幂函数 $w=z^n$ 和 $w=z^{\frac{1}{n}}=\sqrt[n]{z}$（这个函数即 $w=z^n$ 的反函数）。$w=z^n$ 在复平面内是单值解析函数，本章的第二节已经给出了它的求导公式。幂函数 $w=z^{\frac{1}{n}}=\sqrt[n]{z}$ 是一个多值函数，共有 n 个分支。

除去 b 的值为正整数 n 和分数 $\dfrac{1}{n}$ 情况外，幂函数 $w=z^b$ 是一个多值函数，当 b 的值为无理数或复数时，是无穷多值的。由于 $\mathrm{Ln}z$ 的各个分支在除去原点和负实轴以外的复平面

内是解析的，所以幂函数 $w=z^b$ 也是在除去原点和负实轴以外的复平面内是解析的，并且有 $(z^b)'=bz^{b-1}$（$\forall$ 单值分支）。

【例 2.3.5】　求 $1^{\sqrt{2}}$、i^i 和 $i^{\frac{2}{3}}$ 的值。

解　$1^{\sqrt{2}}=e^{\sqrt{2}\mathrm{Ln}1}=e^{\sqrt{2}(\ln|1|+2k\pi i)}=e^{2k\pi\sqrt{2}i}=\cos(2k\pi\sqrt{2}+i\sin(2k\pi\sqrt{2})$　（$k=0,\pm1,\pm2,\cdots$）

$i^i=e^{i\mathrm{Ln}i}=e^{i(\ln|i|+i\frac{\pi}{2}+2k\pi i)}=e^{-\left(2k\pi+\frac{\pi}{2}\right)}$　（$k=0,\pm1,\pm2\cdots$）

$i^{\frac{2}{3}}=e^{\frac{2}{3}\mathrm{Ln}i}=e^{\frac{2}{3}(\ln|i|+i\frac{\pi}{2}+2k\pi i)}=e^{i\frac{2}{3}\left(\frac{\pi}{2}+2k\pi\right)}=\cos\left(\frac{\pi+4k\pi}{3}+i\sin\frac{\pi+4k\pi}{3}\right)$　（$k=0,1,2$）

2.3.4　三角函数和反三角函数

由指数函数的定义，当 $x=0$ 时，有 $e^{iy}=\cos y+i\sin y$，$e^{-iy}=\cos y-i\sin y$，将两式相加相减可得到：

$$\sin y=\frac{e^{iy}-e^{-iy}}{2i},\quad \cos y=\frac{e^{iy}+e^{-iy}}{2}\quad（\forall y\in r）$$

将 y 的取值推广到复数域中，即有正弦函数和余弦函数的定义如下：

$$\sin z=\frac{e^{zi}-e^{-zi}}{2i},\quad \cos z=\frac{e^{zi}+e^{-zi}}{2}\tag{2.3.8}$$

正弦函数和余弦函数具有以下性质：

（1）$\sin z$ 和 $\cos z$ 都是以 2π 为基本周期的周期函数。

因为 $\sin z$ 和 $\cos z$ 都是由指数函数 e^{iz} 进行定义的，而 e^z 是以 $2\pi i$ 为基本周期的周期函数，故 $\sin z$ 和 $\cos z$ 都是以 2π 为基本周期的周期函数。这一性质和实变的正弦函数和余弦函数的性质一致，另外，这一性质也可以由 $\sin z$ 和 $\cos z$ 的定义式直接证明。

证明　$\cos(z+2\pi)=\dfrac{e^{i(z+2\pi)}+e^{-i(z+2\pi)}}{2}=\dfrac{e^{iz}e^{2\pi i}+e^{-iz}e^{-2\pi i}}{2}=\dfrac{e^{iz}+e^{-iz}}{2}=\cos z$

$\sin z$ 的周期性请读者自行证明。

（2）$\sin z$ 是奇函数，$\cos z$ 是偶函数。

这一性质也和实变的正弦函数和余弦函数的性质一致。

证明
$$\sin(-z)=\frac{e^{-iz}-e^{iz}}{2i}=-\sin z$$

$$\cos(-z)=\frac{e^{-iz}+e^{iz}}{2}=\cos z$$

（3）$\sin z$ 和 $\cos z$ 在复平面内处处解析，且有

$$(\sin z)'=\cos z,\quad (\cos z)'=-\sin z$$

这一性质和实变的正弦函数和余弦函数的性质一致。

证明
$$(\sin z)'=\frac{1}{2i}(e^{iz}-e^{-iz})'=\frac{1}{2}(e^{iz}+e^{-iz})=\cos z$$

$$(\cos z)' = \frac{1}{2}(e^{iz} + e^{-iz})' = \frac{i}{2}(e^{iz} - e^{-iz}) = -\sin z$$

(4) $\sin z$ 的零点为 $z = k\pi (k = 0, \pm 1, \pm 2, \cdots)$，$\cos z$ 的零点为 $z = \frac{\pi}{2} + k\pi (k = 0, \pm 1, \pm 2, \cdots)$。

这一性质和实变的正弦函数和余弦函数的性质一致。$\sin z$ 的零点即方程 $\sin z = 0$ 的根，也即 $\frac{e^{zi} - e^{-zi}}{2i} = 0$，整理得 $e^{2zi} = 1$，$i2z = \text{Ln}1 = 2\pi k i$，即 $z = k\pi (k = 0, \pm 1, \pm 2, \cdots)$。同理，可以计算出 $\cos z$ 的零点为 $z = \frac{\pi}{2} + k\pi (k = 0, \pm 1, \pm 2, \cdots)$。

(5) 实变函数中的三角恒等式在复变函数中依然成立。

(6) 复数域中的 $\sin z$ 和 $\cos z$ 是无界函数，即 $|\cos z| \leqslant 1$，$|\sin z| \leqslant 1$ 不再成立。

令 $z = iy$，则 $\cos iy = \frac{e^{-y} + e^{y}}{2}$。当 $y \to \infty$ 时，$|\cos iy| \to \infty$。同理可知，当 $y \to \infty$ 时，$|\sin z| \to \infty$。

(7) Euler 公式对复数域中的一切 z 成立，即

$$e^{iz} = \cos z + i\sin z$$

直接由 $\sin z$ 和 $\cos z$ 的定义进行相加相减即可得证。

其他四个三角函数可以由 $\sin z$ 和 $\cos z$ 来定义：

$$\tan z = \frac{\sin z}{\cos z}, \quad \cot z = \frac{\cos z}{\sin z}, \quad \sec z = \frac{1}{\cos z}, \quad \csc z = \frac{1}{\sin z}$$

这四个函数的性质，读者可以仿照对 $\sin z$ 和 $\cos z$ 的分析自行探讨。

设 $z = \cos w$，那么称 w 为 z 的反余弦函数，记为

$$w = \text{Arccos}z$$

由 $z = \cos w = \frac{e^{iw} + e^{-iw}}{2}$，得

$$e^{2iw} - 2ze^{iw} + 1 = 0$$

方程的根为

$$e^{iw} = z + \sqrt{z^2 - 1}$$

两边取对数，则有

$$w = \text{Arccos}z = -i\text{Ln}(z + \sqrt{z^2 - 1}) \tag{2.3.9}$$

由于对数函数的多值性，反余弦函数 $w = \text{Arccos}z$ 也是一个多值函数。类似地，可以定义反正弦函数、反正切函数和反余切函数。

反正弦函数：

$$\text{Arcsin}z = -i\text{Ln}(iz + \sqrt{1 - z^2}) \tag{2.3.10}$$

反正切函数:

$$\text{Arctan}z = -\frac{i}{2}\text{Ln}\frac{1+iz}{1-iz} \qquad (2.3.11)$$

反余切函数:

$$\text{Arccot}z = \frac{i}{2}\text{Ln}\frac{z-i}{z+i} \qquad (2.3.12)$$

根据对数函数的解析情况,相应地可以分析各个反三角函数的解析情况。在各自的解析区域上,它们的导数公式与相应的实变函数的导数公式一样。

【例 2.3.6】 求 $\cos(1+i)$ 的值。

解
$$\cos(1+i) = \frac{e^{i(1+i)}+e^{-i(1+i)}}{2} = \frac{e^{-1+i}+e^{1-i}}{2}$$

$$= \frac{1}{2}\left[e^{-1}(\cos 1+i\sin 1)+e(\cos 1-i\sin 1)\right]$$

$$= \frac{1}{2}(e^{-1}+e)\cos 1+\frac{1}{2}(e^{-1}-e)i\sin 1$$

【例 2.3.7】 求函数 $\text{Arcsin}z$ 在 $z=5$ 的值。

解 由式(2.3.10),有

$$\text{Arcsin}5 = -i\text{Ln}(5i\pm 2\sqrt{6}i) = -i\text{Ln}\left[(5\pm 2\sqrt{6})i\right]$$

$$= -i\left[\ln(5\pm 2\sqrt{6})+\frac{\pi}{2}i+2k\pi i\right]$$

$$= \frac{\pi}{2}-i\ln(5\pm 2\sqrt{6})+2k\pi$$

$$= \left(\frac{1}{2}+2k\right)\pi-i\ln(5\pm 2\sqrt{6}) \quad (k=0,\pm 1,\pm 2,\cdots)$$

【例 2.3.8】 求函数值 $\text{Arctan}(2+3i)$。

解
$$\text{Arctan}(2+3i) = -\frac{i}{2}\text{Ln}\frac{1+i(2+3i)}{1-i(2+3i)} = -\frac{i}{2}\text{Ln}\frac{-3+i}{5}$$

$$= -\frac{i}{2}\left[\ln\sqrt{\frac{2}{5}}+i\left(\pi-\arctan\frac{1}{3}+2k\pi\right)\right]$$

$$= \left[\left(k+\frac{1}{2}\right)\pi-\frac{1}{2}\arctan\frac{1}{3}\right]+-\frac{i}{4}\ln\frac{2}{5} \quad (k=0,\pm 1,\pm 2,\cdots)$$

2.3.5 双曲函数和反双曲函数

规定

$$\text{sh}z = \frac{e^z-e^{-z}}{2}, \quad \text{ch}z = \frac{e^z+e^{-z}}{2} \qquad (2.3.13)$$

分别称它们为双曲正弦函数和双曲余弦函数。

当 z 为实数时，双曲函数与高等数学中的定义一致。双曲函数具有以下性质：

（1）$\mathrm{sh}z$ 和 $\mathrm{ch}z$ 都是以 $2\pi\mathrm{i}$ 为基本周期的周期函数。

（2）$\mathrm{sh}z$ 是奇函数，$\mathrm{ch}z$ 是偶函数。

（3）$\mathrm{sh}z$ 和 $\mathrm{ch}z$ 在复平面内处处解析，且 $(\mathrm{sh}z)'=\mathrm{ch}z$，$(\mathrm{ch}z)'=\mathrm{sh}z$。

以上性质请读者自行证明。

（4）$\mathrm{sh}z$ 和 $\mathrm{ch}z$ 与 $\sin z$ 和 $\cos z$ 有如下关系：

$$\sin\mathrm{i}y=\mathrm{i}\,\mathrm{sh}y,\quad \mathrm{sh}\,\mathrm{i}y=\mathrm{i}\sin y,\quad \cos\mathrm{i}y=\mathrm{ch}y,\quad \mathrm{ch}\,\mathrm{i}y=\cos y \tag{2.3.14}$$

由正弦和余弦函数以及它们和双曲函数的关系，有

$$\cos(z_1+z_2)=\cos z_1\cos z_2-\sin z_1\sin z_2$$

$$\sin(z_1+z_2)=\sin z_1\cos z_2+\cos z_1\sin z_2$$

令 $z_1=x$，$z_2=\mathrm{i}y$，代入以上两式，得

$$\cos(x+\mathrm{i}y)=\cos z=\cos x\cos\mathrm{i}y-\sin x\sin\mathrm{i}y \tag{2.3.15}$$

$$\sin(x+\mathrm{i}y)=\sin z=\sin x\cos\mathrm{i}y+\cos x\sin\mathrm{i}y \tag{2.3.16}$$

将式（2.3.14）的关系式用于式（2.3.15）和式（2.3.16），有

$$\cos(x+\mathrm{i}y)=\cos z=\cos x\,\mathrm{ch}y-\mathrm{i}\sin x\,\mathrm{sh}y \tag{2.3.17}$$

$$\sin(x+\mathrm{i}y)=\sin z=\sin x\,\mathrm{ch}y+\mathrm{i}\cos x\,\mathrm{sh}y \tag{2.3.18}$$

双曲函数的反函数称为反双曲函数，反双曲函数的表达式如下：

反双曲正弦函数：

$$\mathrm{Arcsh}z=\mathrm{Ln}(z+\sqrt{z^2+1}) \tag{2.3.19}$$

反双曲余弦函数：

$$\mathrm{Arcch}z=\mathrm{Ln}(z+\sqrt{z^2-1}) \tag{2.3.20}$$

【例 2.3.9】 解方程 $\sin z=\mathrm{i}\,\mathrm{sh}1$。

解 设 $z=x+\mathrm{i}y$，则根据式（2.3.18）有

$$\sin z=\sin(x+\mathrm{i}y)=\sin x\,\mathrm{ch}y+\mathrm{i}\cos x\,\mathrm{sh}y=\mathrm{i}\,\mathrm{sh}1$$

根据复数相等的定义，需满足

$$\sin x\,\mathrm{ch}y=0,\quad \cos x\,\mathrm{sh}y=\mathrm{sh}1$$

因为 $\mathrm{ch}y\neq0$，所以 $\sin x=0$，即 $x=k\pi$。

将 $x=k\pi$ 代入 $\cos x\,\mathrm{sh}y=\mathrm{sh}1$，有

$$\mathrm{sh}y=(-1)^k\mathrm{sh}1$$

$$y=\begin{cases}1, & k=0,\pm2,\pm4,\cdots\\-1, & k=\pm1,\pm3,\cdots\end{cases}$$

得

$$z=\begin{cases} 2n\pi+\mathrm{i} \\ (2n+1)\pi-\mathrm{i} \end{cases} \quad (n=0,\pm1,\pm2,\cdots)$$

小　　结

　　本章的主要内容包括复变函数的极限、连续、可导等基本概念，解析函数的概念、解析函数的充要条件和解析函数的性质，复初等函数（指数函数、对数函数、幂函数、三角函数和双曲函数等）。

　　在本章的学习过程中，要注意比较函数在实数域和在复数域的异同，如复变函数的极限定义和可导定义都比实变函数的定义要求更苛刻，复初等函数的性质和实初等函数的性质又有哪些异同等。要能区分可导和解析的区别与联系，会判断一个函数的解析性。另外，要注意某些复初等函数的多值性。

习　题　二

1. 求映射 $w=z+\dfrac{1}{z}$ 下，圆周 $|z|=2$ 的像。

2. 在映射 $w=z^2$ 下，下列 z 平面上的图形映射为 w 平面上的什么图形？设 $w=\rho\mathrm{e}^{\mathrm{i}\varphi}$ 或 $w=u+\mathrm{i}v$。

(1) $0<r<2$，$\theta=\dfrac{\pi}{4}$；　　　　　　　　(2) $0<r<2$，$0<\theta<\dfrac{\pi}{4}$；

(3) $x=a$，$y=b(a,b$ 为实数)

3. 求下列曲线在映射 $w=\dfrac{1}{z}$ 下的像。

(1) $x^2+y^2=4$；　　　　　　　　　　(2) $y=-x$；

(3) $y=0$；　　　　　　　　　　　　　(4) $x=1$

4. 求下列极限。

(1) $\lim\limits_{z\to\infty}\dfrac{1}{1+z^2}$；　　　　　　　　(2) $\lim\limits_{z\to0}\dfrac{\mathrm{Re}(z)}{z}$；

(3) $\lim\limits_{z\to\mathrm{i}}\dfrac{z-\mathrm{i}}{z(1+z^2)}$；　　　　　　　(4) $\lim\limits_{z\to1}\dfrac{z\bar{z}+2z-\bar{z}-2}{z^2-1}$

5. 讨论下列函数的连续性。

(1) $f(z)=\begin{cases} \dfrac{xy}{x^2+y^2}, & z\neq0 \\ 0, & z=0 \end{cases}$；　　　(2) $f(z)=\begin{cases} \dfrac{x^3y}{x^4+y^2}, & z\neq0 \\ 0, & z=0 \end{cases}$

6. 设 $f(z)$ 在点 z_0 处连续且 $f(z_0) \neq 0$，试证明存在 z_0 的一个邻域，使在该邻域内恒有 $f(z) \neq 0$。（提示：由连续的定义证明）

7. 下列函数在何处可导？求出其导数。

(1) $f(z) = (z-1)^n$（n 为正整数）；   (2) $f(z) = \dfrac{z-2}{(z+1)(z^2+1)}$；

(3) $f(z) = \dfrac{3z+8}{5z-7}$；   (4) $f(z) = \dfrac{x+y}{x^2+y^2} + i\dfrac{x-y}{x^2+y^2}$

8. 试证明下列函数处处不可导。

(1) $w = \text{Re}(z)$；   (2) $w = \text{Im}(z)$；

(3) $w = \bar{z}$；   (4) $w = z + \text{Re}(z)$

9. 判断下列函数的可导性与解析性。

(1) $f(z) = xy^2 + ix^2y$；   (2) $f(z) = x^2 + iy^2$；

(3) $f(z) = 2x^3 + 3iy^3$；   (4) $f(z) = \bar{z}z^2$

10. 为什么说一个复变函数的所有解析点的非空集合一定是开集？

11. 判别函数 $f(z) = 2\sin x + iy^2$ 在哪些点处可导，在哪些点处解析？并求其在可导点处的导数。

12. 证明区域 D 内满足下列条件之一的解析函数必为常数。

(1) $f'(z) = 0$；   (2) $\overline{f(z)}$ 解析；

(3) $\text{Re} f(z) = $ 常数；   (4) $\text{Im} f(z) = $ 常数；

(5) $|f(z)| = $ 常数；   (6) $\arg f(z) = $ 常数

13. 设 $f(z) = my^3 + nx^2y + i(x^3 + lxy^2)$ 在 z 平面上解析，求 m, n, l 的值。

14. 试证下列函数在 z 平面上解析，并求其导数。

(1) $f(z) = x^3 + 3x^2yi - 3xy^2 - iy^3$

(2) $f(z) = e^x(x\cos y - y\sin y) + ie^x(y\cos y + x\sin y)$

15. 计算下列各值。

(1) e^{2+i}；   (2) $e^{\frac{(2-\pi i)}{3}}$；

(3) $\text{Re}\left[e^{\frac{(x-iy)}{(x^2+y^2)}}\right]$；   (4) $\left|e^{i-2(x+iy)}\right|$

16. 计算下列各值。

(1) $\ln(-2+3i)$；   (2) $\ln(3-\sqrt{3}i)$；

(3) $\ln(e^i)$；   (4) $\ln(ie)$

17. 计算下列各值。

(1) $(1+i)^{1-i}$；   (2) $(-3)^{\sqrt{5}}$；

(3) 1^{-i}；   (4) $\left(\dfrac{1-i}{\sqrt{2}}\right)^{1+i}$

18. 计算下列各值。

（1）$\cos(\pi+5i)$；

（2）$\sin(1-5i)$；

（3）$\tan(3-i)$；

（4）$|\sin z|^2$；

（5）$\text{Arcsin}(i)$；

（6）$\text{Arctan}(1+2i)$

19. 求解下列方程。

（1）$\sin z=2$；

（2）$e^z-1-i\sqrt{3}=0$；

（3）$\ln z=\dfrac{\pi}{2}i$；

（4）$z-\text{Ln}(1+i)=0$；

（5）$e^z=-4$；

（6）$\cos z=2$；

（7）$e^z=1+i\sqrt{3}$

20. 设 $z=x+iy$，证明以下等式。

（1）$\sin z=\sin x\,\text{ch}\,y+i\cos x\,\text{sh}\,y$；

（2）$\cos z=\cos x\,\text{ch}\,y-i\sin x\,\text{sh}\,y$；

（3）$|\sin z|^2=\sin^2 x+\text{sh}^2 y$；

（4）$|\cos z|^2=\cos^2 x+\text{sh}^2 y$

第 3 章

复变函数的积分

　　复变函数的积分理论是复变函数的核心内容，是研究复变函数性质的重要方法和解决问题的有力工具。在本章中，我们将先介绍复变函数积分的概念、性质和计算方法，其次介绍关于解析函数积分的柯西-古萨基本定理及其推广——复合闭路定理。在此基础上，建立柯西积分公式，然后利用这一重要公式证明解析函数的高阶导数公式。这一公式表明解析函数的导数仍然是解析函数。

　　柯西-古萨定理和柯西积分公式是探讨解析函数性质的理论基础，我们要透彻地理解和熟练地掌握。

3.1　复变函数积分的概念及性质

3.1.1　复变函数积分的概念

　　设 C 为平面上给定的一条光滑（或分段光滑）曲线，如果选定 C 的两个可能方向中的一个作为正方向（或正向），那么我们就把 C 理解为带有方向的曲线，称为有向曲线。如果 A 到 B 作为曲线 C 的正向，那么 B 到 A 就是曲线 C 的负向，记为 C^{-}。在今后的讨论中，常把两个端点中的一个作为起点，另一个作为终点，除特殊声明外，正方向总是指从起点到终点的方向。简单闭曲线 C 的正向是指当曲线上的点 P 顺此方向前进时，邻近 P 点的曲线的内部始终位于 P 点的左方（即逆时针方向），与之相反的方向（即顺时针方向）就是曲线的负方向。

　　设 C 是复平面上以 z_0 为起点，z 为终点的有向简单连续曲线，$f(z)$ 是 C 上的复变函数，在 C 上依次取分点 $z_0, z_1, \cdots, z_{k-1}, z_k, \cdots, z_{n-1}, z_n = z$，把曲线 C 分割为 n 个小段，如图 3-1 所示。

　　在每个小弧段 $z_{k-1} z_k (k=1, 2, \cdots, n)$ 上任取一点 $\zeta_k (k=1, 2, \cdots, n)$，作和式 $S_n = \sum_{k=1}^{n} f(\zeta_k) \Delta z_k$，其中 $\Delta z_k = z_k - z_{k-1}$。

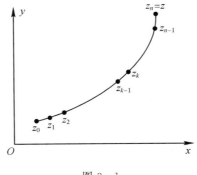

图 3 - 1

令

$$\lambda = \max\{|\Delta z_k|\} \quad (k = 1, 2, \cdots, n)$$

不论对曲线 C 的分法及点 ζ_k 的取法如何，当 λ 趋向于零时，S_n 的极限 $\lim\limits_{\lambda \to 0} S_n = \lim\limits_{\lambda \to 0} \sum\limits_{k=1}^{n} f(\zeta_k) \Delta z_k$ 存在，则称函数 $f(z)$ 沿曲线 C 可积，并称这个极限值为函数 $f(z)$ 沿曲线 C 的积分，记作 $\int_C f(z) \mathrm{d}z$，即

$$\int_C f(z) \mathrm{d}z = \lim_{\lambda \to 0} \sum_{k=1}^{n} f(\zeta_k) \Delta z_k$$

其中，$f(z)$ 称为被积函数，$f(z) \mathrm{d}z$ 称为被积表达式。

若 C 为闭曲线，则函数 $f(z)$ 沿曲线 C 的积分记作 $\oint_C f(z) \mathrm{d}z$。当 C 为实轴上的区间 $[a, b]$，方向从 a 到 b，并且 $f(z)$ 是实值函数时，那么这个积分就是定积分。

将复变函数积分 $\int_C f(z) \mathrm{d}z$ 的被积函数和积分曲线方程分别按实部与虚部的形式展开，则关于积分 $\int_C f(z) \mathrm{d}z$ 的存在性及计算方法有如下定理。

定理 3.1　设函数 $f(z) = u(x, y) + \mathrm{i}v(x, y)$ 在光滑曲线 C 上连续，则 $f(z)$ 在曲线 C 上的积分存在，且

$$\int_C f(z) \mathrm{d}z = \int_C u \mathrm{d}x - v \mathrm{d}y + \mathrm{i} \int_C v \mathrm{d}x + u \mathrm{d}y。 \tag{3.1.1}$$

证明　设光滑曲线 C 由以下参数方程给出：

$$z = z(t) = x(t) + \mathrm{i}y(t) \quad (\alpha \leqslant t \leqslant \beta)$$

正方向为参数增加的方向，参数 α 和 β 对应起点 A 和终点 B，且 $z'(t) \neq 0$ $(\alpha < t < \beta)$。如果 $f(z) = u(x, y) + \mathrm{i}v(x, y)$ 在 D 内处处连续，那么 $u(x, y)$ 和 $v(x, y)$ 在 D 内均为连续函数。

设

$$\zeta_k = \xi_k + i\eta_k$$

因为

$$\Delta z_k = z_k - z_{k-1} = x_k + iy_k - (x_{k-1} + iy_{k-1})$$
$$= (x_k - x_{k-1}) + i(y_k - y_{k-1})$$
$$= \Delta x_k + i\Delta y_k$$

所以

$$\sum_{k=1}^{n} f(\zeta_k) \cdot \Delta z_k = \sum_{k=1}^{n} [u(\xi_k, \eta_k) + iv(\xi_k, \eta_k)](\Delta x_k + i\Delta y_k)$$
$$= \sum_{k=1}^{n} [u(\xi_k, \eta_k)\Delta x_k - v(\xi_k, \eta_k)\Delta y_k]$$
$$+ i\sum_{k=1}^{n} [v(\xi_k, \eta_k)\Delta x_k + u(\xi_k, \eta_k)\Delta y_k]$$

由于 u，v 都是连续函数，根据线积分存在定理，当 n 无限增大而弧段长度的最大值趋于零时，不论对 C 的分法如何，点 (ξ_k, η_k) 的取法如何，下式两端极限都存在：

$$\sum_{k=1}^{n} f(\zeta_k)\Delta z_k = \sum_{k=1}^{n} [u(\xi_k, \eta_k)\Delta x_k - v(\xi_k, \eta_k)\Delta y_k]$$
$$+ i\sum_{k=1}^{n} [v(\xi_k, \eta_k)\Delta x_k + u(\xi_k, \eta_k)\Delta y_k]$$

即

$$\int_C f(z)dz = \int_C udx - vdy + i\int_C vdx + udy$$

式(3.1.1)在形式上可以看做是 $f(z) = u + iv$ 和 $dz = dx + idy$ 相乘后求积分得到。

$$\int_C f(z)dz = \int_C (u+iv)(dx+idy)$$
$$= \int_C udx + ivdx + iudy - vdy$$
$$= \int_C udx - vdy + i\int_C vdx + udy$$

定理 3.1 给出了积分存在的充分条件，该定理为我们提供了一种计算复变函数积分的方法，即将复变函数的积分转化为两个二元实函数的线积分。

3.1.2 复积分的一般计算公式

当积分曲线 C 由参数方程给出时，复变函数的积分就可以转化为实变量的定积分，这是计算复变函数积分的一种基本方法——参数方程法。今后我们所讨论的积分总是假定被积函数在 C 上连续，曲线 C 是光滑或分段光滑的有向曲线。

设曲线 C 的参数方程为
$$z = z(t) = x(t) + \mathrm{i}y(t) \quad (\alpha \leqslant t \leqslant \beta)$$
其中，参数 α 和 β 分别对应曲线的起点和终点，且 $z'(t) \neq 0$。根据定理 3.1 有
$$
\begin{aligned}
\int_C f(z)\mathrm{d}z &= \int_\alpha^\beta \{u[x(t), y(t)]x'(t) - v[x(t), y(t)]y'(t)\}\mathrm{d}t \\
&\quad + \mathrm{i}\int_\alpha^\beta \{v[x(t), y(t)]x'(t) + u[x(t), y(t)]y'(t)\}\mathrm{d}t \\
&= \int_\alpha^\beta \{u[x(t), y(t)] + \mathrm{i}v[x(t), y(t)]\}\{x'(t) + \mathrm{i}y'(t)\}\mathrm{d}t \\
&= \int_\alpha^\beta f[z(t)]z'(t)\mathrm{d}t
\end{aligned}
$$
即
$$\int_C f(z)\mathrm{d}z = \int_\alpha^\beta f[z(t)]z'(t)\mathrm{d}t \tag{3.1.2}$$

【例 3.1.1】　计算 $\displaystyle\int_C z\,\mathrm{d}z$，曲线 C：从原点到 $3+4\mathrm{i}$ 的直线段。

解　曲线 C 的参数方程为
$$z(t) = 3t + \mathrm{i}4t \quad (0 \leqslant t \leqslant 1)$$
在 C 上
$$z = (3+4\mathrm{i})t, \quad \mathrm{d}z = (3+4\mathrm{i})\mathrm{d}t$$
$$\int_C z\,\mathrm{d}z = \int_0^1 (3+4\mathrm{i})^2 t\,\mathrm{d}t = (3+4\mathrm{i})^2 \int_0^1 t\,\mathrm{d}t = \frac{(3+4\mathrm{i})^2}{2}$$
又因为
$$\int_C z\,\mathrm{d}z = \int_C (x+\mathrm{i}y)(\mathrm{d}x + \mathrm{i}\mathrm{d}y) = \int_C x\,\mathrm{d}x - y\,\mathrm{d}y + \mathrm{i}\int_C y\,\mathrm{d}x + x\,\mathrm{d}y$$
而线积分 $\displaystyle\int_C x\,\mathrm{d}x - y\,\mathrm{d}y$ 和 $\displaystyle\int_C y\,\mathrm{d}x + x\,\mathrm{d}y$ 都与路径 C 无关，所以不论 C 是怎样从原点连接到 $3+4\mathrm{i}$ 的曲线，$\displaystyle\int_C z\,\mathrm{d}z = \frac{(3+4\mathrm{i})^2}{2}$ 都成立。

【例 3.1.2】　计算 $\displaystyle\int_C \mathrm{Re}(z)\mathrm{d}z$，其中曲线 C 分别是

(1) 从原点到 $1+\mathrm{i}$ 的直线段；

(2) 沿抛物线 $y = x^2$ 从原点到 $1+\mathrm{i}$ 的弧段；

(3) 从原点沿 x 轴到 1，再从 1 垂直到 $1+\mathrm{i}$ 的折线。

解　三条积分路径如图 3 - 2 所示。

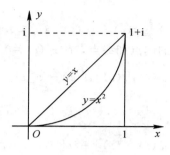

图 3-2

（1）积分路径 C 的参数方程为

$$z(t) = t + \mathrm{i}t \quad (0 \leqslant t \leqslant 1)$$

则有

$$\mathrm{Re}(z) = t, \quad \mathrm{d}z = (1 + \mathrm{i})\mathrm{d}t$$

$$\int_C \mathrm{Re}(z)\mathrm{d}z = \int_0^1 t(1 + \mathrm{i})\mathrm{d}t = \frac{1}{2}(1 + \mathrm{i})$$

（2）积分路径 C 的参数方程为

$$z(t) = t + \mathrm{i}t^2 \quad (0 \leqslant t \leqslant 1)$$

则有

$$\mathrm{Re}(z) = t, \quad \mathrm{d}z = (1 + 2t\mathrm{i})\mathrm{d}t$$

$$\int_C \mathrm{Re}(z)\mathrm{d}z = \int_0^1 t(1 + 2\mathrm{i}t)\mathrm{d}t = \left(\frac{t^2}{2} + \frac{2\mathrm{i}}{3}t^3\right)\Bigg|_0^1 = \frac{1}{2} + \frac{2}{3}\mathrm{i}$$

（3）积分路径 C 由两条直线段构成：

x 轴上直线段的参数方程为

$$z(t) = t \quad (0 \leqslant t \leqslant 1)$$

则有

$$\mathrm{Re}(z) = t, \quad \mathrm{d}z = \mathrm{d}t$$

从 1 垂直到 $1+\mathrm{i}$ 的线段的参数方程为

$$z(t) = 1 + \mathrm{i}t \quad (0 \leqslant t \leqslant 1)$$

则有

$$\mathrm{Re}(z) = 1, \quad \mathrm{d}z = \mathrm{i}\mathrm{d}t$$

$$\int_C \mathrm{Re}(z)\mathrm{d}z = \int_0^1 t\,\mathrm{d}t + \int_0^1 1 \cdot \mathrm{i}\,\mathrm{d}t = \frac{1}{2} + \mathrm{i}$$

【例 3.1.3】 计算积分 $\displaystyle\oint_C \frac{1}{(z - z_0)^{n+1}}\mathrm{d}z$，其中，$C$ 是以 z_0 为中心、r 为半径（见图 3-3）

的正向圆周，n 为整数。

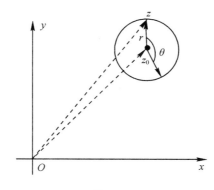

图 3 - 3

解　曲线 C 的参数方程为

$$z = z_0 + r\,\mathrm{e}^{\mathrm{i}\theta} \quad (0 \leqslant \theta \leqslant 2\pi)$$
$$\mathrm{d}z = \mathrm{i}r\,\mathrm{e}^{\mathrm{i}\theta}\,\mathrm{d}\theta$$

所以原积分为

$$\oint_C \frac{1}{(z - z_0)^{n+1}}\mathrm{d}z = \int_0^{2\pi} \frac{\mathrm{i}r\,\mathrm{e}^{\mathrm{i}\theta}}{r^{n+1}\mathrm{e}^{\mathrm{i}(n+1)\theta}}\mathrm{d}\theta = \frac{\mathrm{i}}{r^n}\int_0^{2\pi} \mathrm{e}^{-\mathrm{i}n\theta}\,\mathrm{d}\theta$$

当 $n = 0$ 时，有

$$\oint_C \frac{1}{(z - z_0)^{n+1}}\mathrm{d}z = \mathrm{i}\int_0^{2\pi}\mathrm{d}\theta = 2\pi\mathrm{i}$$

当 $n \neq 0$ 时，有

$$\oint_C \frac{1}{(z - z_0)^{n+1}}\mathrm{d}z = \frac{\mathrm{i}}{r^n}\int_0^{2\pi}(\cos n\theta - \mathrm{i}\sin n\theta)\mathrm{d}\theta = 0$$

所以

$$\oint_{|z-z_0|=r} \frac{1}{(z - z_0)^{n+1}}\mathrm{d}z = \begin{cases} 2\pi\mathrm{i} & (n = 0) \\ 0 & (n \neq 0) \end{cases}$$

由例 3.1.3 可见，该积分与积分路径圆周的中心和半径无关，这个结论今后还会多次用到，需记住。

3.1.3　复积分的性质

根据复变函数积分的定义，可以推得复积分有以下性质：

性质 1.（方向性）

$$\int_C f(z)\mathrm{d}z = -\int_{C^-} f(z)\mathrm{d}z \tag{3.1.3}$$

性质 2. (线性性)

$$\int_C [af(z)+bg(z)]\mathrm{d}z = a\int_C f(z)\mathrm{d}z + b\int_C g(z)\mathrm{d}z \tag{3.1.4}$$

其中，a，b 为任意常数。

性质 3. (路径可加性)

$$\int_C f(z)\mathrm{d}z = \int_{C_1} f(z)\mathrm{d}z + \int_{C_2} f(z)\mathrm{d}z + \cdots + \int_{C_n} f(z)\mathrm{d}z \tag{3.1.5}$$

其中，$C = C_1 + C_2 + \cdots + C_n$。

性质 4. (估值不等式) 若函数 $f(z)$ 沿曲线 C 可积，且对 $\forall z \in C$，满足 $|f(z)| \leqslant M$，曲线 C 的长度为 L，则有

$$\left| \int_C f(z)\mathrm{d}z \right| \leqslant \int_C |f(z)|\mathrm{d}s \leqslant ML \tag{3.1.6}$$

其中，$\mathrm{d}s = |\mathrm{d}z| = \sqrt{\mathrm{d}x^2 + \mathrm{d}y^2}$ 为曲线 C 的弧微分。

下面对性质 4 进行证明。

因为 $|\Delta z_k|$ 是 z_k 与 z_{k-1} 之间的距离，Δs_k 为这两点之间弧段的长度，所以

$$\left| \sum_{k=1}^{n} f(\zeta_k) \cdot \Delta z_k \right| \leqslant \sum_{k=1}^{n} |f(\zeta_k) \cdot \Delta z_k| \leqslant \sum_{k=1}^{n} |f(\zeta_k)| \cdot \Delta s_k$$

对上式两端取极限得

$$\left| \int_C f(z)\mathrm{d}z \right| \leqslant \int_C |f(z)|\mathrm{d}s$$

又因为

$$\sum_{k=1}^{n} |f(\zeta_k)| \cdot \Delta s_k \leqslant M \sum_{k=1}^{n} \Delta s_k = ML$$

综上，有

$$\left| \int_C f(z)\mathrm{d}z \right| \leqslant \int_C |f(z)|\mathrm{d}s \leqslant ML$$

【例 3.1.4】 设 C 为从原点到 $3+4\mathrm{i}$ 的直线段，试求积分 $\int_C \dfrac{1}{z-\mathrm{i}}\mathrm{d}z$ 绝对值的一个上界。

解 C 的参数方程为

$$z = (3+4\mathrm{i})t \quad (0 \leqslant t \leqslant 1)$$

根据积分的估值不等式，有

$$\left| \int_C \frac{1}{z-\mathrm{i}}\mathrm{d}z \right| \leqslant \int_C \left| \frac{1}{z-\mathrm{i}} \right| \mathrm{d}s$$

因为在曲线 C 上，故

$$\left| \frac{1}{z-\mathrm{i}} \right| = \frac{1}{|3t+(4t-1)\mathrm{i}|} = \frac{1}{\sqrt{(3t)^2+(4t-1)^2}} = \frac{1}{\sqrt{25\left(t-\dfrac{4}{25}\right)^2+\dfrac{9}{25}}} \leqslant \frac{5}{3}$$

而

$$\int_C \mathrm{d}s = 5$$

所以

$$\left| \int_C \frac{1}{z-\mathrm{i}} \mathrm{d}z \right| \leqslant \frac{5}{3} \int_C \mathrm{d}s = \frac{25}{3}$$

3.2　柯西–古萨定理及其推广

3.2.1　柯西–古萨定理

由上一节的例 3.1.1 和例 3.1.2 可见，复变函数的积分有时和路径有关（如例 3.1.2），有时又和路径无关（如例 3.1.1）。因此，我们会有此疑问：在什么条件下复变函数的积分与路径无关呢？下面的定理回答了这个问题。

定理 3.2(柯西–古萨定理)　设函数 $f(z)$ 是单连通域 D 内的解析函数，则对 D 内的任意一条封闭曲线 C，有

$$\oint_C f(z)\mathrm{d}z = 0$$

1851 年黎曼在附加了条件（假设 $f'(z)$ 在 D 内连续）的情况下，运用格林公式给出了简单的证明。1900 年古萨(Goursat)用较长的篇幅给出了正式的证明，该证明比较复杂，这里从略。

在定理 3.2 中，曲线 C 不一定要求是简单曲线。事实上，对于任意一条封闭曲线，都可以看成是由有限条简单闭曲线衔接而成。由定理 3.2 可得到如下两个推论：

推论 3.1　设 C 是 z 平面上的一条闭曲线，它围成单连通域 D，若函数 $f(z)$ 在 $\overline{D} = D \cup C$ 上解析，则

$$\oint_C f(z)\mathrm{d}z = 0$$

推论 3.2　设函数 $f(z)$ 在单连通域 D 内解析，则 $f(z)$ 在 D 内的积分与路径无关，也即设 z_0，z_1 为 D 内任意两点，C_1，C_2 是 D 内任意两条连接 z_0，z_1 的积分路径，则有

$$\int_{C_1} f(z)\mathrm{d}z = \int_{C_2} f(z)\mathrm{d}z$$

证明　由柯西–古萨定理，有

$$\int_{C_1} f(z)\mathrm{d}z - \int_{C_2} f(z)\mathrm{d}z = \oint_{C_1 + C_2^-} f(z)\mathrm{d}z = 0$$

所以

$$\int_{C_1} f(z)\mathrm{d}z = \int_{C_2} f(z)\mathrm{d}z$$

推论 3.2 说明，当 $f(z)$ 在单连通域 D 内解析时，积分 $\int_C f(z)\mathrm{d}z$ 的值仅仅由被积函数和积分路径的起点和终点确定。

【**例 3.2.1**】 计算积分 $\oint_{|z|=1} \dfrac{1}{z^2+4}\mathrm{d}z$。

解 因为函数 $\dfrac{1}{z^2+4}$ 在 $|z|\leqslant 1$ 内解析，由柯西-古萨定理，有

$$\oint_{|z|=1} \frac{1}{z^2+4}\mathrm{d}z = 0$$

【**例 3.2.2**】 计算积分 $\oint_{|z-\mathrm{i}|=\frac{1}{2}} \dfrac{1}{z(z^2+1)}\mathrm{d}z$。

解

$$\frac{1}{z(z^2+1)} = \frac{1}{z} - \frac{1}{2}\left(\frac{1}{z+\mathrm{i}} + \frac{1}{z-\mathrm{i}}\right)$$

因为 $\dfrac{1}{z}$ 和 $\dfrac{1}{z+\mathrm{i}}$ 都在 $|z-\mathrm{i}|\leqslant\dfrac{1}{2}$ 上解析，由柯西-古萨定理，得

$$\oint_{|z-\mathrm{i}|=\frac{1}{2}} \frac{1}{z(z^2+1)}\mathrm{d}z = \oint_{|z-\mathrm{i}|=\frac{1}{2}}\left(\frac{1}{z} - \frac{1}{2}\frac{1}{z+\mathrm{i}} - \frac{1}{2}\frac{1}{z-\mathrm{i}}\right)\mathrm{d}z$$

$$= \oint_{|z-\mathrm{i}|=\frac{1}{2}} \frac{1}{z}\mathrm{d}z - \frac{1}{2}\oint_{|z-\mathrm{i}|=\frac{1}{2}} \frac{1}{z+\mathrm{i}}\mathrm{d}z - \frac{1}{2}\oint_{|z-\mathrm{i}|=\frac{1}{2}} \frac{1}{z-\mathrm{i}}\mathrm{d}z$$

$$= -\frac{1}{2}\oint_{|z-\mathrm{i}|=\frac{1}{2}} \frac{1}{z-\mathrm{i}}\mathrm{d}z = -\frac{1}{2}\cdot 2\pi\mathrm{i}$$

$$= -\pi\mathrm{i}$$

3.2.2 解析函数的原函数

由推论 3.2 可知，解析函数在单连通域 D 内的积分只与起点 z_0 和终点 z_1 有关，而与积分路径无关。因此，函数 $f(z)$ 沿曲线 C_1，C_2 的积分又可以表示为

$$\int_{C_1} f(z)\mathrm{d}z = \int_{C_2} f(z)\mathrm{d}z = \int_{z_0}^{z_1} f(z)\mathrm{d}z$$

固定下限 z_0，让上限 z_1 在区域 D 内变动，并令 $z_1 = z$，则确定了一个关于上限 z 的单值函数

$$F(z) = \int_{z_0}^{z} f(\xi)\mathrm{d}\xi \tag{3.2.1}$$

称 $F(z)$ 为定义在区域 D 内的积分上限函数或变上限函数。

定理 3.3　若函数 $f(z)$ 在单连通域 D 内解析，则函数 $F(z) = \int_{z_0}^{z} f(\xi)\mathrm{d}\xi$ 必在 D 内解析，且有

$$F'(z) = f(z)$$

证明　利用导数的定义可以证明该定理。

设 z 为 D 内一点，以 z 为中心作一含于 D 的小圆 K，取 $|\Delta z|$ 充分小使 $z + \Delta z$ 在 K 内，如图 3-4 所示。由 $F(z)$ 的定义，有

$$F(z + \Delta z) - F(z) = \int_{z_0}^{z+\Delta z} f(\xi)\mathrm{d}\xi - \int_{z_0}^{z} f(\xi)\mathrm{d}\xi$$

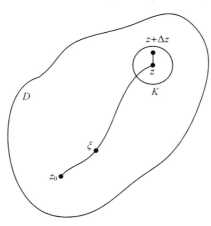

图 3-4

因为积分与路径无关，所以 $\int_{z_0}^{z+\Delta z} f(\xi)\mathrm{d}\xi$ 的积分路径可以先取 z_0 到 z（这一路径与 $\int_{z_0}^{z} f(\xi)\mathrm{d}\xi$ 的积分路径相同），再从 z 沿直线到 $z + \Delta z$。则有

$$F(z + \Delta z) - F(z) = \int_{z}^{z+\Delta z} f(\xi)\mathrm{d}\xi$$

因为

$$\int_{z}^{z+\Delta z} f(z)\mathrm{d}\xi = f(z) \int_{z}^{z+\Delta z} \mathrm{d}\xi = f(z)\Delta z$$

所以

$$\frac{F(z + \Delta z) - F(z)}{\Delta z} - f(z) = \frac{1}{\Delta z} \int_{z}^{z+\Delta z} f(\xi)\mathrm{d}\xi - f(z)\mathrm{d}\xi$$

$$= \frac{1}{\Delta z} \int_{z}^{z+\Delta z} \left[f(\xi) - f(z) \right]\mathrm{d}\xi$$

因为 $f(z)$ 在 D 内解析，所以 $f(z)$ 在 D 内连续，故 $\forall \varepsilon > 0$，$\exists \delta > 0$，使得满足 $|\xi - z| < \delta$ 的一切 ξ 都在 K 内，即当 $|\Delta z| < \delta$ 时，总有

$$|f(\xi) - f(z)| < \varepsilon$$

由积分的估值不等式

$$\left| \frac{F(z + \Delta z) - F(z)}{\Delta z} - f(z) \right| = \frac{1}{|\Delta z|} \left| \int_z^{z + \Delta z} [f(\xi) - f(z)] \mathrm{d}\xi \right|$$

$$\leqslant \frac{1}{|\Delta z|} \int_z^{z + \Delta z} |f(\xi) - f(z)| \, \mathrm{d}\xi$$

$$\leqslant \frac{1}{|\Delta z|} \cdot \varepsilon \cdot |\Delta z| = \varepsilon$$

于是

$$\lim_{\Delta z \to 0} \left| \frac{F(z + \Delta z) - F(z)}{\Delta z} - f(z) \right| = 0$$

即

$$F'(z) = f(z)$$

由此给出复变函数的原函数的定义：如果 $\varphi(z)$ 在区域 D 内的导数为 $f(z)$，即 $\varphi'(z) = f(z)$，则称 $\varphi(z)$ 为 $f(z)$ 在区域 D 内的一个原函数。显然，$F(z) = \int_{z_0}^z f(\xi) \mathrm{d}\xi$ 为 $f(z)$ 的一个原函数，则 $f(z)$ 的原函数全体可以表示为 $\varphi(z) = F(z) + C$，C 为任意常数。称 $f(z)$ 的原函数 $F(z) + C$ 为 $f(z)$ 的不定积分，记作 $\int f(z) \mathrm{d}z = F(z) + C$。利用这个关系，可以推得跟牛顿-莱布尼兹公式类似的解析函数的积分计算公式。

定理 3.4 若函数 $f(z)$ 在单连通域 D 内处处解析，$z_1, z_0 \in D$，$\varphi(z)$ 为 $f(z)$ 的一个原函数，则

$$\int_{z_0}^{z_1} f(z) \mathrm{d}z = \varphi(z_1) - \varphi(z_0) = \varphi(z) \Big|_{z_0}^{z_1} \tag{3.2.2}$$

证明 因为 $\int_{z_0}^z f(z) \mathrm{d}z$ 是 $f(z)$ 的一个原函数，所以

$$\int_{z_0}^z f(z) \mathrm{d}z = \varphi(z) + C$$

令 $z = z_0$，由柯西-古萨定理知上式左端积分为零，得 $C = -\varphi(z_0)$，则

$$\int_{z_0}^z f(z) \mathrm{d}z = \varphi(z) - \varphi(z_0)$$

从而

$$\int_{z_0}^{z_1} f(z) \mathrm{d}z = \varphi(z_1) - \varphi(z_0)$$

根据定理 3.4，复变函数的积分就可以利用类似实变函数微积分学中的方法去计算。

【例 3.2.3】　求 $\displaystyle\int_{1}^{1+i} z\,\mathrm{d}z$ 的值。

解　因为 z 是复平面内的解析函数，且它的原函数为 $\dfrac{1}{2}z^2$，由定理 3.4，有

$$\int_{1}^{1+i} z\,\mathrm{d}z = \frac{1}{2}z^2 \Big|_{1}^{1+i} = -\frac{1}{2} + i$$

【例 3.2.4】　求 $\displaystyle\int_{0}^{i} z\cos z\,\mathrm{d}z$ 的值。

解　因为 $z\cos z$ 是复平面内的解析函数，它的一个原函数是 $z\sin z + \cos z$，由定理 3.4，有

$$\int_{0}^{i} z\cos z\,\mathrm{d}z = \left[z\sin z + \cos z\right]\Big|_{0}^{i} = i\sin i + \cos i - 1$$

$$= i\,\frac{e^{-1} - e}{2i} + \frac{e^{-1} + e}{2} - 1$$

$$= e^{-1} - 1$$

【例 3.2.5】　沿区域 $\mathrm{Im}(z) \geqslant 0, \mathrm{Re}(z) \geqslant 0$ 内的圆弧 $|z| = 1$，计算 $\displaystyle\int_{1}^{i} \frac{\ln(z+1)}{z+1}\,\mathrm{d}z$ 的值。

解　函数 $\dfrac{\ln(z+1)}{z+1}$ 在所给区域内解析，它的一个原函数为 $\dfrac{\ln^2(z+1)}{2}$，由定理 3.4，有

$$\int_{1}^{i} \frac{\ln(z+1)}{z+1}\,\mathrm{d}z = \frac{\ln^2(z+1)}{2}\Big|_{1}^{i} = -\frac{\pi^2}{32} - \frac{3}{8}\ln^2 2 + \frac{\pi\ln 2}{8}i$$

3.2.3　复闭路定理和闭路变形原理

柯西-古萨定理的前提是被积函数在单连通域内解析，那么在多连通域内该定理的结论是否仍然成立？本节中，我们将柯西-古萨定理推广到多连通域的情形。

假设函数 $f(z)$ 在多连通域 D 内解析，C 和 C_1 是 D 内的任意两条正向简单闭曲线，C 和 C_1 为边界的区域 D_1 全含于 D，如图 3-5 所示。作两条不相交的弧段 AA' 和 BB'，它们依次连接 C 上某一点 A 到 C_1 上的一点 A'，以及 C_1 上的一点 B'（异于 A'）到 C 上一点 B，而且这两弧段除去它们的端点外全含于 D_1，这样就形成了两条全含于多连通域 D 内的简单闭曲线——$AEBB'E'A'A$ 和 $AA'F'B'BFA$。由柯西-古萨定理得

$$\oint_{AEBB'E'A'A} f(z)\,\mathrm{d}z = 0, \qquad \oint_{AA'F'B'BFA} f(z)\,\mathrm{d}z = 0$$

将上面两式相加，得

$$\oint_{AEBB'E'A'A} f(z)\,\mathrm{d}z + \oint_{AA'F'B'BFA} f(z)\,\mathrm{d}z = 0$$

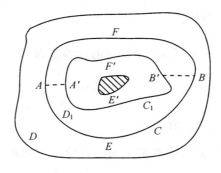

图 3 - 5

由积分路径的可加性，有

$$\oint_C f(z)\mathrm{d}z + \oint_{C_1^-} f(z)\mathrm{d}z + \oint_{AA'} f(z)\mathrm{d}z + \oint_{A'A} f(z)\mathrm{d}z + \oint_{B'B} f(z)\mathrm{d}z + \oint_{BB'} f(z)\mathrm{d}z = 0$$

即

$$\oint_C f(z)\mathrm{d}z + \oint_{C_1^-} f(z)\mathrm{d}z = 0$$

或

$$\oint_C f(z)\mathrm{d}z = \oint_{C_1} f(z)\mathrm{d}z$$

如果把两条简单闭曲线 C 和 C_1^- 看成是一条复合闭路 Γ，Γ 的正方向为：外层的闭曲线 C 为逆时针方向，内层的闭曲线 C_1 为顺时针方向，则有

$$\oint_\Gamma f(z)\mathrm{d}z = 0 \tag{3.2.3}$$

式(3.2.3)表明，在区域内的一个解析函数沿闭曲线的积分，不会因为曲线在区域内作连续变形而改变它的值，在变形过程中曲线不能经过 $f(z)$ 的不解析点。这一重要事实称为闭路变形原理。用同样的方法，可以证明：

定理 3.5(复合闭路定理) 设 C 为多连通域 D 内的一条简单闭曲线，C_1，C_2，$\cdots$，C_n 是在 C 内部的简单闭曲线，它们互不包含也互不相交，并且以 C_1，C_2，$\cdots$，C_n 为边界的区域全含于 D(如图 3 - 6 所示)，若 $f(z)$ 在 D 内解析，则有

(1)$\oint_C f(z)\mathrm{d}z = \sum_{k=1}^n \oint_{C_k} f(z)\mathrm{d}z$ ，其中，C 和 C_k 均取正方向；

(2)$\oint_\Gamma f(z)\mathrm{d}z = 0$，$\Gamma$ 为由 C，C_1，C_2，$\cdots$，C_n 所组成的复合闭路，其方向是 C 为逆时针方向，C_1，C_2，$\cdots$，C_n 为顺时针方向。

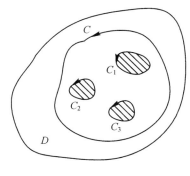

图 3 - 6

【例 3.2.6】　计算积分 $\oint_{\Gamma}\dfrac{2z-1}{z^2-z}\mathrm{d}z$，$\Gamma$ 为包含圆周 $|z|=1$ 的任意简单正向闭曲线。

解　函数 $\dfrac{2z-1}{z^2-z}$ 在复平面内有两个奇点：

$$z_1=0,\quad z_2=1$$

依题意知，Γ 也包含这两个奇点，在 Γ 内作两个互不相交也互不包含的正向圆周 C_1 和 C_2，C_1 只包含奇点 $z_1=0$，C_2 只包含奇点 $z_2=1$，如图 3 - 7 所示。

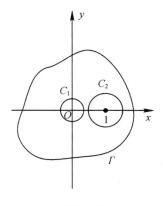

图 3 - 7

由复合闭路定理，有

$$\oint_{\Gamma}\frac{2z-1}{z^2-z}\mathrm{d}z=\oint_{C_1}\frac{2z-1}{z^2-z}\mathrm{d}z+\oint_{C_2}\frac{2z-1}{z^2-z}\mathrm{d}z$$

$$=\oint_{C_1}\frac{1}{z-1}\mathrm{d}z+\oint_{C_1}\frac{1}{z}\mathrm{d}z+\oint_{C_2}\frac{1}{z-1}\mathrm{d}z+\oint_{C_2}\frac{1}{z}\mathrm{d}z=0+2\pi\mathrm{i}+2\pi\mathrm{i}+0$$

$$=4\pi\mathrm{i}$$

【例 3.2.7】 求积分 $\oint_{\Gamma} \dfrac{1}{(z-a)^{n+1}} \mathrm{d}z$ 的值，Γ 为包含 a 的任一简单闭曲线，n 为整数。

解 因为 a 在曲线 Γ 的内部，故可取很小的正数 ρ，使 $C_1: |z-a| = \rho$ 在 Γ 的内部（如图 3-8 所示），被积函数 $\dfrac{1}{(z-a)^{n+1}}$ 在 Γ 和 C_1^- 为边界的多连通域内处处解析，由复合闭路定理，有

$$\oint_{\Gamma} \frac{1}{(z-a)^{n+1}} \mathrm{d}z = \oint_{C_1} \frac{1}{(z-a)^{n+1}} \mathrm{d}z$$

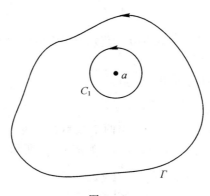

图 3-8

令 $z = a + \rho \mathrm{e}^{\mathrm{i}\theta}$ $\quad (0 < \theta \leqslant 2\pi)$

$$\oint_{\Gamma_1} \frac{1}{(z-a)^{n+1}} \mathrm{d}z = \int_0^{2\pi} \frac{\rho \mathrm{i} \mathrm{e}^{\mathrm{i}\theta}}{(\rho \mathrm{e}^{\mathrm{i}\theta})^{n+1}} \mathrm{d}\theta = \int_0^{2\pi} \frac{\mathrm{i} \mathrm{e}^{-\mathrm{i}n\theta}}{\rho^n} \mathrm{d}\theta$$

故

$$\oint_{\Gamma} \frac{1}{(z-a)^{n+1}} \mathrm{d}z = \begin{cases} 2\pi \mathrm{i}, & n=0 \\ 0, & n \neq 0 \end{cases}$$

例 3.2.7 的结论非常重要，用起来很方便。Γ 不一定是圆周，a 也不必是圆心，只要 a 在曲线 Γ 内部即可。该例将例 3.1.3 的适用条件进行了拓宽。

3.3 柯西积分公式和高阶导数公式

柯西积分公式和高阶导数公式除了可以计算某些类型的积分外，还在理论上解释了解析函数的如下特性：解析函数在区域内部某点的函数值可以由解析函数在区域边界上的值来表示；解析函数具有任意阶导数且其各阶导数仍为解析函数。

3.3.1　柯西积分公式

设 D 为单连通域，z_0 为 D 内一点，如果 $f(z)$ 在 D 内解析，那么函数 $\dfrac{f(z)}{z-z_0}$ 在 z_0 不解析，则在 D 内沿围绕 z_0 的一条闭曲线 C 的积分 $\displaystyle\oint_C \dfrac{f(z)}{z-z_0}\mathrm{d}z$ 一般不为零。又根据闭路变形原理，积分的值沿任何一条围绕 z_0 的简单闭曲线都是相同的，所以在 D 内作积分曲线 C：$|z-z_0|=\delta$（取其正向）。由 $f(z)$ 的连续性，在 C 上的函数 $f(z)$ 的值将随着 δ 的缩小而逐渐接近于它在圆心 z_0 处的值，从而 $\displaystyle\oint_C \dfrac{f(z)}{z-z_0}\mathrm{d}z$ 的值随着 δ 的缩小而逐渐接近于

$$\oint_C \frac{f(z_0)}{z-z_0}\mathrm{d}z = f(z_0)\oint_C \frac{1}{z-z_0}\mathrm{d}z = 2\pi\mathrm{i}\,f(z_0)$$

即

$$\oint_C \frac{f(z)}{z-z_0}\mathrm{d}z = 2\pi\mathrm{i}\,f(z_0)$$

于是，有如下定理：

定理 3.6（柯西积分公式）　设 $f(z)$ 是区域 D 内的解析函数，z_0 为 D 内一点，C 是 D 内任意一条包含 z_0 的正向简单闭曲线，且它的内部全含于 D，则

$$f(z_0) = \frac{1}{2\pi\mathrm{i}}\oint_C \frac{f(z)}{z-z_0}\mathrm{d}z \tag{3.3.1}$$

证明　由于 $f(z)$ 在 z_0 连续，任意给定 $\varepsilon > 0$，必存在 $\delta > 0$，当 $|z-z_0| < \delta$ 时，$|f(z)-f(z_0)| < \varepsilon$。作以 z_0 为中心、R 为半径的正向圆周 K：$|z-z_0|=R$ 全含于 C 的内部，且 $R<\delta$（如图 3-9 所示），则根据闭路变形原理，有

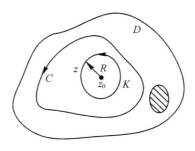

图 3-9

$$\oint_C \frac{f(z)}{z-z_0}\mathrm{d}z = \oint_K \frac{f(z)}{z-z_0}\mathrm{d}z$$

$$= \oint_K \frac{f(z_0)}{z-z_0}\mathrm{d}z + \oint_K \frac{f(z)-f(z_0)}{z-z_0}\mathrm{d}z$$

$$= 2\pi\mathrm{i}f(z_0) + \oint_K \frac{f(z)-f(z_0)}{z-z_0}\mathrm{d}z$$

由积分的估值不等式，有

$$\left| \oint_K \frac{f(z)-f(z_0)}{z-z_0}\mathrm{d}z \right| \leqslant \oint_K \frac{|f(z)-f(z_0)|}{|z-z_0|}\mathrm{d}s < \frac{\varepsilon}{R}\oint_K \mathrm{d}s = 2\pi\varepsilon$$

从而

$$\oint_K \frac{f(z)-f(z_0)}{z-z_0}\mathrm{d}z = 0$$

即

$$\oint_C \frac{f(z)}{z-z_0}\mathrm{d}z = 2\pi\mathrm{i}f(z_0)$$

柯西积分公式 $f(z_0) = \dfrac{1}{2\pi\mathrm{i}}\oint_C \dfrac{f(z)}{z-z_0}\mathrm{d}z$ 表明，解析函数在 C 内任一点的值可以用它在边界上的值通过积分来表示，这是解析函数的一个重要特征。如果曲线 C 上的点用 ξ 表示，C 内部的点用 z 来表示，则柯西积分公式可记为 $f(z) = \dfrac{1}{2\pi\mathrm{i}}\oint_C \dfrac{f(\xi)}{\xi-z}\mathrm{d}\xi$，该式为解析函数的积分表达式，是研究解析函数的有力工具。

推论 3.3(平均值定理) 若函数 $f(z)$ 在 $|z-z_0| < R$ 内解析，在 $|z-z_0| = R$ 上连续，则解析函数在圆心处的值等于它在圆周上的平均值，即

$$f(z_0) = \frac{1}{2\pi}\int_0^{2\pi} f(z_0 + R\mathrm{e}^{\mathrm{i}\theta})\mathrm{d}\theta$$

证明 因为

$$z = z_0 + R\mathrm{e}^{\mathrm{i}\theta} \quad (0 \leqslant \theta \leqslant 2\pi)$$

则

$$\mathrm{d}z = \mathrm{i}R\mathrm{e}^{\mathrm{i}\theta}\mathrm{d}\theta$$

根据柯西积分公式，有

$$f(z_0) = \frac{1}{2\pi\mathrm{i}}\oint_C \frac{f(z)}{z-z_0}\mathrm{d}z = \frac{1}{2\pi\mathrm{i}}\int_0^{2\pi} \frac{f(z_0+R\mathrm{e}^{\mathrm{i}\theta})\mathrm{i}R\mathrm{e}^{\mathrm{i}\theta}}{R\mathrm{e}^{\mathrm{i}\theta}}\mathrm{d}\theta$$

$$= \frac{1}{2\pi}\int_0^{2\pi} f(z_0 + R\mathrm{e}^{\mathrm{i}\theta})\mathrm{d}\theta$$

【例 3.3.1】 计算积分 $\displaystyle\oint_{|z|=2} \frac{\mathrm{e}^z}{z-1}\mathrm{d}z$。

解 因为函数 e^z 在复平面内解析，$z=1$ 在 $|z|<2$ 内，由柯西积分公式，有

$$\oint_{|z|=2} \frac{e^z}{z-1} dz = 2\pi i \cdot e^z \Big|_{z=1} = 2e\pi i$$

【例 3.3.2】 计算积分 $\oint_{|z|=4} \left(\frac{1}{z+1} + \frac{2}{z-3} \right) dz$ 。

解 由积分的线性性质及柯西积分公式，有

$$\oint_{|z|=4} \left(\frac{1}{z+1} + \frac{2}{z-3} \right) dz = \oint_{|z|=4} \frac{1}{z+1} dz + \oint_{|z|=4} \frac{2}{z-3} dz$$
$$= 2\pi i \cdot 1 + 2\pi i \cdot 2 = 6\pi i$$

【例 3.3.3】 计算积分 $\oint_C \frac{\sin \frac{\pi}{4} z}{z^2-1} dz$，其中积分曲线 C 分别为以下情况。

(1) $|z+1| = \frac{1}{2}$；(2) $|z-1| = \frac{1}{2}$；(3) $|z| = 2$

解 (1) $\oint_{|z+1|=\frac{1}{2}} \frac{\sin \frac{\pi}{4} z}{z^2-1} dz = \oint_{|z+1|=\frac{1}{2}} \frac{\frac{\sin \frac{\pi}{4} z}{z-1}}{z+1} dz = 2\pi i \cdot \frac{\sin \frac{\pi}{4} z}{z-1} \Big|_{z=-1} = \frac{\sqrt{2}}{2} \pi i$

(2) $\oint_{|z-1|=\frac{1}{2}} \frac{\sin \frac{\pi}{4} z}{z^2-1} dz = \oint_{|z-1|=\frac{1}{2}} \frac{\frac{\sin \frac{\pi}{4} z}{z+1}}{z-1} dz = 2\pi i \cdot \frac{\sin \frac{\pi}{4} z}{z+1} \Big|_{z=1} = \frac{\sqrt{2}}{2} \pi i$

(3) 由复合闭路定理，有

$$\oint_{|z|=2} \frac{\sin \frac{\pi}{4} z}{z^2-1} dz = \oint_{|z+1|=\frac{1}{2}} \frac{\sin \frac{\pi}{4} z}{z^2-1} dz + \oint_{|z-1|=\frac{1}{2}} \frac{\sin \frac{\pi}{4} z}{z^2-1} dz$$

$$= \frac{\sqrt{2}}{2} \pi i + \frac{\sqrt{2}}{2} \pi i = \sqrt{2} \pi i$$

【例 3.3.4】 求积分 $\oint_{|z|=1} \frac{e^z}{z} dz$，并证明 $\int_0^\pi e^{\cos\theta} \cos(\sin\theta) d\theta = \pi$。

解 根据柯西积分公式，有

$$\oint_{|z|=1} \frac{e^z}{z} dz = 2\pi i \cdot e^z \Big|_{z=0} = 2\pi i$$

令 $z = r e^{i\theta}$ $(-\pi \leqslant \theta \leqslant \pi)$，因为 $|z| = r = 1$，故

$$\oint_{|z|=1} \frac{e^z}{z} dz = \int_{-\pi}^{\pi} \frac{e^{re^{i\theta}}}{re^{i\theta}} \cdot ire^{i\theta} d\theta = \int_{-\pi}^{\pi} ie^{e^{i\theta}} d\theta = \int_{-\pi}^{\pi} ie^{e^{i\theta}} d\theta$$

$$= \int_{-\pi}^{\pi} ie^{\cos\theta + i\sin\theta} d\theta$$

$$= 2i \int_{0}^{\pi} e^{\cos\theta} \cos(\sin\theta) d\theta - \int_{-\pi}^{\pi} e^{\cos\theta} \sin(\sin\theta) d\theta$$

因为

$$\oint_{|z|=1} \frac{e^z}{z} dz = 2\pi i$$

$$\oint_{|z|=1} \frac{e^z}{z} dz = 2i \int_{0}^{\pi} e^{\cos\theta} \cos(\sin\theta) d\theta - \int_{-\pi}^{\pi} e^{\cos\theta} \sin(\sin\theta) d\theta$$

比较两式，根据复数相等的定义，有

$$\int_{0}^{\pi} e^{\cos\theta} \cos(\sin\theta) d\theta = \pi$$

3.3.2 高阶导数公式

我们知道，某个实变函数存在一阶导数却不一定存在二阶或更高阶导数，而复变函数却有着和实变函数不同的结论。关于复变函数的导数有如下定理：

定理 3.7(高阶导数公式) 解析函数 $f(z)$ 的导数仍为解析函数，它的 n 阶导数公式为

$$f^{(n)}(z_0) = \frac{n!}{2\pi i} \oint_C \frac{f(z)}{(z-z_0)^{n+1}} dz \quad (n=1,2,\cdots)$$

其中，C 为函数 $f(z)$ 的解析区域 D 内围绕 z_0 的任意一条正向简单闭曲线，且全含于 D。

证明 用数学归纳法证明。当 $n=1$ 时，即证明

$$f'(z_0) = \frac{1}{2\pi i} \oint_C \frac{f(z)}{(z-z_0)^2} dz$$

由导数的定义，即

$$f'(z_0) = \lim_{\Delta z \to 0} \frac{f(z_0 + \Delta z) - f(z_0)}{\Delta z}$$

$$= \frac{1}{2\pi i} \oint_C \frac{f(z)}{(z-z_0)^2} dz$$

由柯西积分公式

$$f(z_0) = \frac{1}{2\pi i} \oint_C \frac{f(z)}{z-z_0} dz$$

$$f(z_0 + \Delta z) = \frac{1}{2\pi i} \oint_C \frac{f(z)}{z-z_0-\Delta z} dz$$

$$\frac{f(z_0 + \Delta z) - f(z_0)}{\Delta z} = \frac{1}{2\pi \Delta z \mathrm{i}} \left[\oint_C \frac{f(z)}{z - z_0 - \Delta z} \mathrm{d}z - \oint_C \frac{f(z)}{z - z_0} \mathrm{d}z \right]$$

$$= \frac{1}{2\pi \mathrm{i}} \oint_C \frac{f(z)}{(z - z_0)(z - z_0 - \Delta z)} \mathrm{d}z$$

$$= \frac{1}{2\pi \mathrm{i}} \oint_C \frac{f(z)}{(z - z_0)^2} \mathrm{d}z + \frac{1}{2\pi \mathrm{i}} \oint_C \frac{\Delta z f(z)}{(z - z_0)^2 (z - z_0 - \Delta z)} \mathrm{d}z$$

由积分的估值不等式，有

$$\left| \frac{1}{2\pi \mathrm{i}} \oint_C \frac{\Delta z f(z)}{(z - z_0)^2 (z - z_0 - \Delta z)} \mathrm{d}z \right| = \frac{1}{2\pi} \left| \oint_C \frac{\Delta z f(z)}{(z - z_0)^2 (z - z_0 - \Delta z)} \mathrm{d}z \right|$$

$$\leqslant \frac{1}{2\pi} \oint_C \frac{|\Delta z| \, |f(z)|}{|z - z_0|^2 |z - z_0 - \Delta z|} \mathrm{d}s$$

因为 $f(z)$ 在 C 上解析，所以在 C 上连续，故 $f(z)$ 在 C 上有界，即有

$$|f(z)| \leqslant M$$

设 d 为从 z_0 到曲线 C 上各点的最短距离，并取 $|\Delta z|$ 适当小，满足 $|\Delta z| < \dfrac{d}{2}$，则

$$|z - z_0| \geqslant d, \quad \frac{1}{|z - z_0|} \leqslant \frac{1}{d}$$

$$|z - z_0 - \Delta z| \geqslant |z - z_0| - |\Delta z| > \frac{d}{2}, \quad \frac{1}{|z - z_0 - \Delta z|} \leqslant \frac{2}{d}$$

将这些关系代入上述不等式，有

$$\left| \frac{1}{2\pi \mathrm{i}} \oint_C \frac{\Delta z f(z)}{(z - z_0)^2 (z - z_0 - \Delta z)} \mathrm{d}z \right| < |\Delta z| \frac{ML}{\pi d^3}$$

这里 L 为 C 的长度，当 $\Delta z \to 0$ 时，有

$$\left| \frac{1}{2\pi \mathrm{i}} \oint_C \frac{\Delta z f(z)}{(z - z_0)^2 (z - z_0 - \Delta z)} \mathrm{d}z \right| \to 0$$

所以

$$f'(z_0) = \lim_{\Delta z \to 0} \frac{f(z_0 + \Delta z) - f(z_0)}{\Delta z} = \frac{1}{2\pi \mathrm{i}} \oint_C \frac{f(z)}{(z - z_0)^2} \mathrm{d}z$$

假设 $n = k$ 时的情形成立，证明 $n = k + 1$ 时情形成立的方法与 $n = 1$ 时相似，但证明过程复杂，这里从略。

需要指出，高阶导数公式的作用不在于求导，而在于通过它来求积分。

【例 3.3.5】　计算积分 $\displaystyle\oint_{|z|=2} \frac{\cos \pi z}{(z - 1)^5} \mathrm{d}z$。

解 $\dfrac{\cos\pi z}{(z-1)^5}$ 在 C 内 $z=1$ 处不解析，而函数 $\cos\pi z$ 在 C 内处处解析，由高阶导数公式，有

$$\oint_{|z|=2}\frac{\cos\pi z}{(z-1)^5}\mathrm{d}z=2\pi\mathrm{i}\frac{(\cos\pi z)^{(4)}}{4!}\bigg|_{z=1}=-\frac{\pi^5\mathrm{i}}{12}$$

【例 3.3.6】 计算积分 $\displaystyle\oint_C\frac{1}{(z-2)^2z^3}\mathrm{d}z$，其中积分曲线 C 分别为

(1) $|z-3|=2$；(2) $|z-1|=3$

解 被积函数 $\dfrac{1}{(z-2)^2z^3}$ 有两个奇点，$z=2$ 和 $z=0$。

(1) 曲线 C 为 $|z-3|=2$ 时，只包含了奇点 $z=2$。取 $f(z)=\dfrac{1}{z^3}$，根据高阶导数公式，有

$$\oint_C\frac{1}{(z-2)^2z^3}\mathrm{d}z=\oint_C\frac{\frac{1}{z^3}}{(z-2)^2}\mathrm{d}z=\frac{2\pi\mathrm{i}}{1!}\left(\frac{1}{z^3}\right)'\bigg|_{z=2}=-\frac{3\pi\mathrm{i}}{8}$$

(2) 曲线 C 为 $|z-1|=3$ 时，包含了两个奇点 $z=2$ 和 $z=0$。在 C 内作两个分别包含 $z=2$ 和 $z=0$ 的互不相交且互不包含的圆周 C_1 和 C_2，由复合闭路定理和高阶导数公式，有

$$\oint_C\frac{1}{(z-2)^2z^3}\mathrm{d}z=\oint_{C_1}\frac{1}{(z-2)^2z^3}\mathrm{d}z+\oint_{C_2}\frac{1}{(z-2)^2z^3}\mathrm{d}z$$

$$=\oint_{C_1}\frac{\frac{1}{(z-2)^2}}{z^3}\mathrm{d}z+\oint_{C_2}\frac{\frac{1}{z^3}}{(z-2)^2}\mathrm{d}z$$

$$=\frac{2\pi\mathrm{i}}{2!}\left[\frac{1}{(z-2)^2}\right]''\bigg|_{z=0}+\frac{2\pi\mathrm{i}}{1!}\left[\frac{1}{z^3}\right]'\bigg|_{z=2}$$

$$=\frac{3\pi\mathrm{i}}{8}-\frac{3\pi\mathrm{i}}{8}=0$$

3.4　解析函数与调和函数的关系

如果二元实函数 $\varphi(x,y)$ 在区域 D 内具有二阶连续偏导数且满足拉普拉斯（Laplace）方程

$$\frac{\partial^2\varphi}{\partial x^2}+\frac{\partial^2\varphi}{\partial y^2}=0$$

则称 $\varphi(x,y)$ 为区域 D 内的调和函数。

定理 **3.8**　任何在区域 D 内的解析函数 $f(z)=u(x,y)+iv(x,y)$，它的实部 $u(x,y)$ 和虚部 $v(x,y)$ 都是 D 内的调和函数。

证明　因为 $f(z)$ 是解析函数，所以满足柯西-黎曼方程

$$\frac{\partial u}{\partial x}=\frac{\partial v}{\partial y},\ \frac{\partial u}{\partial y}=-\frac{\partial v}{\partial x}$$

则

$$\frac{\partial^2 u}{\partial x^2}=\frac{\partial^2 v}{\partial y\partial x},\ \frac{\partial^2 u}{\partial y^2}=-\frac{\partial^2 v}{\partial x\partial y}$$

根据解析函数的高阶导数定理知，$u(x,y)$ 和 $v(x,y)$ 具有任意阶的连续偏导数，所以

$$\frac{\partial^2 v}{\partial y\partial x}=\frac{\partial^2 v}{\partial x\partial y}$$

从而

$$\frac{\partial^2 u}{\partial x^2}+\frac{\partial^2 u}{\partial y^2}=0$$

同理

$$\frac{\partial^2 v}{\partial x^2}+\frac{\partial^2 v}{\partial y^2}=0$$

即 $u(x,y)$ 和 $v(x,y)$ 都是调和函数。

解析函数的实部和虚部都是调和函数，但是反过来并不成立，即并不是任意两个调和函数都可以构成解析函数。我们把在区域 D 内构成解析函数的调和函数 $v(x,y)$ 称为是 $u(x,y)$ 的共轭调和函数。

下面介绍已知单连通域 D 内的解析函数 $f(z)=u(x,y)+iv(x,y)$ 的实部或虚部求 $f(z)$ 的方法。

如果已知一个调和函数 u，那么就可以利用柯西-黎曼方程求得它的共轭调和函数 v，从而构成一个解析函数 $u+vi$，这种方法称为偏积分法。

【例 3.4.1】　证明 $u(x,y)=y^3-3x^2y$ 是调和函数，并求其共轭调和函数 $v(x,y)$ 和由它们构成的解析函数 $f(z)=u(x,y)+iv(x,y)$。

解　因为

$$\frac{\partial u}{\partial x}=-6xy,\ \frac{\partial^2 u}{\partial x^2}=-6y,\ \frac{\partial u}{\partial y}=3y^2-3x^2,\ \frac{\partial^2 u}{\partial y^2}=6y$$

显然

$$\frac{\partial^2 u}{\partial x^2}+\frac{\partial^2 u}{\partial y^2}=0$$

所以 $u(x,y)$ 是调和函数。

因为

$$\frac{\partial v}{\partial y} = \frac{\partial u}{\partial x} = -6xy$$

所以

$$v = -6 \int xy \mathrm{d}y = -3xy^2 + g(x)$$

则

$$\frac{\partial v}{\partial x} = -3y^2 + g'(x)$$

又因为

$$\frac{\partial v}{\partial x} = -\frac{\partial u}{\partial y} = -3y^2 + 3x^2$$

综合二式，有

$$-3y^2 + g'(x) = -3y^2 + 3x^2$$

所以

$$g(x) = \int 3x^2 \mathrm{d}x = x^3 + c$$

$$v(x,y) = x^3 - 3xy^2 + c$$

由它们构成的解析函数

$$f(z) = u(x,y) + \mathrm{i}v(x,y) = y^3 - 3x^2 y + \mathrm{i}(x^3 - 3xy^2 + c)$$

该函数还可以化为

$$f(z) = \mathrm{i}(z^3 + c)$$

已知单连通域 D 内的解析函数 $f(z) = u(x,y) + \mathrm{i}v(x,y)$ 的实部或虚部，求 $f(z)$ 还可以用不定积分法。

【例 3.4.2】 求 k 值，使 $u = x^2 + ky^2$ 为调和函数；再求 v，使 $f(z) = u + \mathrm{i}v$ 为解析函数，并求 $f(\mathrm{i}) = -1$ 的 $f(z)$。

解 因为

$$\frac{\partial u}{\partial x} = 2x, \frac{\partial^2 u}{\partial x^2} = 2, \frac{\partial u}{\partial y} = 2ky, \frac{\partial^2 u}{\partial y^2} = 2k$$

根据调和函数的定义，得

$$k = -1$$

因为

$$f'(z) = \frac{\partial u}{\partial x} - \mathrm{i}\frac{\partial u}{\partial y} = 2x - \mathrm{i}2ky = 2x + 2y\mathrm{i} = 2z$$

则

$$f(z) = \int 2z \mathrm{d}z = z^2 + c$$

由 $f(\mathrm{i})=-1$，得 $c=0$。

故所求解析函数为

$$f(z)=x^2-y^2+2xy\mathrm{i}=z^2$$

小　　结

复变函数的积分定义与微积分中定积分的定义在形式上十分相似，复变函数的积分值不仅与积分曲线的起点和终点有关，也有可能与积分路径有关，在计算积分时要考虑到这一点。重点应该掌握计算积分的方法，一是转换成二元实函数的线积分法；二是参数方程法。

解析函数的基本定理主要包括柯西-古萨定理、柯西积分公式、高阶导数公式及它们的推论，在利用它们计算积分时，往往用到的不止一个定理，要根据实际情况灵活使用，并注意它们的适用条件。另外，计算解析函数的定积分时，还可以利用牛顿-莱布尼茨公式。

最后讨论了调和函数和解析函数的关系。需要注意：任意两个调和函数 u 与 v 所构成的函数 $u+\mathrm{i}v$ 不一定是解析函数。满足柯西-黎曼方程的 v 称为 u 的共轭调和函数，u 与 v 是地位不能颠倒的。给出了已知解析函数 $f(z)$ 的实部或虚部求 $f(z)$ 的方法。

习　题　三

1. 计算积分 $\displaystyle\int_C (x-y+\mathrm{i}x^2)\mathrm{d}z$ ，其中 C 为从原点到点 $1+\mathrm{i}$ 的直线段。

2. 计算积分 $\displaystyle\int_C (1-\bar{z})\mathrm{d}z$ ，其中积分路径 C 为

(1) 从原点到点 $1+\mathrm{i}$ 的直线段；

(2) 沿抛物线 $y=x^2$，从原点到 $1+\mathrm{i}$ 的弧段。

3. 计算积分 $\displaystyle\int_C |z|\mathrm{d}z$ ，其中积分路径 C 为

(1) 从点 $-\mathrm{i}$ 到点 i 的直线段；

(2) 沿单位圆周 $|z|=1$ 的左半圆周，从点 $-\mathrm{i}$ 到点 i；

(3) 沿单位圆周 $|z|=1$ 的右半圆周，从点 $-\mathrm{i}$ 到点 i。

4. 计算积分 $\displaystyle\int_C \mathrm{Im}(z)\mathrm{d}z$ ，其中积分路径 C 为

(1) 从原点到点 $2+\mathrm{i}$ 的直线段；

(2) 上半圆周：$|z|=1$，起点为 1，终点为有 -1；

(3) 圆周 $|z-a|=R(R>0)$ 的正向。

5. 计算积分 $\oint_C \dfrac{\bar{z}}{|z|}\mathrm{d}z$ 的值，其中积分路径 C 为

(1) $|z|=2$

(2) $|z|=4$

6. 计算积分 $\displaystyle\int_C \dfrac{2z-3}{z}\mathrm{d}z$，其中积分路径 C 为

(1) 从 $z=-2$ 到 $z=2$ 沿圆周 $|z|=2$ 的上半圆周；

(2) 从 $z=-2$ 到 $z=2$ 沿圆周 $|z|=2$ 的下半圆周；

(3) 沿圆周 $|z|=2$ 的正向。

7. 设 $f(z)$ 在单连通域 D 内解析且不为零，C 为 D 内任一条简单正向闭曲线，那么积分 $\oint_C \dfrac{f'(z)}{f(z)}\mathrm{d}z$ 是否为零？为什么？

8. 计算积分 $\oint_C \dfrac{1}{z(3z+1)}\mathrm{d}z$，其中 C 为 $|z|=\dfrac{1}{6}$。

9. 计算积分 $\oint_C (|z|-\mathrm{e}^z \sin z)\mathrm{d}z$，其中 C 为 $|z|=a>0$。

10. 计算积分 $\oint_C \dfrac{1}{z(z^2+1)}\mathrm{d}z$，其中积分路径 C 为

(1) $|z|=\dfrac{1}{2}$；　　　　(2) $|z|=\dfrac{3}{2}$；

(3) $|z+\mathrm{i}|=\dfrac{1}{2}$；　　(4) $|z-\mathrm{i}|=\dfrac{3}{2}$

11. 利用 $\oint_C \dfrac{1}{z+2}\mathrm{d}z=0$，$C$：$|z|=1$，证明：

$$\int_0^\pi \frac{1+2\cos\theta}{5+4\cos\theta}\mathrm{d}\theta=0$$

12. 计算下列积分。

(1) $\displaystyle\int_0^{\pi+2\mathrm{i}} \cos\frac{z}{2}\mathrm{d}z$；　　　(2) $\displaystyle\int_{-\pi\mathrm{i}}^0 \mathrm{e}^{-z}\mathrm{d}z$；　　　(3) $\displaystyle\int_1^{\mathrm{i}} (2+\mathrm{i}z)^2\mathrm{d}z$；

(4) $\displaystyle\int_1^{\mathrm{i}} \frac{\ln(z+1)}{z+1}\mathrm{d}z$；　　　(5) $\displaystyle\int_0^{\mathrm{i}} z\sin z\,\mathrm{d}z$；　　　(6) $\displaystyle\int_1^{\mathrm{i}} \frac{1+\tan z}{\cos^2 z}\mathrm{d}z$

13. 计算积分 $\oint_C \dfrac{1}{z^4+1}\mathrm{d}z$，其中 C 为 $x^2+y^2=2x$。

14. 计算积分 $\oint_C \dfrac{\sin z}{z^2+9}\mathrm{d}z$，其中 C 为 $|z-2\mathrm{i}|=2$。

15. 计算积分 $\oint_{|z|=r} \dfrac{1}{z^2(z+1)(z-1)}\mathrm{d}z$，其中 $r\neq 1$。

16. 计算下列积分的值，其中积分路径 C 均为 $|z|=1$。

(1) $\oint_C \dfrac{\mathrm{e}^z}{z^5}\mathrm{d}z$ ；　　　(2) $\oint_C \dfrac{\cos z}{z^3}\mathrm{d}z$ ；　　　(3) $\oint_C \dfrac{\tan z/2}{(z-z_0)^2}\mathrm{d}z$ ，$|z_0|<\dfrac{1}{2}$

17. 计算积分 $\oint_C \dfrac{1}{(z+1)^3(z-1)^3}\mathrm{d}z$ ，其中 C 为

(1) 中心位于点 $z=1$，半径为 $R<2$ 的正向圆周；

(2) 中心位于点 $z=-1$，半径为 $R<2$ 的正向圆周；

(3) 中心位于点 $z=1$，半径为 $R>2$ 的正向圆周；

(4) 中心位于点 $z=-1$，半径为 $R>2$ 的正向圆周。

18. 设函数 $f(z)=ax^3+bx^2y+cxy^2+dy^3$ 是调和函数，其中 a,b,c,d 为常数。问 a,b,c,d 之间应该满足什么关系？

19. 证明：一对共轭调和函数的乘积仍为调和函数。

20. 如果 $f(z)=u+\mathrm{i}v$ 是一解析函数，试证：

(1) $\overline{\mathrm{i}\,\overline{f(z)}}$ 也是解析函数；

(2) $-u$ 是 v 的调和函数；

(3) $\dfrac{\partial^2 |f(z)|^2}{\partial x^2}+\dfrac{\partial^2 |f(z)|^2}{\partial y^2}=4(u_x^2+v_x^2)=4|f'(z)|^2$

21. 证明：函数 $u=x^2-y^2,v=\dfrac{x}{x^2+y^2}$ 都是调和函数，但 $f(z)=u+\mathrm{i}v$ 不是解析函数。

22. 由下列各已知调和函数，求解析函数 $f(z)=u+\mathrm{i}v$。

(1) $u=x^2-y^2+xy$

(2) $u=\dfrac{y}{x^2+y^2}$ ，$f(1)=0$

(3) $v=\mathrm{e}^x(y\cos y+x\sin y)+x+y$ ，$f(0)=2$

(4) $v=\arctan\dfrac{y}{x}$ ，$x>0$

23. 设 $v=\mathrm{e}^{px}\sin y$ ，求 p 的值使 v 为调和函数，并求出解析函数 $f(z)=u+\mathrm{i}v$。

第 *4* 章

解析函数的级数表示法

在高等数学中，无穷级数是一个十分重要的内容，它是用来研究函数性质以及进行数值计算的一种工具。在复变函数中，无穷级数同样是研究解析函数的重要工具。我们将看到，关于复数项级数和复变函数项级数的相关概念和定理都是实变函数相应内容在复数域内的直接推广。

本章着重介绍复变函数项中的幂级数，并围绕如何将解析函数展开成幂级数来进行讨论。解析函数在圆盘域和圆环域分别可以展开成泰勒级数和洛朗级数，这两类级数都是研究解析函数的重要工具，在学习过程中，要注意区分这两类级数。

4.1 复数项级数和幂级数

4.1.1 复数列的收敛性

将给定的一列按照自然数顺序排列的复数 $\alpha_1 = a_1 + ib_1$，$\alpha_2 = a_2 + ib_2$，$\cdots$，$\alpha_n = a_n + ib_n$，$\cdots$ 称为复数列，记为 $\{\alpha_n\}(n=1,2,\cdots)$，其中 α_n 称为复数列的一般项。

设 $\{\alpha_n\}(n=1,2,\cdots)$ 为一复数列，其中 $\alpha_n = a_n + ib_n$，又设 $\alpha = a + ib$ 为一确定的复数。如果对于任意的正数 $\varepsilon > 0$，相应地都能找到一个正整数 $N(\varepsilon)$，使得当 $n > N$ 时有 $|\alpha_n - \alpha| < \varepsilon$ 成立，那么 α 称为复数列 $\{\alpha_n\}$ 当 $n \to \infty$ 时的极限，记作：$\lim\limits_{n \to \infty}\alpha_n = \alpha$。此时也称复数列 $\{\alpha_n\}$ 收敛于 α。如果复数列 $\{\alpha_n\}$ 不收敛，则称 $\{\alpha_n\}$ 是发散的。

定理 4.1 复数列 $\{\alpha_n\}$ 收敛于 α 的充要条件为

$$\lim_{n \to \infty} a_n = a, \quad \lim_{n \to \infty} b_n = b$$

证明 如果 $\lim\limits_{n \to \infty}\alpha_n = \alpha$，那么对于任意给定的 $\varepsilon > 0$，就能找到一个正数 $N(\varepsilon)$，当 $n > N$ 时有

$$|(a_n + ib_n) - (a + ib)| < \varepsilon$$

从而，有

$$|a_n - a| \leqslant |(a_n - a) + i(b_n - b)| < \varepsilon$$

所以，有

$$\lim_{n \to \infty} a_n = a$$

同理，有

$$\lim_{n \to \infty} b_n = b$$

反之，如果

$$\lim_{n \to \infty} a_n = a, \quad \lim_{n \to \infty} b_n = b$$

那么，当 $n > N$ 时，有

$$|a_n - a| < \frac{\varepsilon}{2}, |b_n - b| < \frac{\varepsilon}{2}$$

从而

$$|\alpha_n - \alpha| = |(a_n + ib_n) - (a + ib)| = |(a_n - a) + i(b_n - b)|$$
$$\leqslant |a_n - a| + |b_n - b| < \varepsilon$$

所以

$$\lim_{n \to \infty} \alpha_n = \alpha$$

定理 4.1 说明：可将复数列的敛散性问题转化为判别实数列的敛散性问题。

【例 4.1.1】 讨论复数列 $\{\alpha_n\} = \{(1 + \frac{1}{n}) e^{i \frac{\pi}{n}}\}$ 的敛散性。若收敛，求出其极限。

解 因为

$$\left(1 + \frac{1}{n}\right) e^{i \frac{\pi}{n}} = \left(1 + \frac{1}{n}\right) \left(\cos \frac{\pi}{n} + i\sin \frac{\pi}{n}\right)$$

所以有

$$a_n = \left(1 + \frac{1}{n}\right) \cos \frac{\pi}{n}, \quad b_n = \left(1 + \frac{1}{n}\right) \sin \frac{\pi}{n}$$

又因为

$$\lim_{n \to \infty} a_n = 1, \quad \lim_{n \to \infty} b_n = 0$$

所以根据定理 4.1，复数列 $\{\alpha_n\} = \{(1 + \frac{1}{n}) e^{i \frac{\pi}{n}}\}$ 收敛，且 $\lim_{n \to \infty} \alpha_n = 1$。

4.1.2 复数项级数的收敛性

设 $\{\alpha_n\} = \{a_n + ib_n\}$ $(n = 1, 2, \cdots)$ 为一复数列，表达式

$$\sum_{n=1}^{\infty} \alpha_n = \alpha_1 + \alpha_2 + \cdots + \alpha_n + \cdots$$

称为复数项无穷级数，简称级数，其前 n 项和 $s_n = \alpha_1 + \alpha_2 + \cdots + \alpha_n$ 称为级数的部分和。

如果部分和数列 $\{s_n\}$ 收敛于 s，即 $\lim\limits_{n\to\infty}s_n=s$，则称级数 $\sum\limits_{n=1}^{\infty}\alpha_n$ 收敛，并且称 s 为级数的和。如果部分和数列 $\{s_n\}$ 不收敛，则称级数 $\sum\limits_{n=1}^{\infty}\alpha_n$ 发散。

【例 4.1.2】 当 $|z|<1$ 时，判断级数 $\sum\limits_{n=1}^{\infty}\alpha_n=1+z+z^2+\cdots+z^n+\cdots$ 是否收敛。

解 其部分和为

$$s_n=1+z+z^2+\cdots+z^{n-1}=\frac{1-z^n}{1-z}$$

因为 $|z|<1$，所以有

$$\lim_{n\to\infty}s_n=\lim_{n\to\infty}\frac{1-z^n}{1-z}=\frac{1}{1-z}$$

故当 $|z|<1$ 时，级数 $\sum\limits_{n=1}^{\infty}\alpha_n=1+z+z^2+\cdots+z^n+\cdots$ 收敛。

定理 4.2 级数 $\sum\limits_{n=1}^{\infty}\alpha_n$ 收敛的必要条件是 $\lim\limits_{n\to\infty}\alpha_n=0$。

定理 4.2 的必要条件经常用来否定级数的收敛，即该条件不满足时，级数发散；该条件满足时，则需进一步判断级数是否收敛。

定理 4.3 级数 $\sum\limits_{n=1}^{\infty}a_n=\sum\limits_{n=1}^{\infty}(a_n+\mathrm{i}b_n)$ 收敛的充要条件是 $\sum\limits_{n=1}^{\infty}a_n$ 和 $\sum\limits_{n=1}^{\infty}b_n$ 都收敛。

证明 因为

$$s_n=\alpha_1+\alpha_2+\cdots+\alpha_n=(a_1+a_2+\cdots+a_n)+\mathrm{i}(b_1+b_2+\cdots+b_n)$$
$$=\sigma_n+\mathrm{i}\tau_n$$

根据数列 $\{s_n\}$ 极限存在的充要条件：$\{\sigma_n\}$ 和 $\{\tau_n\}$ 的极限存在，于是级数 $\sum\limits_{n=1}^{\infty}a_n$ 和 $\sum\limits_{n=1}^{\infty}b_n$ 收敛。

定理 4.3 说明：复数项级数的审敛问题可以转化为实数项级数的审敛问题。

【例 4.1.3】 判断级数 $\sum\limits_{n=1}^{\infty}\frac{1}{n}\left(1+\frac{\mathrm{i}}{n}\right)$ 是否收敛。

解 因为级数 $\sum\limits_{n=1}^{\infty}a_n=\sum\limits_{n=1}^{\infty}\frac{1}{n}$ 发散，级数 $\sum\limits_{n=1}^{\infty}b_n=\sum\limits_{n=1}^{\infty}\frac{1}{n^2}$ 收敛，由定理 4.3 知，原级数 $\sum\limits_{n=1}^{\infty}\frac{1}{n}\left(1+\frac{\mathrm{i}}{n}\right)$ 发散。

当 $\sum\limits_{n=1}^{\infty}\alpha_n$ 不易变形为 $\sum\limits_{n=1}^{\infty}(a_n+\mathrm{i}b_n)$ 的形式，即 a_n 和 b_n 不易整理时，可用如下定理判

别级数 $\sum\limits_{n=1}^{\infty} \alpha_n$ 的敛散性。

定理 4.4(绝对收敛准则)　如果级数 $\sum\limits_{n=1}^{\infty} |\alpha_n|$ 收敛，那么级数 $\sum\limits_{n=1}^{\infty} \alpha_n$ 也收敛。

证明　因为

$$\sum_{n=1}^{\infty} |\alpha_n| = \sum_{n=1}^{\infty} \sqrt{a_n^2 + b_n^2}$$

而

$$|a_n| \leqslant \sqrt{a_n^2 + b_n^2}, \quad |b_n| \leqslant \sqrt{a_n^2 + b_n^2}$$

根据实数项级数的比较准则，知 $\sum\limits_{n=1}^{\infty} |a_n|$ 和 $\sum\limits_{n=1}^{\infty} |b_n|$ 都收敛，故 $\sum\limits_{n=1}^{\infty} a_n$ 和 $\sum\limits_{n=1}^{\infty} b_n$ 都绝对收敛，由定理 4.3 知级数 $\sum\limits_{n=1}^{\infty} \alpha_n$ 收敛。

定理 4.4 中的级数 $\sum\limits_{n=1}^{\infty} |\alpha_n|$ 的各项都是非负的实数，所以它的敛散性可以用实数项级数中的正项级数的审敛法进行判定。

如果级数 $\sum\limits_{n=1}^{\infty} |\alpha_n|$ 收敛，则称原级数 $\sum\limits_{n=1}^{\infty} \alpha_n$ 为绝对收敛；如级数 $\sum\limits_{n=1}^{\infty} |\alpha_n|$ 发散，而原级数 $\sum\limits_{n=1}^{\infty} \alpha_n$ 收敛，则称原级数 $\sum\limits_{n=1}^{\infty} \alpha_n$ 为条件收敛。

应该指出，由于

$$\sqrt{a_n^2 + b_n^2} \leqslant |a_n| + |b_n|$$

所以

$$\sum_{k=1}^{n} \sqrt{a_k^2 + b_k^2} \leqslant \sum_{k=1}^{n} |a_k| + \sum_{k=1}^{n} |b_k|$$

因此 $\sum\limits_{n=1}^{\infty} a_n$ 和 $\sum\limits_{n=1}^{\infty} b_n$ 绝对收敛时，$\sum\limits_{n=1}^{\infty} \alpha_n$ 也绝对收敛，即

推论 4.1　级数 $\sum\limits_{n=1}^{\infty} \alpha_n$ 绝对收敛的充要条件为：级数 $\sum\limits_{n=1}^{\infty} a_n$ 和 $\sum\limits_{n=1}^{\infty} b_n$ 都绝对收敛。

【例 4.1.4】　判断级数 $\sum\limits_{n=1}^{\infty} \dfrac{(8i)^n}{n!}$ 是否绝对收敛？

解　因为

$$\left| \frac{(8i)^n}{n!} \right| = \frac{8^n}{n!}$$

由正项级数的比值判别法

$$\lim_{n \to \infty} \frac{a_{n+1}}{a_n} = \lim_{n \to \infty} \frac{8}{n+1} = 0 < 1$$

知 $\sum\limits_{n=1}^{\infty} \dfrac{8^n}{n!}$ 收敛，由定理 4.4 知级数 $\sum\limits_{n=1}^{\infty} \dfrac{(8\mathrm{i})^n}{n!}$ 绝对收敛。

【例 4.1.5】 判断级数 $\sum\limits_{n=1}^{\infty} \left[\dfrac{(-1)^n}{n} + \mathrm{i}\dfrac{1}{2^n} \right]$ 是否绝对收敛？

解 因为 $\sum\limits_{n=1}^{\infty} a_n = \sum\limits_{n=1}^{\infty} (-1)^n \dfrac{1}{n}$（交错级数）收敛，$\sum\limits_{n=1}^{\infty} b_n = \sum\limits_{n=1}^{\infty} \dfrac{1}{2^n}$（几何级数）收敛，由定理 4.3 知：级数 $\sum\limits_{n=1}^{\infty} \left[\dfrac{(-1)^n}{n} + \mathrm{i}\dfrac{1}{2^n} \right]$ 收敛。

又因为 $\sum\limits_{n=1}^{\infty} a_n = \sum\limits_{n=1}^{\infty} (-1)^n \dfrac{1}{n}$ 为条件收敛，故 $\sum\limits_{n=1}^{\infty} \left[\dfrac{(-1)^n}{n} + \mathrm{i}\dfrac{1}{2^n} \right]$ 为条件收敛。

4.1.3 幂级数及其收敛半径

设函数 $f_n(z)(n=1,2,\cdots)$ 在复平面的区域 D 上有定义，则称

$$\sum_{n=1}^{\infty} f_n(z) = f_1(z) + f_2(z) + \cdots + f_n(z) + \cdots$$

为区域 D 内的复变函数项级数。该级数前 n 项的和

$$s_n(z) = f_1(z) + f_2(z) + \cdots + f_n(z)$$

称为复变函数项级数的部分和。

如果对于 D 内的某一点 z_0，极限 $\lim\limits_{n \to \infty} s_n(z_0) = s(z_0)$ 存在，则称复变函数项级数 $\sum\limits_{n=1}^{\infty} f_n(z)$ 在 z_0 处收敛，而 $s(z_0)$ 称为它的和，记作 $\sum\limits_{n=1}^{\infty} f_n(z_0) = s(z_0)$。 如果对于 D 内的每一点 z，$\sum\limits_{n=1}^{\infty} f_n(z)$ 都收敛，则称 $\sum\limits_{n=1}^{\infty} f_n(z)$ 在区域 D 上收敛于 $s(z)$，记作 $\sum\limits_{n=1}^{\infty} f_n(z) = s(z)$，称 $s(z)$ 为 $\sum\limits_{n=1}^{\infty} f_n(z)$ 的和函数。

例如，在例 4.1.2 中，当 $|z|<1$ 时，级数 $\sum\limits_{n=1}^{\infty} \alpha_n = 1 + z + z^2 + \cdots + z^n + \cdots$ 收敛，其和函数为 $\dfrac{1}{1-z}$，即在区域 $|z|<1$ 内，级数 $\sum\limits_{n=1}^{\infty} \alpha_n$ 收敛于 $\dfrac{1}{1-z}$。

在复变函数项级数中，令 $f_n(z) = a_{n-1}(z-z_0)^{n-1}$，则有 $\sum\limits_{n=1}^{\infty} f_n(z) = \sum\limits_{n=0}^{\infty} a_n (z-z_0)^n$，我们把形如

$$\sum_{n=0}^{\infty} a_n (z-z_0)^n = a_0 + a_1(z-z_0) + \cdots + a_n(z-z_0)^n + \cdots \tag{4.1.1}$$

的表达式称为幂级数。当 $z_0 = 0$ 时，幂级数的形式为

$$\sum_{n=0}^{\infty} a_n z^n = a_0 + a_1 z + \cdots + a_n z^n + \cdots \tag{4.1.2}$$

式 (4.1.1) 中，令 $z - z_0 = \xi$，则级数的形式为 $\sum_{n=0}^{\infty} a_n \xi^n$，因此，研究幂级数采用 $\sum_{n=0}^{\infty} a_n z^n$ 形式，并不失一般性。

定理 4.5（阿贝尔定理）　如果幂级数 $\sum_{n=0}^{\infty} a_n z^n$ 在 $z = z_1 (\neq 0)$ 处收敛，则对于满足 $|z| < |z_1|$ 的 z，级数必绝对收敛；如果幂级数 $\sum_{n=0}^{\infty} a_n z^n$ 在 $z = z_2$ 处发散，则对于 $|z| > |z_2|$ 的 z，级数必发散。

证明　因为级数 $\sum_{n=0}^{\infty} a_n z_1^n$ 收敛，根据级数收敛的必要条件，有 $\lim_{n \to \infty} a_n z_1^n = 0$，因而存在正数 M，使对于所有的 n 有

$$|a_n z_1^n| < M$$

如果 $|z| < |z_1|$，那么 $\dfrac{|z|}{|z_1|} = q < 1$，而

$$|a_n z^n| = |a_n z_1^n| \cdot \frac{|z|^n}{|z_1|^n} < M q^n$$

由于 $\sum_{n=0}^{\infty} M q^n$ 为公比小于 1 的等比级数，故收敛。根据正项级数的比较审敛法知：

$$\sum_{n=0}^{\infty} |a_n z^n| = |a_0| + |a_1 z| + |a_2 z^2| + \cdots + |a_n z^n| + \cdots$$

收敛，从而级数 $\sum_{n=0}^{\infty} a_n z^n$ 绝对收敛。

另外一部分的证明可采用反证法来证明，请读者自行完成。

阿贝尔定理中指出，当 $|z| < |z_1|$ 时级数绝对收敛，当 $|z| > |z_2|$ 时级数发散，而当 $|z| = |z_1|$ 和 $|z| = |z_2|$ 时，级数的敛散性要根据级数本身的情况另行判定。

如果存在一个正数 R，使得幂级数 $\sum_{n=0}^{\infty} a_n (z-z_0)^n$ 在圆周 $|z-z_0| = R$ 内绝对收敛，在圆周 $|z-z_0| = R$ 的外部发散，则称 $|z-z_0| = R$ 为该幂级数的收敛圆周，其中，R 为收敛半径，$|z-z_0| < R$ 为收敛域。

关于如何求幂级数的收敛半径，有如下定理：

定理 4.6 对于幂级数 $\sum_{n=0}^{\infty} a_n (z-z_0)^n$，如果有下列条件之一成立：

（1）$\lim\limits_{n \to \infty} \left| \dfrac{a_{n+1}}{a_n} \right| = \lambda$；（2）$\lim\limits_{n \to \infty} \sqrt[n]{|a_n|} = \lambda$

则该级数的收敛半径：

$$R = \begin{cases} \dfrac{1}{\lambda}, & 0 < \lambda < +\infty \\ +\infty, & \lambda = 0 \\ 0, & \lambda = +\infty \end{cases}$$

证明 （1）当 $\lambda \neq 0$ 时，因为

$$\lim_{n \to \infty} \left| \frac{a_{n+1} z^{n+1}}{a_n z^n} \right| = \lim_{n \to \infty} \left| \frac{a_{n+1}}{a_n} \right| \cdot |z| = \lambda |z|$$

所以，当 $\lambda |z| < 1$ 时，即 $|z| < \dfrac{1}{\lambda}$ 时，使 $\sum_{n=0}^{\infty} a_n z^n$ 绝对收敛。

以下证明：当 $\lambda |z| > 1$ 时，即 $|z| > \dfrac{1}{\lambda}$ 时，$\sum_{n=0}^{\infty} |a_n z^n|$ 发散。

假设在 $|z| = \dfrac{1}{\lambda}$ 外有一点 z_0，$\sum_{n=0}^{\infty} a_n z_0^n$ 收敛。

再取一点 z_1，满足 $\dfrac{1}{\lambda} < |z_1| < |z_0|$，由阿贝尔定理得：$\sum_{n=0}^{\infty} |a_n| |z_1|^n$ 收敛。 与 $\lim\limits_{n \to \infty} \dfrac{|a_{n+1}| |z_1|^{n+1}}{|a_n| |z_1|^n} = \lambda |z_1| > 1$ 矛盾，所以 $\sum_{n=0}^{\infty} a_n z_0^n$ 发散。由 z_0 的任意性，知 $\sum_{n=0}^{\infty} a_n z^n$ 在 $|z| > \dfrac{1}{\lambda}$ 时发散，也即 $R = \dfrac{1}{\lambda}$。

（2）当 $\lambda = 0$ 时，对 $\forall z$ 都有 $\sum_{n=0}^{\infty} |a_n z^n|$ 收敛，即 $\sum_{n=0}^{\infty} c_n z^n$ 在复平面上处处收敛，故 $R = +\infty$。

（3）当 $\lambda = +\infty$ 时，除 $z = 0$ 外，对一切 z，有 $\sum_{n=0}^{\infty} |a_n z^n|$ 发散，从而 $\sum_{n=0}^{\infty} a_n z^n$ 也发散，故 $R = 0$。

定理 4.6 中条件(2)的证明留给读者。

【例 4.1.6】 求下列各幂级数的收敛半径，并讨论它们在收敛圆周上的敛散性。

（1）$\sum_{n=0}^{\infty} z^n$；（2）$\sum_{n=1}^{\infty} \dfrac{z^n}{n}$；（3）$\sum_{n=1}^{\infty} \dfrac{z^n}{n^2}$

解 这三个级数都有 $\lim\limits_{n \to \infty} \left| \dfrac{a_{n+1}}{a_n} \right| = 1$，故收敛半径 $R = 1$，收敛圆周为 $|z| = 1$。但是这

三个幂级数在收敛圆周上的情况却各不相同。

(1) $\sum\limits_{n=0}^{\infty} z^n$ 在 $|z|=1$ 上，由于 $\lim\limits_{n\to\infty} z^n \neq 0$（不满足级数收敛的必要条件），故在 $|z|=1$ 上处处发散。

(2) $\sum\limits_{n=1}^{\infty} \dfrac{z^n}{n}$ 在 $|z|=1$ 上敛散性不同。当 $z=1$ 时，级数为调和级数 $\sum\limits_{n=1}^{\infty} \dfrac{1}{n}$ 是发散的；当 $z=-1$ 时，级数为交错级数 $\sum\limits_{n=1}^{\infty} (-1)^n \dfrac{1}{n}$ 是收敛的。

(3) $\sum\limits_{n=1}^{\infty} \dfrac{z^n}{n^2}$ 在 $|z|=1$ 上，因为 $\left| \dfrac{z^n}{n^2} \right| \leqslant \dfrac{1}{n^2}$，由绝对收敛准则，故级数 $\sum\limits_{n=1}^{\infty} \dfrac{z^n}{n^2}$ 在 $|z|=1$ 上处处绝对收敛。

4.1.4　幂级数的性质

与实变幂级数类似，复变幂级数也有一些重要性质。

定理 4.7　设幂级数 $\sum\limits_{n=0}^{\infty} a_n (z-z_0)^n$ 的收敛半径为 R，则在它的收敛圆 $|z-z_0| < R$ 内，有

(1) 它的和函数 $f(z)$ 是解析函数；

(2) $f(z)$ 的导数可通过幂级数逐项求导得到，即

$$f'(z) = \left[\sum_{n=0}^{\infty} a_n (z-z_0)^n \right]' = \sum_{n=0}^{\infty} \left[a_n (z-z_0)^n \right]'$$
$$= \sum_{n=1}^{\infty} n a_n (z-z_0)^{n-1}$$

(3) $f(z)$ 的积分可通过幂级数逐项积分得到，即

$$\int_C f(z) \mathrm{d}z = \sum_{n=0}^{\infty} a_n \int_C (z-z_0)^n \mathrm{d}z \quad (C \in |z-z_0| < R)$$

或

$$\int_{z_0}^{z} f(\zeta) \mathrm{d}\zeta = \sum_{n=0}^{\infty} \frac{a_n (z-z_0)^{n+1}}{n+1}$$

设 $\sum\limits_{n=0}^{\infty} a_n (z-z_0)^n = f(z)$，$R = r_1$，$\sum\limits_{n=0}^{\infty} b_n (z-z_0)^n = g(z)$，$R = r_2$，取 $r = \min(r_1, r_2)$，则

性质 1.（幂级数的加减运算）

$$\sum_{n=0}^{\infty} a_n z^n \pm \sum_{n=0}^{\infty} b_n z^n = \sum_{n=0}^{\infty} (a_n \pm b_n) z^n = f(z) \pm g(z) \quad (|z| < r)$$

性质 2.（幂级数的乘法运算）

$$\left(\sum_{n=0}^{\infty} a_n z^n\right) \cdot \left(\sum_{n=0}^{\infty} b_n z^n\right)$$

$$= a_0 b_0 + (a_0 b_1 + a_1 b_0) z + (a_0 b_2 + a_1 b_1 + a_2 b_0) z^2 + \cdots + \sum_{i=0}^{n} (a_i b_{n-i}) z^n + \cdots$$

$$= f(z) g(z) \quad (|z| < r)$$

【例 4.1.7】 把函数 $\dfrac{1}{z}$ 表示成形如 $\displaystyle\sum_{n=0}^{\infty} a_n (z-2)^n$ 的幂级数。

解 因为

$$\frac{1}{z} = \frac{1}{2 + z - 2} = \frac{1}{2} \frac{1}{1 - \dfrac{z-2}{-2}}$$

由例 4.1.2 可知，当 $\left|\dfrac{z-2}{-2}\right| < 1$ 时，有

$$\frac{1}{1 - \dfrac{z-2}{-2}} = \sum_{n=0}^{\infty} \left(\frac{z-2}{-2}\right)^n$$

所以
$$\frac{1}{z} = \frac{1}{2} \sum_{n=0}^{\infty} \left(\frac{z-2}{-2}\right)^n = \sum_{n=0}^{\infty} \frac{(-1)^n}{2^{n+1}} (z-2)^n$$

【例 4.1.8】 求以下幂级数的收敛半径与和函数。

(1) $\displaystyle\sum_{n=1}^{\infty} (2^n - 1) z^{n-1}$ ； (2) $\displaystyle\sum_{n=0}^{\infty} (n+1) z^n$

解 （1）因为

$$\lim_{n \to \infty} \frac{|a_{n+1}|}{|a_n|} = \lim_{n \to \infty} \frac{2^{n+1} - 1}{2^n - 1} = 2$$

所以收敛半径 $R = \dfrac{1}{2}$。

当 $|z| < \dfrac{1}{2}$ 时，$|2z| < 1$，又由于

$$\sum_{n=1}^{\infty} z^{n-1} = \frac{1}{1-z}$$

$$\sum_{n=1}^{\infty} 2^n z^{n-1} = 2 \sum_{n=1}^{\infty} 2^{n-1} z^{n-1} = \frac{2}{1-2z}$$

故原级数的和函数为

$$\sum_{n=1}^{\infty} (2^n - 1) z^{n-1} = \sum_{n=1}^{\infty} 2^n z^{n-1} - \sum_{n=1}^{\infty} z^{n-1} = \frac{2}{1-2z} - \frac{1}{1-z} = \frac{1}{(1-2z)(1-z)} \quad (|z| < 1)$$

（2）
$$\lim_{n \to \infty} \frac{|a_{n+1}|}{|a_n|} = \lim_{n \to \infty} \frac{n+2}{n+1} = 1$$

所以收敛半径 $R = 1$。

利用逐项积分，有

$$\int_0^z \sum_{n=0}^{\infty} (n+1) z^n \mathrm{d}z = \sum_{n=0}^{\infty} \int_0^z (n+1) z^n \mathrm{d}z = \sum_{n=0}^{\infty} z^{n+1} = \frac{z}{1-z}$$

所以

$$\sum_{n=0}^{\infty} (n+1) z^n = \left(\frac{z}{1-z} \right)' = \frac{1}{(1-z)^2} \quad (|z| < 1)$$

4.2　泰 勒 级 数

4.2.1　泰勒级数展开定理

由定理 4.7 可知，幂级数在它的收敛圆内的和函数是一个解析函数，那么反过来，一个解析函数能否用幂级数来表示呢？

设函数 $f(z)$ 在区域 D 内解析，$|\zeta - z_0| = r$ 为 D 内以 z_0 为圆心的任意圆周，且它和它的内部全含于 D，记为曲线 K，如图 4-1 所示。

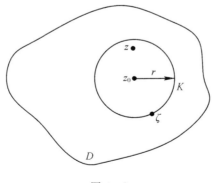

图 4-1

由柯西积分公式，有

$$f(z) = \frac{1}{2\pi \mathrm{i}} \oint_K \frac{f(\zeta)}{\zeta - z} \mathrm{d}\zeta$$

K 取正方向。

因为积分变量 ζ 取在圆周 K 上，z 为 K 内部一点，所以

$$\frac{|z - z_0|}{|\zeta - z_0|} < 1$$

则

$$\frac{1}{\zeta - z} = \frac{1}{\zeta - z_0} \frac{1}{1 - \frac{z - z_0}{\zeta - z_0}}$$

$$= \frac{1}{\zeta - z_0}\left[1 + \left(\frac{z - z_0}{\zeta - z_0}\right) + \left(\frac{z - z_0}{\zeta - z_0}\right)^2 + \cdots + \left(\frac{z - z_0}{\zeta - z_0}\right)^n + \cdots\right]$$

$$= \sum_{n=0}^{\infty} \frac{1}{(\zeta - z_0)^{n+1}} (z - z_0)^n$$

于是

$$f(z) = \sum_{n=0}^{N-1}\left(\frac{1}{2\pi i}\oint_K \frac{f(\zeta)\mathrm{d}\zeta}{(\zeta - z_0)^{n+1}}\right)(z - z_0)^n + \frac{1}{2\pi i}\oint_K\left[\sum_{n=N}^{\infty} \frac{f(\zeta)}{(\zeta - z_0)^{n+1}} (z - z_0)^n\right]\mathrm{d}\zeta$$

利用高阶导数公式，有

$$f(z) = \sum_{n=0}^{N-1} \frac{f^{(n)}(z_0)}{n!} (z - z_0)^n + R_N(z)$$

其中

$$R_N(z) = \frac{1}{2\pi i}\oint_K\left[\sum_{n=N}^{\infty} \frac{f(\zeta)}{(\zeta - z_0)^{n+1}} (z - z_0)^n\right]\mathrm{d}\zeta$$

令 $\left|\dfrac{z - z_0}{\zeta - z_0}\right| = \dfrac{|z - z_0|}{r} = q$

q 是与积分变量 ζ 无关的量，且 $0 \leqslant q < 1$。

由于 $f(z)$ 在区域 D 内解析，且 $K \subset D$，所以 $f(\zeta)$ 在 K 上连续，即 $f(\zeta)$ 在 K 上有界，也即在 K 上有

$$|f(\zeta)| \leqslant M$$

由积分的估值不等式，有

$$|R_N(z)| \leqslant \frac{1}{2\pi}\oint_K\left|\sum_{n=N}^{\infty} \frac{f(\zeta)}{(\zeta - z_0)^{n+1}} (z - z_0)^n\right|\mathrm{d}s$$

$$\leqslant \frac{1}{2\pi}\oint_K\left[\sum_{n=N}^{\infty} \frac{|f(\zeta)|}{|\zeta - z_0|}\left|\frac{z - z_0}{\zeta - z_0}\right|^n\right]\mathrm{d}s$$

$$\leqslant \frac{1}{2\pi} \cdot \sum_{n=N}^{\infty} \frac{M}{r} q^n \cdot 2\pi r = \frac{Mq^n}{1 - q}$$

因为

$$\lim_{N \to \infty} q^n = 0$$

所以 $\lim_{N \to \infty} R_N(z) = 0$ 在 K 内成立。

从而，在 K 内有

$$f(z) = \sum_{n=0}^{\infty} \frac{f^{(n)}(z_0)}{n!}(z - z_0)^n$$

该式即为 $f(z)$ 在 z_0 的泰勒展开式。

定理 4.8(泰勒展开定理) 设 $f(z)$ 在区域 D 内解析,z_0 为 D 内的一点,d 为 z_0 到 D 的边界上最短的距离,当 $|z - z_0| < d$ 时,有

$$f(z) = \sum_{n=0}^{\infty} \frac{1}{n!} f^{(n)}(z_0)(z - z_0)^n \tag{4.2.1}$$

称它为 $f(z)$ 在 z_0 的泰勒展开式,式(4.2.1)右端的级数称为 $f(z)$ 的泰勒级数。当 $z_0 = 0$ 时,就称为麦克劳林级数。

解析函数展开成的幂级数是唯一的,即为泰勒级数。事实上,假设 $f(z)$ 用另外的方法展开成的幂级数为

$$f(z) = a_0 + a_1(z - z_0) + a_2(z - z_0)^2 + \cdots + a_n(z - z_0)^n + \cdots$$

令 $z = z_0$,则 $f(z_0) = a_0$。

由幂级数的逐项求导性质:

$$f'(z) = a_1 + 2a_2(z - z_0) + \cdots + na_n(z - z_0)^{n-1} + \cdots$$

令 $z = z_0$,$f'(z_0) = a_1$;

$$\vdots$$

$$a_n = \frac{1}{n!} f^{(n)}(z_0) \quad (n = 0, 1, 2, \cdots)$$

由此可见,解析函数展开成的幂级数即为泰勒级数,因而是唯一的。

综合定理 4.7 和定理 4.8,得到关于解析函数的重要性质。

定理 4.9 $f(z)$ 在 z_0 处解析的充要条件是:$f(z)$ 在 z_0 的邻域内可展开成泰勒级数。

4.2.2 基本初等函数的泰勒级数展开式

由例 4.1.2,我们知道

$$\frac{1}{1 - z} = 1 + z + z^2 + \cdots + z^n + \cdots, \text{收敛半径 } R = 1 \tag{4.2.2}$$

下面给出一些常见初等函数的泰勒级数展开式,在对其他一些函数求泰勒展开式时,可以利用这些展开式的结果和幂级数的性质来求得。

【例 4.2.1】 求 e^z 在 $z = 0$ 的泰勒展开式。

解 因为

$$(e^z)^{(n)} = e^z, \quad (e^z)^{(n)} \big|_{z=0} = 1 \quad (n = 0, 1, 2, \cdots)$$

所以

$$e^z = 1 + z + \frac{z^2}{2!} + \cdots + \frac{z^n}{n!} + \cdots = \sum_{n=0}^{\infty} \frac{z^n}{n!} \tag{4.2.3}$$

因为 e^z 在复平面内处处解析，所以收敛半径 $R = \infty$。

仿照上例，可以得到：

$$\sin z = z - \frac{z^3}{3!} + \frac{z^5}{5!} - \cdots + (-1)^n \frac{z^{2n+1}}{(2n+1)!} + \cdots, \quad R = \infty \tag{4.2.4}$$

$$\cos z = 1 - \frac{z^2}{2!} + \frac{z^4}{4!} - \cdots + (-1)^n \frac{z^{2n}}{(2n)!} + \cdots, \quad R = \infty \tag{4.2.5}$$

4.2.3 典型例题

当 $f(z)$ 较复杂时，直接计算 $a_n = f^{(n)}(z_0)$ 得到泰勒级数的方法比较麻烦，因此通常采用间接法将解析函数展开成泰勒级数。

【例 4.2.2】 把函数 $f(z) = \dfrac{1}{3z-2}$ 展开成 z 的幂级数。

解 $\dfrac{1}{3z-2} = \dfrac{-1}{2} \cdot \dfrac{1}{1-\dfrac{3z}{2}} = -\dfrac{1}{2}\left[1 + \dfrac{3z}{2} + \left(\dfrac{3z}{2}\right)^2 + \cdots + \left(\dfrac{3z}{2}\right)^n + \cdots\right]$

$$= -\frac{1}{2} - \frac{3z}{2^2} - \frac{3^2 z^2}{2^3} - \cdots - \frac{3^n z^n}{2^{n+1}} - \cdots$$

$$= -\sum_{n=0}^{\infty} \frac{3^n z^n}{2^{n+1}}$$

由 $\left|\dfrac{3z}{2}\right| < 1$ 知，收敛圆为 $|z| < \dfrac{2}{3}$。

【例 4.2.3】 求函数 $\cos^2 z$ 的麦克劳林级数。

解 因为

$$\cos^2 z = \frac{1}{2}(1 + \cos 2z)$$

又

$$\cos 2z = 1 - \frac{(2z)^2}{2!} + \frac{(2z)^4}{4!} - \frac{(2z)^6}{6!} + \cdots$$

$$= 1 - \frac{2^2 z^2}{2!} + \frac{2^4 z^4}{4!} - \frac{2^6 z^6}{6!} + \cdots \quad (|z| < \infty)$$

所以

$$\cos^2 z = \frac{1}{2}(1 + \cos 2z) = 1 - \frac{2z^2}{2!} + \frac{2^3 z^4}{4!} - \frac{2^5 z^6}{6!} + \cdots \quad (|z| < \infty)$$

【例 4.2.4】 将函数 $\ln(1+z)$ 展开成 z 的幂级数。

解　因为函数 $\ln(1+z)$ 在从 $z=-1$ 向左沿负实轴剪开的平面内解析，$\ln(1+z)$ 离原点最近的一个奇点是 $z=-1$，所以 $\ln(1+z)$ 的收敛半径为 1，也即 $\ln(1+z)$ 的展开式的收敛圆为 $|z|<1$。

在收敛圆 $|z|<1$ 内，任取一条从 $0 \rightarrow z$ 的路径 c，将 $\dfrac{1}{1+z}$ 的展开式两边沿 c 逐项积分：

$$\int_0^z \frac{\mathrm{d}z}{1+z} = \int_0^z \mathrm{d}z - \int_0^z z\,\mathrm{d}z + \cdots + \int_0^z (-1)^n z^n \mathrm{d}z + \cdots$$

$$\ln(1+z) = z - \frac{z^2}{2} + \frac{1}{3}z^3 - \cdots + (-1)^n \frac{z^{n+1}}{n+1} + \cdots \quad (|z|<1)$$

4.3　洛 朗 级 数

4.3.1　洛朗级数展开定理

我们知道，若函数 $f(z)$ 在 $|z-z_0|<R$ 内解析，则 $f(z)$ 在 z_0 点可展开成幂级数。若 $f(z)$ 在 z_0 点不解析，那么 $f(z)$ 在 $0<|z-z_0|<R$ 或 $r<|z-z_0|<R$ 这样的解析域内是否可以展开成幂级数呢？回答是肯定的，这就是我们要讨论的洛朗级数。

$$\sum_{n=-\infty}^{\infty} a_n (z-z_0)^n = \cdots + \frac{a_{-n}}{(z-z_0)^n} + \cdots + \frac{a_{-1}}{(z-z_0)^1} + a_0 + a_1(z-z_0) + \cdots + a_n(z-z_0)^n + \cdots$$

称为双边级数，其中 $a_n (n=0,\pm1,\pm2,\cdots)$ 是复常数，为双边幂级数的系数。

可见，双边幂级数是由负幂项级数 $\sum\limits_{n=1}^{\infty} a_{-n}(z-z_0)^{-n}$ 和正幂项级数（包括常数项）$\sum\limits_{n=0}^{\infty} a_n(z-z_0)^n$ 这两部分组成，当且仅当正幂项级数和负幂项级数都收敛时，双边幂级数才是收敛的。

对于负幂项级数，令 $\zeta=(z-z_0)^{-1}$，则 $\sum\limits_{n=1}^{\infty} a_{-n}(z-z_0)^{-n} = \sum\limits_{n=1}^{\infty} a_{-n}\zeta^n$。设其收敛半径为 R，那么该级数在 $|\zeta|<R$ 收敛，即 $\sum\limits_{n=1}^{\infty} a_{-n}(z-z_0)^{-n}$ 的收敛域为 $|z-z_0|>\dfrac{1}{R}=R_1$；对于正幂项级数，设其收敛半径为 R_2，则其收敛域为 $|z-z_0|<R_2$。综上，有

（1）当 $R_1 \geqslant R_2$ 时，正幂项级数和负幂项级数收敛域的交集为空集，此时双边幂级数 $\sum\limits_{n=-\infty}^{\infty} a_n(z-z_0)^n$ 发散；

（2）当 $R_1 < R_2$ 时，正幂项级数和负幂项级数收敛域的交集为 $R_1<|z-z_0|<R_2$，即

双边幂级数 $\sum\limits_{n=-\infty}^{\infty} a_n (z-z_0)^n$ 在 $R_1 < |z-z_0| < R_2$ 内收敛，在这个圆环域以外发散，在收敛边界（圆环上）的敛散性不确定。

任何一个在圆环内解析的函数，是否都可以展开成幂级数呢？下述定理给出了肯定的回答。

定理 4.10 设函数 $f(z)$ 在圆环域 $R_1 < |z-z_0| < R_2$ 内解析，则在此圆环域内 $f(z)$ 可表示成

$$f(z) = \sum_{n=-\infty}^{\infty} a_n (z-z_0)^n \tag{4.3.1}$$

其中

$$a_n = \frac{1}{2\pi i} \oint_C \frac{f(\zeta)}{(\zeta-z_0)^{n+1}} d\zeta \quad (n=0, \pm 1, \pm 2, \cdots) \tag{4.3.2}$$

这里 C 为圆环域 $R_1 < |z-z_0| < R_2$ 内任意一条包含 z_0 的正向简单闭曲线。式 (4.3.1) 称为 $f(z)$ 在以 z_0 为中心的圆环域 $R_1 < |z-z_0| < R_2$ 内的洛朗 (Lanrent) 展开式；式 (4.3.1) 的右端称为 $f(z)$ 在此圆环域内的洛朗级数。

证明 设 $f(z)$ 在区域 $D: R_1 < |z-z_0| < R_2$ 内解析，在此区域内作圆周 k_1: $|z-z_0| = r$ 和 k_2: $|z-z_0| = R$，且有 $r < R$，则构成一个这样的区域 $D_1: r < |z-z_0| < R$，如图 4-2 所示。

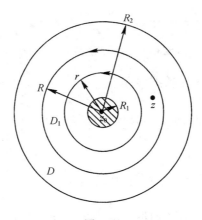

图 4-2

对于 $\forall z \in D_1$ 有

$$f(z) = \frac{1}{2\pi i} \oint_{k_2} \frac{f(\zeta)}{\zeta-z} d\zeta - \frac{1}{2\pi i} \oint_{k_1} \frac{f(\zeta)}{\zeta-z} d\zeta \tag{4.3.3}$$

因为 $\zeta \in k_2$，所以有

$$\left| \frac{z - z_0}{\zeta - z_0} \right| < 1$$

由泰勒定理的推导知：

$$\frac{1}{2\pi i} \oint_{k_2} \frac{f(\zeta)}{\zeta - z} d\zeta = \sum_{n=0}^{\infty} \left(\frac{1}{2\pi i} \oint_{k_2} \frac{f(\zeta)}{(\zeta - z_0)^{n+1}} d\zeta \right) (z - z_0)^n$$

$$= \sum_{n=0}^{\infty} a_n (z - z_0)^n \tag{4.3.4}$$

又当 $\zeta \in k_1$ 时，有

$$\left| \frac{\zeta - z_0}{z - z_0} \right| = q < 1$$

则

$$\frac{1}{z - \zeta} = \frac{1}{z - z_0 - (\zeta - z_0)} = \frac{1}{z - z_0} \frac{1}{1 - \dfrac{\zeta - z_0}{z - z_0}}$$

$$= \frac{1}{z - z_0} + \frac{\zeta - z_0}{(z - z_0)^2} + \cdots + \frac{(\zeta - z_0)^{n-1}}{(z - z_0)^n} + \cdots$$

上式两边同时乘以 $\dfrac{f(\zeta)}{2\pi i}$，并沿 k_1 逐项积分得

$$-\frac{1}{2\pi i} \oint_{k_1} \frac{f(\zeta)}{\zeta - z} d\zeta = \frac{(z - z_0)^{-1}}{2\pi i} \oint_{k_1} f(\zeta) d\zeta + \frac{(z - z_0)^{-2}}{2\pi i} \oint_{k_1} \frac{f(\zeta)}{(\zeta - z_0)^{-1}} d\zeta$$

$$+ \cdots + \frac{(z - z_0)^{-n}}{2\pi i} \oint_{k_1} \frac{f(\zeta)}{(\zeta - z_0)^{-n+1}} d\zeta + \cdots$$

$$= a_{-1}(z - z_0)^{-1} + a_{-2}(z - z_0)^{-2} + \cdots + a_{-n}(z - z_0)^{-n} + \cdots \tag{4.3.5}$$

式(4.3.4)和式(4.3.5)中系数 a_n 的积分分别是在 k_2，k_1 上进行的，在 D 内取围绕 z_0 的简单闭曲线 C，由复合闭路定理可将 a_n 写成统一的式子：

$$a_n = \frac{1}{2\pi i} \oint_C \frac{f(\zeta)}{(\zeta - z_0)^{n+1}} d\zeta \quad (n = 0, \pm 1, \pm 2, \cdots)$$

即

$$f(z) = \sum_{n=-\infty}^{\infty} a_n (z - z_0)^n$$

洛朗级数中的正幂项部分和负幂项部分分别称为洛朗级数的解析部分和主要部分。在实际应用中，当需要把在某点 z_0 不解析但在 z_0 的去心邻域内解析的函数 $f(z)$ 展开成幂级数时，就可以利用洛朗级数来展开。

上述定理中，当 $f(z)$ 的解析区域为 $|z - z_0| < R_2$ 时，洛朗级数的系数 $a_n = 0$ $(n \leqslant -1)$，此时洛朗级数就成了泰勒级数，$f(z)$ 在 z_0 是解析的，可见泰勒级数是洛朗级

数的特殊情形。

洛朗级数也是幂级数，所以洛朗级数在其收敛圆环内可逐项求导、逐项积分，且其和函数在收敛圆环内是解析函数。若函数 $f(z)$ 在区域 $R_1<|z-z_0|<R_2$ 内是解析的，则它在该圆环域内的洛朗展开式是唯一的。

事实上，设 $f(z)$ 在区域 D：$R_1<|z-z_0|<R_2$ 内解析，则有下式成立：

$$f(z) = \sum_{n=-\infty}^{\infty} a_n (z-z_0)^n$$

设 C 为 D 内任意一条包含 z_0 的简单闭曲线，$\forall \zeta \in C$，如图 $4-3$ 所示，则有

$$f(\zeta) = \sum_{n=-\infty}^{\infty} a_n (\zeta-z_0)^n$$

将上式两边乘以 $\dfrac{1}{(\zeta-z_0)^{p+1}}$（$p$ 为任意一整数），并沿 C 的正向积分，利用第 3 章例 3.2.7 的结果，有

$$\oint_C \frac{f(\zeta)}{(\zeta-z_0)^{p+1}} \mathrm{d}\zeta = \sum_{n=-\infty}^{\infty} a_n \oint_C \frac{1}{(\zeta-z_0)^{p+1-n}} \mathrm{d}\zeta = 2\pi \mathrm{i} a_p$$

解得

$$a_p = \frac{1}{2\pi \mathrm{i}} \oint_C \frac{f(\zeta)}{(\zeta-z_0)^{p+1}} \mathrm{d}\zeta$$

可见，在圆环内解析的函数展开成的幂级数就是洛朗级数。

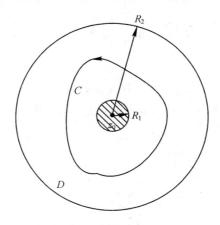

图 $4-3$

定理 4.10 提供了一种将圆环内的解析函数展开成洛朗级数的方法，即求出 a_n。但是当函数形式复杂时，求出 a_n 并非易事，因此常常采用间接展开法，即利用基本展开公式以及逐项求导、逐项积分、代换等方法。

【**例 4.3.1**】　在 $0 < |z| < \infty$ 内，将 $f(z) = \dfrac{e^z}{z^2}$ 展开成洛朗级数。

解
$$a_n = \frac{1}{2\pi i} \oint_C \frac{f(\zeta)}{(\zeta - z_0)^{n+1}} d\zeta = \frac{1}{2\pi i} \oint_C \frac{e^\zeta}{\zeta^{n+3}} d\zeta$$
$$C: |z| = \rho \ (0 < \rho < \infty) \quad (n = 0, \pm 1, \pm 2, \cdots)$$

当 $n \leqslant -3$ 时，$\dfrac{e^\zeta}{\zeta^{n+3}}$ 在圆环域 $0 < |z| < \infty$ 内解析，由柯西-古萨定理知：

$$a_n = 0$$

当 $n \geqslant -2$ 时，由高阶导数公式：

$$a_n = \frac{1}{2\pi i} \oint_C \frac{e^\zeta}{\zeta^{n+3}} d\zeta = \frac{1}{(n+2)!} \cdot \left[\frac{d^{n+2}}{dz^{n+2}} (e^z) \right]_{z=0} = \frac{1}{(n+2)!}$$

故

$$f(z) = \sum_{n=-2}^{\infty} \frac{z^n}{(n+2)!} = \frac{1}{z^2} + \frac{1}{z} + \frac{1}{2!} + \frac{z}{3!} + \frac{z^2}{4!} + \cdots \quad (0 < |z| < \infty)$$

另外，利用 e^z 的已知展开式，可得

$$\frac{e^z}{z^2} = \frac{1}{z^2} \left(1 + z + \frac{z^2}{2!} + \frac{z^3}{3!} + \frac{z^4}{4!} + \cdots \right)$$
$$= \frac{1}{z^2} + \frac{1}{z} + \frac{1}{2!} + \frac{z}{3!} + \frac{z^2}{4!} + \cdots$$

显然，这样展开要简便的多。

【**例 4.3.2**】　将函数 $f(z) = \dfrac{1}{(z-1)(z-2)}$ 在以下区域展开成幂级数。

(1) $0 < |z| < 1$;　　　　　　(2) $1 < |z| < 2$;

(3) $2 < |z| < +\infty$;　　　　(4) $0 < |z - 1| < 1$;

(5) $0 < |z - 2| < 1$

解
$$f(z) = \frac{1}{(1-z)} - \frac{1}{(2-z)}$$

(1) $0 < |z| < 1$

因为 $|z| < 1$，所以 $\left| \dfrac{z}{2} \right| < 1$。又知

$$\frac{1}{1-z} = 1 + z + z^2 + \cdots + z^n + \cdots$$

$$\frac{1}{2-z} = \frac{1}{2} \cdot \frac{1}{1 - \dfrac{z}{2}} = \frac{1}{2} \left(1 + \frac{z}{2} + \frac{z^2}{2^2} + \cdots + \frac{z^n}{2^n} + \cdots \right)$$

所以

$$f(z) = (1 + z + z^2 + \cdots) - \frac{1}{2}\left(1 + \frac{z}{2} + \frac{z^2}{4} + \cdots\right)$$

$$= \frac{1}{2} + \frac{3}{4}z + \frac{7}{8}z^2 + \cdots$$

此时，函数 $f(z)$ 在 $z = 0$ 解析，因此展开式中只含有正幂项。

（2）$1 < |z| < 2$

因为 $|z| > 1$，所以 $\left|\frac{1}{z}\right| < 1$；又因为 $|z| < 2$，所以 $\left|\frac{z}{2}\right| < 1$。因此有

$$\frac{1}{1-z} = -\frac{1}{z} \cdot \frac{1}{1 - \frac{1}{z}} = -\frac{1}{z}\left(1 + \frac{1}{z} + \frac{1}{z^2} + \cdots\right)$$

$$\frac{1}{2-z} = \frac{1}{2} \cdot \frac{1}{1 - \frac{z}{2}} = \frac{1}{2}\left(1 + \frac{z}{2} + \frac{z^2}{2^2} + \cdots + \frac{z^n}{2^n} + \cdots\right)$$

所以

$$f(z) = -\frac{1}{z}\left(1 + \frac{1}{z} + \frac{1}{z^2} + \cdots\right) - \frac{1}{2}\left(1 + \frac{z}{2} + \frac{z^2}{2^2} + \cdots\right)$$

$$= \cdots - \frac{1}{z^n} - \frac{1}{z^{n-1}} - \cdots - \frac{1}{z} - \frac{1}{2} - \frac{z}{4} - \frac{z^2}{8} - \cdots$$

（3）$2 < |z| < +\infty$

因为 $|z| > 2$，所以 $\left|\frac{2}{z}\right| < 1$，且有 $\left|\frac{1}{z}\right| < \left|\frac{2}{z}\right| < 1$，故

$$\frac{1}{2-z} = -\frac{1}{z} \cdot \frac{1}{1 - \frac{2}{z}} = -\frac{1}{z}\left(1 + \frac{2}{z} + \frac{4}{z^2} + \cdots\right)$$

$$\frac{1}{1-z} = -\frac{1}{z} \cdot \frac{1}{1 - \frac{1}{z}} = -\frac{1}{z}\left(1 + \frac{1}{z} + \frac{1}{z^2} + \cdots\right)$$

所以，有

$$f(z) = \frac{1}{z}\left(1 + \frac{2}{z} + \frac{4}{z^2} + \cdots\right) - \frac{1}{z}\left(1 + \frac{1}{z} + \frac{1}{z^2} + \cdots\right)$$

$$= \frac{1}{z^2} + \frac{3}{z^3} + \frac{7}{z^4} + \cdots$$

此时，$z = 0$ 是级数展开项的奇点，但是却不是函数 $f(z)$ 的奇点。函数 $f(z)$ 在以 z_0 为中心的圆环域内的洛朗级数中尽管含有 $z - z_0$ 的负幂项，而且 z_0 又是这些项的奇点，但是 z_0 可能是函数 $f(z)$ 的奇点，也可能不是 $f(z)$ 的奇点。这也说明了洛朗级数可以在解析点

展开，也可以在不解析的点展开，而泰勒级数只能在解析点展开。

（4）$0 < |z-1| < 1$

$$f(z) = \frac{1}{1-z} - \frac{1}{2-z} = -\frac{1}{z-1} - \frac{1}{1-(z-1)} = -\frac{1}{z-1} - \sum_{n=0}^{\infty}(z-1)^n$$

$$= -\frac{1}{z-1} - 1 - (z-1) - (z-1)^2 - \cdots$$

（5）$0 < |z-2| < 1$

$$f(z) = \frac{1}{1-z} - \frac{1}{2-z} = \frac{1}{z-2} - \frac{1}{1+(z-2)}$$

$$= \frac{1}{z-2} - \sum_{n=0}^{\infty}(-1)^n(z-2)^n$$

$$= \frac{1}{z-2} - 1 + (z-2) - (z-2)^2 + \cdots$$

由例 4.3.2 可见，洛朗级数展开式的唯一性是指在某一个给定的圆环域内展开式是唯一的。

4.3.2 用洛朗级数展开式计算积分

由定理 4.10 知：

$$a_n = \frac{1}{2\pi i} \oint_C \frac{f(\zeta)}{(\zeta-z_0)^{n+1}} d\zeta \quad (n=0, \pm 1, \pm 2, \cdots)$$

如果令 $n = -1$，则有

$$a_{-1} = \frac{1}{2\pi i} \oint_C f(\zeta) d\zeta$$

利用该式，就可以由 a_{-1} 计算函数 $f(z)$ 的积分。

【例 4.3.3】 求下列各积分的值。

（1）$\oint_{|z|=3} \dfrac{1}{z(z+1)(z+4)} dz$；　　（2）$\oint_{|z|=2} \dfrac{z e^{\frac{1}{z}}}{1-z} dz$

（1）**解法一** 利用"部分分式＋柯西积分公式＋柯西-古萨定理"。

$$\oint_{|z|=3} \frac{1}{z(z+1)(z+4)} dz = \oint_{|z|=3} \left[\frac{1}{4z} - \frac{1}{3(z+1)} + \frac{1}{12(z+4)}\right] dz$$

$$= \frac{1}{4} \oint_{|z|=3} \frac{1}{z} dz - \frac{1}{3} \oint_{|z|=3} \frac{1}{z+1} dz + \frac{1}{12} \oint_{|z|=3} \frac{1}{z+4} dz$$

$$= \frac{1}{4} 2\pi i - \frac{1}{3} 2\pi i + \frac{1}{12} \cdot 0 = -\frac{\pi}{6} i$$

解法二 利用"复合闭路定理＋柯西-古萨定理"。

由于被积函数在 $|z|=3$ 内部有两个奇点 $z=0$ 和 $z=-1$，因此在 $|z|=3$ 内部作两条互不包含、互不相交的简单正向闭曲线 C_1 和 C_2，并分别包含奇点 $z=0$ 和 $z=-1$。根据复合闭路定理和柯西-古萨定理有

$$\oint_{|z|=3} \frac{1}{z(z+1)(z+4)}\mathrm{d}z = \oint_{C_1} \frac{1}{z(z+1)(z+4)}\mathrm{d}z + \oint_{C_2} \frac{1}{z(z+1)(z+4)}\mathrm{d}z$$

$$= \oint_{C_1} \frac{\dfrac{1}{(z+1)(z+4)}}{z}\mathrm{d}z + \oint_{C_2} \frac{\dfrac{1}{z(z+4)}}{z+1}\mathrm{d}z$$

$$= 2\pi\mathrm{i}\, \frac{1}{(z+1)(z+4)}\Big|_{z=0} + 2\pi\mathrm{i}\, \frac{1}{z(z+4)}\Big|_{z=-1}$$

$$= 2\pi\mathrm{i}\left(\frac{1}{4} - \frac{1}{3}\right)$$

$$= -\frac{\pi}{6}\mathrm{i}$$

解法三 利用"函数的洛朗展开式"。

函数 $f(z)=\dfrac{1}{z(z+1)(z+4)}$ 在圆环域 $1<|z|<4$ 内解析，且积分曲线 $|z|=3$ 在该圆环域内，将 $f(z)=\dfrac{1}{z(z+1)(z+4)}$ 在该圆环域内展开成洛朗级数：

$$f(z) = \frac{1}{4z} - \frac{1}{3(z+1)} + \frac{1}{12(z+4)}$$

$$= \frac{1}{4z} - \frac{1}{3z\left(1+\dfrac{1}{z}\right)} + \frac{1}{48\left(1+\dfrac{z}{4}\right)}$$

$$= \frac{1}{4z} - \frac{1}{3z} + \frac{1}{3z^2} - \cdots + \frac{1}{48}\left(1 - \frac{z}{4} + \frac{z^2}{16} - \cdots\right)$$

所以

$$a_{-1} = \frac{1}{4} - \frac{1}{3} = -\frac{1}{12}$$

$$\oint_{|z|=3} \frac{1}{z(z+1)(z+4)}\mathrm{d}z = 2\pi\mathrm{i}a_{-1} = -\frac{\pi}{6}\mathrm{i}$$

（2）**解** 由于函数 $f(z)=\dfrac{z\mathrm{e}^{\frac{1}{z}}}{1-z}$ 的分子在 $|z|=2$ 的内部不是解析函数，故该题只能借助函数的洛朗级数展开式来求解。

因为函数 $f(z) = \dfrac{z\,\mathrm{e}^{\frac{1}{z}}}{1-z}$ 在 $1 < |z| < +\infty$ 内解析，$|z| = 2$ 在此圆环域内，将函数在 $1 < |z| < +\infty$ 内展开：

$$f(z) = \frac{\mathrm{e}^{\frac{1}{z}}}{-\left(1 - \frac{1}{z}\right)} = -\left(1 + \frac{1}{z} + \frac{1}{z^2} + \cdots\right)\left(1 + \frac{1}{z} + \frac{1}{2!}\frac{1}{z^2} + \cdots\right)$$

$$= -\left(1 + \frac{2}{z} + \frac{5}{2z^2} + \cdots\right)$$

故

$$a_{-1} = -2$$

所以

$$\oint_{|z|=2} \frac{z\,\mathrm{e}^{\frac{1}{z}}}{1-z}\mathrm{d}z = 2\pi\mathrm{i}a_{-1} = -4\pi\mathrm{i}$$

小　　结

本章内容主要包括数列、级数的定义，幂级数和解析函数的幂级数展开。其中，数列和级数的定义是对实数域中的数列和级数定义的推广，应该理解并会判断数列和级数的敛散性。幂级数是研究解析函数的一个重要工具，应熟练掌握幂级数的性质。泰勒级数和洛朗级数也是幂级数，并且和解析函数联系在一起，我们应该清楚解析函数展开成这两类级数的条件。最后给出了洛朗级数计算积分的例子。

习　题　四

1. 下列数列 $\{a_n\}$ 是否收敛？如果收敛，求出其极限。

(1) $a_n = \dfrac{1 + \mathrm{i}n}{1 - \mathrm{i}n}$；　　　　　　　　(2) $a_n = \left(1 + \dfrac{\mathrm{i}}{2}\right)^{-n}$；

(3) $a_n = (-1)^n + \dfrac{\mathrm{i}}{n+1}$；　　　　(4) $a_n = \mathrm{e}^{-\frac{n\pi\mathrm{i}}{2}}$；

(5) $a_n = \dfrac{1}{n}\mathrm{e}^{-\frac{n\pi\mathrm{i}}{2}}$

2. 判断下列级数的收敛性和绝对收敛性。

(1) $\displaystyle\sum_{n=1}^{\infty} \frac{\mathrm{i}^n}{n}$；　　　(2) $\displaystyle\sum_{n=1}^{\infty} \frac{(6+5\mathrm{i})^n}{8^n}$；　　　(3) $\displaystyle\sum_{n=0}^{\infty} \frac{\cos\mathrm{i}n}{2^n}$

3. 讨论级数 $\displaystyle\sum_{n=0}^{\infty}(z^{n+1}-z^n)$ 的收敛性。

4. 下列说法是否正确？为什么？

(1) 每一个幂级数在它的收敛圆周上处处收敛；

(2) 每一个幂级数的和函数在收敛圆内可能有奇点；

(3) 每一个在 z_0 处连续的函数一定可以在 z_0 的邻域内展开成泰勒级数。

5. 幂级数 $\displaystyle\sum_{n=0}^{\infty}a_n(z-2)^n$ 能否在 $z=0$ 处收敛而在 $z=3$ 处发散？

6. 求下列幂级数的收敛半径。

(1) $\displaystyle\sum_{n=1}^{\infty}\frac{(z-\mathrm{i})^n}{n^p}$（$p$ 为正整数）；　　　　(2) $\displaystyle\sum_{n=1}^{\infty}n^p z^n$（$p$ 为正实数）；

(3) $\displaystyle\sum_{n=1}^{\infty}\frac{(n!)^2}{n^n}z^n$；　　　　(4) $\displaystyle\sum_{n=1}^{\infty}\mathrm{e}^{\mathrm{i}\frac{\pi}{n}}z^n$；

(5) $\displaystyle\sum_{n=1}^{\infty}\left(\frac{z}{\ln \mathrm{i}n}\right)^n$

7. 证明：如果 $\displaystyle\lim_{n\to\infty}\frac{a_{n+1}}{a_n}$ 存在（$\neq\infty$），则下列三个幂级数的收敛半径相同。

(1) $\displaystyle\sum a_n z^n$；　　　　(2) $\displaystyle\sum\frac{a_n}{n+1}z^n$；　　　　(3) $\displaystyle\sum n a_n z^n$

8. 设级数 $\displaystyle\sum_{n=0}^{\infty}a_n$ 收敛，而 $\displaystyle\sum_{n=0}^{\infty}|a_n|$ 发散，证明 $\displaystyle\sum_{n=0}^{\infty}a_n z^n$ 的收敛半径是 1。

9. 把下列各函数展开成 z 的幂级数，并指出它们的收敛半径。

(1) $\dfrac{1}{1+z^3}$；　　　　(2) $\dfrac{1}{(1+z^2)^2}$；　　　　(3) $\cos z^2$；

(4) $\mathrm{sh}z$；　　　　(5) $\mathrm{ch}z$　　　　(6) $\mathrm{e}^{z^2}\sin z^2$；

(7) $\mathrm{e}^{\frac{z}{z-1}}$；　　　　(8) $\sin\dfrac{1}{1-z}$

10. 求下列函数在指定点 z_0 处的泰勒展开式，并指出它们的收敛半径。

(1) $\dfrac{z-1}{z+1}$，$z_0=1$；　　　　(2) $\dfrac{z}{(z+1)(z+2)}$，$z_0=2$；

(3) $\dfrac{1}{z^2}$，$z_0=-1$；　　　　(4) $\dfrac{1}{4-3z}$，$z_0=1+\mathrm{i}$；

(5) $\tan z$，$z_0=\dfrac{\pi}{4}$；　　　　(6) $\arctan z$，$z_0=0$

11. 用直接法将函数 $\ln(1+\mathrm{e}^{-z})$ 在 $z=0$ 处展开为泰勒级数（到 z^4 项），并指出其收敛半径。

12. 为什么在区域 $|z|<R$ 内解析且在区间 $(-R,R)$ 取实数值的函数 $f(z)$ 展开成 z 的幂级数时，展开式的系数都是实数？

13. 证明：在 $f(z)=\cos\left(z+\dfrac{1}{z}\right)$ 以 z 的各幂表出的洛朗展开式中的各系数为

$$a_n=\frac{1}{2\pi}\int_0^{2\pi}\cos(2\cos\theta)\cos n\theta\,\mathrm{d}\theta \quad (n=0,\pm 1,\pm 2,\cdots)$$

14. 下列结论是否正确？

用长除法得：

$$\frac{z}{1-z}=z+z^2+z^3+z^4+\cdots$$

$$\frac{z}{z-1}=1+\frac{1}{z}+\frac{1}{z^2}+\frac{1}{z^3}+\cdots$$

因为

$$\frac{z}{1-z}+\frac{z}{z-1}=0$$

所以

$$\cdots+\frac{1}{z^3}+\frac{1}{z^2}+\frac{1}{z}+1+z+z^2+z^3+z^4+\cdots=0$$

15. 求 $f(z)=\dfrac{2z+1}{z^2+z-2}$ 的以 $z=0$ 为中心的各个圆环域内的洛朗级数。

16. 把下列函数在指定的圆环域内展开成洛朗级数。

(1) $\dfrac{1}{(z^2+1)(z-2)}$　$(1<|z|<2)$

(2) $\dfrac{1}{z(1-z)^2}$　$(0<|z|<1,\ 0<|z-1|<1)$

(3) $\dfrac{1}{(z-1)(z-2)}$　$(0<|z-1|<1,\ 1<|z-2|<+\infty)$

(4) $\mathrm{e}^{\frac{1}{1-z}}$　$(1<|z|<+\infty)$

(5) $\dfrac{1}{z^2(z-\mathrm{i})}$，在以 i 为中心的圆环域内。

(6) $\sin\dfrac{1}{1-z}$，在 $|z|=1$ 的去心邻域内。

(7) $\dfrac{(z-1)(z-2)}{(z-3)(z-4)}$　$(3<|z|<4,\ 4<|z|<+\infty)$

17. 如果 C 为正向圆周 $|z|=3$，求积分 $\displaystyle\oint_C f(z)\mathrm{d}z$ 的值。$f(z)$ 分别为

(1) $\dfrac{1}{z(z+2)}$；　　　　(2) $\dfrac{z+2}{z(z+1)}$；

(3) $\dfrac{1}{z(z+1)^2}$；　　　　(4) $\dfrac{z}{(z+1)(z+2)}$

18. 求积分 $\displaystyle\oint_C \left(\sum_{n=-2}^{\infty} z^n\right)\mathrm{d}z$，其中 C 为单位圆 $|z|=1$ 内的任意一条不经过原点的简单闭曲线。

第 5 章

留　　数

由第 4 章知，解析函数可以在一个圆环域内展开成洛朗级数，而圆环域的一种退化情形是点的去心邻域，当函数在一点的去心邻域内解析，但在该点并不解析时，该点就是函数的一个孤立奇点，因此洛朗级数是研究函数孤立奇点的有力工具。

本章以洛朗级数为工具先对孤立奇点进行分类，然后在此基础上引入留数的概念。留数定理是计算复变函数积分的重要定理，柯西-古萨定理、柯西积分公式、高阶导数公式都是留数定理的特殊情况。另外，留数还可以用来计算一些定积分和广义积分。留数在理论探讨和实际应用中都具有重要意义。

5.1　孤　立　奇　点

5.1.1　孤立奇点的概念

在第二章曾经定义函数不解析的点为奇点，但是并不是所有的奇点都是孤立奇点，给出孤立奇点的定义如下：

若函数 $f(z)$ 在 z_0 处不解析，但在 z_0 的某一去心邻域 $0 < |z - z_0| < \delta$ 内处处解析，则称 z_0 为 $f(z)$ 的孤立奇点。

可见，孤立奇点一定是奇点，而奇点不一定是孤立奇点。

【例 5.1.1】　判定 $z = 0$ 是否为下列函数的孤立奇点？

(1) $f(z) = \dfrac{1}{z}$；(2) $f(z) = e^{\frac{1}{z}}$；(3) $f(z) = \dfrac{1}{\sin\dfrac{1}{z}}$

解　函数 $f(z) = \dfrac{1}{z}$ 和 $f(z) = e^{\frac{1}{z}}$ 在整个复平面上只有唯一的奇点 $z = 0$，所以 $z = 0$ 是孤立奇点。函数 $f(z) = \dfrac{1}{\sin\dfrac{1}{z}}$ 在复平面内的奇点除了 $z = 0$ 以外，还有 $z = \dfrac{1}{n\pi}(n = \pm 1,$

$\pm 2, \cdots)$ 也都是其奇点，显然当 $|n| \to \infty$ 时，$\dfrac{1}{n\pi} \to 0$。这就说明：在 $z = 0$ 的无论多么小的邻

域内,总有函数 $\dfrac{1}{\sin\dfrac{1}{z}}$ 的奇点存在,所以 $z=0$ 不是 $\dfrac{1}{\sin\dfrac{1}{z}}$ 的孤立奇点。

5.1.2 孤立奇点的分类和判断

根据 $f(z)$ 在孤立奇点 z_0 的去心邻域 $0<|z-z_0|<\delta$ 内洛朗展开式的不同情形,将孤立奇点分类为可去奇点、极点和本性奇点。

1. 可去奇点

设 z_0 是 $f(z)$ 的孤立奇点,若函数 $f(z)$ 在 $0<|z-z_0|<\delta$ 内的洛朗级数展开式中没有 $(z-z_0)$ 的负幂项,则称 z_0 是 $f(z)$ 的可去奇点。

这时,$f(z)$ 在 z_0 的去心邻域内的洛朗级数实际上是泰勒级数。

$$f(z)=a_0+a_1(z-z_0)+a_2(z-z_0)^2+\cdots+a_n(z-z_0)^n+\cdots$$

因此,这个幂级数的和函数 $F(z)$ 是在 z_0 处解析的函数,且当 $z\neq z_0$ 时,$F(z)=f(z)$;当 $z=z_0$ 时,$F(z_0)=c=\lim\limits_{z\to z0}f(z)$。不论 $f(z)$ 在 z_0 是否有定义,如果我们令 $f(z_0)=a_0$,那么在圆域 $|z-z_0|<\delta$ 内就有

$$f(z)=a_0+a_1(z-z_0)+a_2(z-z_0)^2+\cdots+a_n(z-z_0)^n+\cdots$$

从而函数 $f(z)$ 在 z_0 就成为解析的了。基于这个原因,称 z_0 为可去奇点。

显然,对于可去奇点有

$$\lim_{z\to z0}f(z_0)=a_0$$

除了定义以外,这也是可去奇点判断的一个依据。

【例 5.1.2】 判定 $z=0$ 是否为 $\dfrac{\sin z}{z}$ 的可去奇点?

解法一 因为函数 $\dfrac{\sin z}{z}$ 在复平面内只有 $z=0$ 一个奇点,所以 $z=0$ 为孤立奇点。

将函数 $\dfrac{\sin z}{z}$ 在 $z=0$ 的去心邻域内展开成洛朗级数:

$$\frac{\sin z}{z}=1-\frac{1}{3!}z^2+\frac{1}{5!}z^4-\cdots\quad(0<|z|<+\infty)$$

可见,该展开式中没有负幂项,所以 $z=0$ 是 $\dfrac{\sin z}{z}$ 的可去奇点。

解法二 因为 $\lim\limits_{z\to 0}\dfrac{\sin z}{z}=1$,所以 $z=0$ 是 $\dfrac{\sin z}{z}$ 的可去奇点。

如果补充定义:当 $z=0$ 时,$\dfrac{\sin z}{z}=1$,则 $\dfrac{\sin z}{z}$ 在 $z=0$ 解析。

2. 极点

设 z_0 是 $f(z)$ 的孤立奇点，若函数 $f(z)$ 在 $0 < |z-z_0| < \delta$ 内的洛朗级数展开式中只有有限个 $(z-z_0)$ 的负幂项，且关于 $(z-z_0)^{-1}$ 的最高幂为 $(z-z_0)^{-m}$，则称 z_0 是 $f(z)$ 的 m 级极点。

根据极点的定义，$f(z)$ 在 $0 < |z-z_0| < \delta$ 内的洛朗级数展开式为

$$f(z) = a_{-m}(z-z_0)^{-m} + \cdots + a_{-2}(z-z_0)^{-2} + a_{-1}(z-z_0)^{-1} + a_0 + a_1(z-z_0)$$
$$+ \cdots + a_n(z-z_0)^n + \cdots$$

且 $m \geqslant 1$，$a_{-m} \neq 0$。

将上式写成：

$$f(z) = \frac{1}{(z-z_0)^m} g(z) \tag{5.1.1}$$

其中

$$g(z) = a_{-m} + a_{-m+1}(z-z_0) + a_{-m+2}(z-z_0)^2 + \cdots + a_{-1}(z-z_0)^{m-1} + \sum_{n=0}^{\infty} a_n(z-z_0)^{n+m}$$

显然，$g(z)$ 在 $|z-z_0| < \delta$ 内解析且有 $g(z_0) \neq 0$。反之，若有在 $|z-z_0| < \delta$ 内解析且 $g(z_0) \neq 0$ 的函数 $g(z)$ 使得 $f(z) = \dfrac{g(z)}{(z-z_0)^m}$ 成立，则 z_0 就是 $f(z)$ 的 m 级极点。这也是除了定义之外又一判断极点的判据。

由 $f(z)$ 在 $0 < |z-z_0| < \delta$ 内的洛朗级数展开式易知：

$$\lim_{z \to z_0} f(z) = \infty$$

这也是判断极点的一个依据，但是该方法只能判断出是极点，并不能判断极点的级。利用零点和极点的关系，我们也可以判断出极点的级。下面来进行讨论。

不恒等于零的函数 $f(z)$ 如果能表示成 $f(z) = (z-z_0)^m \varphi(z)$，其中，$\varphi(z)$ 在 z_0 处解析且有 $\varphi(z_0) \neq 0$，m 为正整数，则称 z_0 为 $f(z)$ 的 m 级零点。

该定义即作为函数 $f(z)$ 零点的判据，由于 $\varphi(z)$ 在 z_0 处解析且 $\varphi(z_0) \neq 0$，因而它在 z_0 的邻域内不为零。这是因为 $\varphi(z)$ 在 z_0 处解析，则必在 z_0 处连续，所以给定 $\varepsilon = \dfrac{1}{2}|\varphi(z_0)|$，必存在 δ，当 $|z-z_0| < \delta$ 时，有 $|\varphi(z) - \varphi(z_0)| < \varepsilon = \dfrac{1}{2}|\varphi(z_0)|$，由此得 $|\varphi(z)| \geqslant \dfrac{1}{2}|\varphi(z_0)|$，所以 $f(z) = (z-z_0)^m \varphi(z)$ 在 z_0 的去心邻域内不为零，只在 z_0 处等于零，也即：一个不恒为零的解析函数的零点是孤立的。

除零点的定义外，还可根据以下定理判断函数 $f(z)$ 的零点的级。

定理 5.1　z_0 为 $f(z)$ 的 m 级零点的充要条件为

$$f^{(n)}(z_0) = 0 \quad (n = 0, 1, 2, \cdots, m-1) \text{ 且 } f^{(m)}(z_0) \neq 0 \tag{5.1.2}$$

证明 （必要性）设 z_0 为 $f(z)$ 的 m 级零点，则由零点定义有

$$f(z) = (z-z_0)^m \varphi(z)$$

假设 $\varphi(z)$ 在 z_0 处的泰勒展开式为

$$\varphi(z) = a_0 + a_1(z-z_0) + a_2(z-z_0)^2 + \cdots$$

其中，$a_0 = \varphi(z_0) \neq 0$。

从而 $f(z)$ 在 z_0 处的泰勒展开式为

$$f(z) = a_0(z-z_0)^m + a_1(z-z_0)^m + a_2(z-z_0)^{m+2} + \cdots$$

可见，展开式的前 m 项系数均为零，由泰勒级数的系数公式知：

$$f^{(n)}(z_0) = 0 \quad (n = 0,1,2,\cdots, m-1) \text{ 且} \frac{f^{(m)}(z_0)}{m!} = a_0 \neq 0$$

充分性证明略。

【例 5.1.3】 判断 $z=0$ 是函数 $f(z) = z\sin z$ 的几级零点？

解
$$f'(0) = (\sin z + z\cos z)\big|_{z=0} = 0,$$
$$f''(0) = (\cos z + \cos z - z\sin z)\big|_{z=0} = 2 \neq 0$$

所以，$z=0$ 是 $z\sin z$ 的二级零点。

定理 5.2 如果 z_0 是 $f(z)$ 的 m 级零点，那么 z_0 就是 $\dfrac{1}{f(z)}$ 的 m 级极点，反之亦然。

证明 如果 z_0 是 $f(z)$ 的 m 级零点，则有

$$f(z) = (z-z_0)^m \varphi(z)$$

其中，$\varphi(z)$ 在 z_0 解析且有 $\varphi(z_0) \neq 0$。

当 $z \neq z_0$ 时，有

$$\frac{1}{f(z)} = (z-z_0)^{-m}\frac{1}{\varphi(z)} = (z-z_0)^m g(z)$$

由 $\varphi(z)$ 的特性知：$g(z)$ 在 z_0 解析且有 $g(z_0) \neq 0$，故 z_0 是 $\dfrac{1}{f(z)}$ 的 m 级极点。

另外一部分请读者自行证明。

【例 5.1.4】 函数 $\dfrac{1}{\sin z}$ 有哪些奇点？若是极点，指出极点的级。

解 函数 $\dfrac{1}{\sin z}$ 的奇点是使 $\sin z = 0$ 的点，即 $z = k\pi \quad (k=0,\pm 1, \pm 2, \cdots)$。

这些奇点是孤立奇点，因为

$$\lim_{z \to k\pi} \frac{1}{\sin z} = \infty$$

所以 $z = k\pi(k=0,\pm 1,\pm 2,\cdots)$ 为极点。

又因为

$$(\sin z)'\,|_{z=k\pi}=\cos z\,|_{z=k\pi}=(-1)^k\neq0$$

所以 $z=k\pi$ 是 $\sin z$ 的一级零点，因此是 $\dfrac{1}{\sin z}$ 的一级极点。

【例 5.1.5】 判断 $z=0$ 是函数 $\dfrac{\mathrm{e}^z-1}{z^2}$ 的几级极点？

解
$$\frac{\mathrm{e}^z-1}{z^2}=\frac{1}{z^2}\left(\sum_{n=0}^{\infty}\frac{z^n}{n!}-1\right)=\frac{1}{z}+\frac{1}{2!}+\frac{z}{3!}+\cdots$$

所以 $z=0$ 是函数 $\dfrac{\mathrm{e}^z-1}{z^2}$ 的一级极点。

3. 本性奇点

设 z_0 是 $f(z)$ 的孤立奇点，若函数 $f(z)$ 在 $0<|z-z_0|<\delta$ 内的洛朗级数展开式中有无穷多个 $(z-z_0)$ 的负幂项，则称 z_0 为 $f(z)$ 的本性奇点。

若 z_0 是 $f(z)$ 的本性奇点，函数 $f(z)$ 在 $0<|z-z_0|<\delta$ 内的洛朗级数不能像前两种情况那样转化为解析函数式(5.1.1)的形式，当 $z\to z_0$ 时，$f(z)$ 的变化相当复杂。在本性奇点的邻域内，函数 $f(z)$ 具有以下性质(证明从略)：

如果 z_0 是 $f(z)$ 的本性奇点，那么对于任意给定的复数 A，总可以找到一个趋向于 z_0 的数列，当 z 沿这个数列趋向于 z_0 时，$f(z)$ 的值趋向于 A。

显然，若 z_0 是 $f(z)$ 的本性奇点，则有 $\lim\limits_{z\to z_0}f(z)$ 不存在。

【例 5.1.6】 判断 $z=0$ 为函数 $\mathrm{e}^{\frac{1}{z}}$ 的哪一类孤立奇点？

解 函数 $\mathrm{e}^{\frac{1}{z}}$ 在 $z=0$ 的洛朗级数为

$$\mathrm{e}^{\frac{1}{z}}=1+z^{-1}+\frac{1}{2!}z^{-2}+\cdots+\frac{1}{n!}z^{-n}+\cdots\quad(0<|z|<\infty)$$

有无穷多个负幂项，所以 $z=0$ 是函数 $\mathrm{e}^{\frac{1}{z}}$ 的本性奇点。

该例也满足本性奇点的性质：

对给定的复数 i，有复数列 $\{z_n\}=\left\{\dfrac{1}{\left(\dfrac{\pi}{2}+2n\pi\right)\mathrm{i}}\right\}$ （$n=1,2,\cdots$）存在，当 $n\to\infty$ 时，$z_n\to0$，且 $\lim\limits_{n\to\infty}f(z_n)=\mathrm{i}$。

5.1.3 函数在无穷远点的性态

以上我们讨论了孤立奇点是有限点的情况，下面讨论无穷远点为孤立奇点的情形。

如果函数 $f(z)$ 在无穷远点 $z=\infty$ 的去心邻域 $R<|z|<+\infty$ 内解析，那么称 ∞ 为函数 $f(z)$ 的孤立奇点。

令 $z = \dfrac{1}{t}$，记 $g(t) = f\left(\dfrac{1}{t}\right)$，则 $g(t)$ 在 $0 < |t| < \dfrac{1}{R}$ 中解析，即 $t = 0$ 是 $g(t)$ 的孤立奇点。这样就把在去心邻域 $R < |z| < +\infty$ 内对函数 $f(z)$ 的研究转化为在去心邻域 $0 < |t| < \dfrac{1}{R}$ 内对函数 $g(t)$ 的研究。并且规定：

如果 $t = 0$ 是函数 $g(t)$ 的可去奇点、m 级极点或本性奇点，那么就称 $z = \infty$ 为函数 $f(z)$ 的可去奇点、m 级极点或本性奇点。

因为 $g(t)$ 在 $t = 0$ 的去心邻域 $0 < |t| < \dfrac{1}{R}$ 内的洛朗级数为

$$g(t) = \sum_{n=-\infty}^{\infty} a_n t^n = \sum_{n=1}^{\infty} a_{-n} t^{-n} + a_0 + \sum_{n=1}^{\infty} a_n t^n$$

又因为 $z = \dfrac{1}{t}$，则 $g\left(\dfrac{1}{t}\right) = f(z)$ 在 $z = \infty$ 的去心邻域 $R < |z| < +\infty$ 内的洛朗级数为

$$f(z) = g\left(\frac{1}{t}\right) = \sum_{n=-\infty}^{\infty} a_n \left(\frac{1}{t}\right)^n = \sum_{n=1}^{\infty} a_{-n} t^n + a_0 + \sum_{n=1}^{\infty} a_n t^{-n}$$

上式相当于把 $g(t)$ 的展开式中正、负幂项对调。因此，对于 $z = \infty$ 为函数 $f(z)$ 的孤立奇点时，则 $f(z)$ 在 $z = \infty$ 的去心邻域 $R < |z| < +\infty$ 内的洛朗级数中，有

(1) 不含正幂项 $\Leftrightarrow \infty$ 为可去奇点 $\Leftrightarrow \lim\limits_{z \to \infty} f(z) = a_0$；

(2) 含有有限个正幂项且 z^m 为最高正幂 $\Leftrightarrow \infty$ 为 m 级极点 $\Leftrightarrow \lim\limits_{z \to \infty} f(z) = \infty$；

(3) 含有无穷多正幂项 $\Leftrightarrow \infty$ 为本性奇点 $\Leftrightarrow \lim\limits_{z \to \infty} f(z)$ 不存在。

【例 5.1.7】 判断下列函数中，$z = \infty$ 为哪一类孤立奇点。

(1) $f(z) = \dfrac{z}{z+1}$；(2) $f(z) = z + \dfrac{1}{z}$；(3) $f(z) = \sin z$

解 (1) $f(z) = \dfrac{z}{z+1}$ 在 ∞ 的去心邻域 $1 < |z| < +\infty$ 内的洛朗级数展开式为

$$f(z) = \frac{1}{1 + \dfrac{1}{z}} = 1 - \frac{1}{z} + \frac{1}{z^2} - \cdots + (-1)^n \frac{1}{z^n} + \cdots$$

不含正幂项，所以 $z = \infty$ 为 $\dfrac{z}{z+1}$ 的可去奇点；

(2) 函数 $f(z) = z + \dfrac{1}{z}$ 含有正幂项且 z 为最高正幂，所以 $z = \infty$ 为一级极点；

(3) 函数 $f(z) = \sin z$ 在 ∞ 的去心邻域 $|z| < +\infty$ 内的洛朗级数展开式为

$$\sin z = z - \frac{z^3}{3!} + \frac{z^5}{5!} - \cdots + \frac{z^{2n+1}}{(2n+1)!} + \cdots$$

有无穷多个正幂，所以 $z=\infty$ 为 $\sin z$ 的本性奇点。另外，$\lim\limits_{z\to\infty}f(z)$ 不存在，由此也可以判断 $z=\infty$ 为 $\sin z$ 的本性奇点。

【例 5.1.8】 函数 $f(z)=\dfrac{(z^2-1)(z-2)^3}{(\sin\pi z)^3}$ 在扩充复平面内有哪些奇点？如果是极点，指出其级。

解 函数 $f(z)$ 在扩充复平面内有奇点 $z=0$，±1，±2，…和 ∞。

（1）$z=0$，±1，±2，…是 $\sin\pi z$ 的一级零点，从而是 $(\sin\pi z)^3$ 的三级零点，所以 $z=0$，±1，±2，…中除 $z=\pm1,2$ 以外，都是 $f(z)$ 的三级极点；

（2）因为 $z^2-1=(z-1)(z+1)$，所以 1 和 -1 为其一级零点，故为 $f(z)$ 的二级极点；

（3）当 $z=2$ 时，有

$$\lim_{z\to2}f(z)=\lim_{z\to2}\frac{(z^2-1)(z-2)^3}{(\sin\pi z)^3}=\frac{3}{\pi^3}$$

所以 $z=2$ 为 $f(z)$ 的可去奇点；

（4）当 $z=\infty$ 时，有

$$f\left(\frac{1}{t}\right)=\frac{(1-t^2)(1-2t)^3}{t^2\sin^3\dfrac{\pi}{t}}$$

$t=0$，$t_n=\dfrac{1}{n}$ 使分母为零，故 $t_n=\dfrac{1}{n}$ 为 $f\left(\dfrac{1}{t}\right)$ 的极点。当 $n\to\infty$ 时，$t_n\to0$，所以 $t=0$ 不是 $f\left(\dfrac{1}{t}\right)$ 的孤立奇点，也就是说 $z=\infty$ 不是 $f(z)$ 的孤立奇点。

5.2　留　数　定　理

5.2.1　留数的定义

设 z_0 是函数 $f(z)$ 的孤立奇点，则 $f(z)$ 在 z_0 的去心邻域 $0<|z-z_0|<R$ 内解析，可展开成洛朗级数：

$$f(z)=\cdots+a_{-n}(z-z_0)^{-n}+\cdots+a_{-1}(z-z_0)^{-1}+a_0$$
$$+a_1(z-z_0)+\cdots+a_n(z-z_0)^n+\cdots$$

在 $0<|z-z_0|<R$ 内任取一条包含 z_0 的正向简单闭曲线 C，在上式两边分别对 C 取积分，并由积分公式

$$\oint_C\frac{1}{(z-z_0)^{n+1}}\mathrm{d}z=\begin{cases}2\pi\mathrm{i}, & n=0\\ 0, & n\neq0\end{cases}$$

可知，上式右端各项的积分除 $a_{-1}(z-z_0)^{-1}$ 这一项等于 $2\pi\mathrm{i}a_{-1}$ 外，其余各项的积分都等于

零，所以

$$\oint_C f(z)\mathrm{d}z = 2\pi\mathrm{i}a_{-1}$$

如果 z_0 是函数 $f(z)$ 的孤立奇点，则沿 z_0 的某个去心邻域 $0<|z-z_0|<R$ 内包含 z_0 的任意一条正向简单闭曲线 C 的积分 $\oint_C f(z)\mathrm{d}z$ 除以 $2\pi\mathrm{i}$ 后所得的数称为 $f(z)$ 在 z_0 的留数，记作：$\mathrm{Res}[f(z),z_0]$。$f(z)$ 在 z_0 的留数既是定义中指出的值，也是 $f(z)$ 在 z_0 的去心邻域 $0<|z-z_0|<R$ 内洛朗级数中 $(z-z_0)^{-1}$ 的系数 a_{-1}，即

$$\mathrm{Res}[f(z),z_0]=a_{-1}$$

$$\mathrm{Res}[f(z),z_0]=\frac{1}{2\pi\mathrm{i}}\oint_C f(z)\mathrm{d}z$$

留数的定义为我们提供了计算留数的两种方法，一种是将 $f(z)$ 在 z_0 的去心邻域 $0<|z-z_0|<R$ 内展开成洛朗级数，取 $(z-z_0)^{-1}$ 的系数 a_{-1}；另外一种是计算 $\dfrac{1}{2\pi\mathrm{i}}\oint_C f(z)\mathrm{d}z$。

【例 5.2.1】 求函数 $f(z)=z\mathrm{e}^{\frac{1}{z}}$ 在孤立奇点 $z=0$ 的留数。

解 将 $f(z)$ 在 $z=0$ 的去心邻域 $0<|z|<R$ 内展开成洛朗级数：

$$f(z)=z\mathrm{e}^{\frac{1}{z}}=z+1+\frac{1}{2!}z^{-1}+\frac{1}{3!}z^{-2}+\cdots$$

可见

$$\mathrm{Res}[f(z),0]=a_{-1}=\frac{1}{2}$$

【例 5.2.2】 求 $\mathrm{Res}\left[\dfrac{\mathrm{e}^{\frac{1}{z}}}{z^2-z},1\right]$。

解 该函数在 $z=1$ 的去心邻域内的洛朗级数不易得到，所以用积分的方法计算

$$\mathrm{Res}\left[\frac{\mathrm{e}^{\frac{1}{z}}}{z^2-z},1\right]=\frac{1}{2\pi\mathrm{i}}\oint_C \frac{\mathrm{e}^{\frac{1}{z}}}{z^2-z}\mathrm{d}z=\frac{1}{2\pi\mathrm{i}}\oint_C \frac{\frac{\mathrm{e}^{\frac{1}{z}}}{z}}{z-1}\mathrm{d}z=\frac{1}{2\pi\mathrm{i}}\cdot 2\pi\mathrm{i}\left.\frac{\mathrm{e}^{\frac{1}{z}}}{z}\right|_{z=1}=\mathrm{e}$$

其中，C 为内部不含点 0 且不经过点 0 和点 1 但包含点 1 在内的正向简单闭曲线。

5.2.2 留数的计算

由留数的定义来计算留数一般来说是比较麻烦的，下面根据孤立奇点的不同类型，分别给出留数的一些简单计算方法。

1. 可去奇点的留数

如果 z_0 是函数 $f(z)$ 的可去奇点，则其洛朗级数展开式中不含负幂项，因此有

$$\text{Res}[f(z),z_0]=a_{-1}=0$$

【例 5.2.3】 求 $\text{Res}[\sin z^2,0]$。

解 由于在 $0<|z|<+\infty$ 内有

$$\sin z^2=\sum_{n=0}^{\infty}\frac{(-1)^n(z^2)^{2n+1}}{(2n+1)!}$$

因为 $\sin z^2$ 的洛朗级数展开式中不含 z 的负幂项，所以

$$\text{Res}[\sin z^2,0]=0$$

2. 极点的留数

规则 I 若 z_0 是函数 $f(z)$ 的一级极点，则

$$\text{Res}[f(z),z_0]=\lim_{z\to z_0}(z-z_0)f(z)$$

规则 II 若 z_0 是函数 $f(z)$ 的 m 级极点，则

$$\text{Res}[f(z),z_0]=\frac{1}{(m-1)!}\lim_{z\to z_0}\frac{\mathrm{d}^{m-1}}{\mathrm{d}z^{m-1}}[(z-z_0)^m f(z)]$$

证明 因为 z_0 是函数 $f(z)$ 的 m 级极点，所以 $f(z)$ 在 z_0 的去心邻域内的洛朗级数展开式为

$$f(z)=a_{-m}(z-z_0)^{-m}+\cdots+a_{-2}(z-z_0)^{-2}+a_{-1}(z-z_0)^{-1}+a_0+a_1(z-z_0)+\cdots$$

将上式两端同乘 $(z-z_0)^m$，有

$$(z-z_0)^m f(z)=a_{-m}+a_{-m+1}(z-z_0)+\cdots+a_{-1}(z-z_0)^{m-1}$$
$$+a_0(z-z_0)^m+a_1(z-z_0)^{m+1}+\cdots$$

对该式求 $m-1$ 阶导数，得

$$\frac{\mathrm{d}^{m-1}}{\mathrm{d}z^{m-1}}[(z-z_0)^m f(z)]=(m-1)!\,a_{-1}+(含有\ z-z_0\ 的正幂项)$$

$$\lim_{z\to z_0}\frac{\mathrm{d}^{m-1}}{\mathrm{d}z^{m-1}}[(z-z_0)^m f(z)]=(m-1)!\,a_{-1}$$

即

$$\text{Res}[f(z),z_0]=a_{-1}=\frac{1}{(m-1)!}\lim_{z\to z_0}\frac{\mathrm{d}^{m-1}}{\mathrm{d}z^{m-1}}[(z-z_0)^m f(z)]$$

可见，当 $m=1$ 时，上式即规则 I。

推论 5.1 若 z_0 是函数 $f(z)$ 的 m 级极点，则

$$\text{Res}[f(z),z_0]=\frac{1}{(m+n-1)!}\lim_{z\to z_0}\frac{\mathrm{d}^{m+n-1}}{\mathrm{d}z^{m+n-1}}[(z-z_0)^{m+n}f(z)]$$

推论 5.1 说明，当计算 m 级极点的留数时，极点的级可以取的比实际高，取高之后可能会简化计算。该推论的证明请读者自行证明。

规则 III 设 $f(z)=\dfrac{P(z)}{Q(z)}$，$P(z)$ 和 $Q(z)$ 在 z_0 都解析，如果 $P(z_0)\neq 0$，$Q(z_0)=0$，

且 $Q'(z_0) \neq 0$，那么 z_0 为 $f(z)$ 的一级极点，且有

$$\text{Res}[f(z), z_0] = \frac{P(z_0)}{Q'(z_0)}$$

证明 因为

$$Q(z_0) = 0, \quad Q'(z_0) \neq 0$$

所以 z_0 为 $Q(z)$ 的一级零点，为 $\dfrac{1}{Q(z)}$ 的一级极点。

故有

$$\frac{1}{Q(z)} = \frac{1}{z - z_0} \cdot \varphi(z)$$

其中，$\varphi(z)$ 在 z_0 解析且 $\varphi(z_0) \neq 0$，那么有

$$f(z) = \frac{1}{z - z_0} \cdot P(z)\varphi(z)$$

其中，$P(z)\varphi(z)$ 在 z_0 解析且 $P(z_0)\varphi(z_0) \neq 0$，所以 z_0 为 $f(z)$ 的一级极点。根据规则 I，有

$$\text{Res}[f(z), z_0] = \lim_{z \to z_0}(z - z_0)f(z) = \lim_{z \to z_0} \frac{P(z)}{\dfrac{Q(z) - Q(z_0)}{z - z_0}} = \frac{P(z_0)}{Q'(z_0)}$$

【例 5.2.4】 求函数 $f(z) = \dfrac{e^z}{z^n}$ 在 $z = 0$ 的留数。

解 $z = 0$ 是 $f(z)$ 的 n 级极点，所以根据规则 II，有

$$\text{Res}\left[\frac{e^z}{z^n}, 0\right] = \frac{1}{(n-1)!} \lim_{z \to 0} \frac{d^{n-1}}{dz^{n-1}}\left(z^n \cdot \frac{e^z}{z^n}\right) = \frac{1}{(n-1)!}$$

【例 5.2.5】 求函数 $f(z) = \dfrac{P(z)}{Q(z)} = \dfrac{z - \sin z}{z^6}$ 在 $z = 0$ 的留数。

解 因为

$$P(0) = P'(0) = P''(0) = 0, \quad P'''(0) \neq 0$$

所以 $z = 0$ 是 $z - \sin z$ 的三级零点，是 $f(z)$ 的三级极点。

解法一 由规则 II，有

$$\text{Res}[f(z), 0] = \frac{1}{(3-1)!} \lim_{z \to 0} \frac{d^2}{dz^2}\left[z^3 \cdot \frac{z - \sin z}{z^6}\right]$$

计算较麻烦，将 m 的值取高，取 $m = 6$，则有

$$\text{Res}[f(z), 0] = \frac{1}{(6-1)!} \lim_{z \to 0} \frac{d^5}{dz^5}\left[z^6 \cdot \frac{z - \sin z}{z^6}\right] = -\frac{1}{5!}$$

解法二 利用洛朗级数展开式求。将 $f(z)$ 在 z_0 的去心邻域内展开成：

$$\frac{z-\sin z}{z^6}=\frac{1}{z^6}\left[z-\left(z-\frac{z^3}{3!}+\frac{z^5}{5!}-\cdots\right)\right]=\frac{z^{-3}}{3!}-\frac{z^{-1}}{5!}+\cdots$$

可得

$$\mathrm{Res}\left[\frac{z-\sin z}{z^6},0\right]=a_{-1}=-\frac{1}{5!}$$

【例 5.2.6】　求函数 $f(z)=\dfrac{1}{z\sin z}$ 在有限奇点处的留数。

解　　　　　　　　　　$(z\sin z)'\big|_{z=k\pi}\neq0\quad(k=\pm1,\pm2,\cdots)$

所以 $z=k\pi(k=\pm1,\pm2,\cdots)$ 是 $z\sin z$ 的一级零点，是 $f(z)$ 的一级极点，由规则Ⅲ得

$$\mathrm{Res}[f(z),k\pi]=\frac{1}{(z\sin z)'}\bigg|_{z=k\pi}=\frac{1}{k\pi\cos k\pi}=\frac{(-1)^k}{k\pi}\quad(k=\pm1,\pm2,\cdots)$$

因为 $z=0$ 是 $f(z)$ 的二级极点，由规则Ⅱ得

$$\mathrm{Res}[f(z),0]=\lim_{z\to0}\frac{\mathrm{d}}{\mathrm{d}z}\left[z^2\cdot\frac{1}{z\sin z}\right]=0$$

3. 本性奇点的留数

函数在本性奇点的留数需要先求出其洛朗展开式，再取系数 a_{-1}。

【例 5.2.7】　求下列函数的留数。

(1) $\mathrm{Res}\left[\cos\dfrac{1}{z},0\right]$；(2) $\mathrm{Res}\left[\dfrac{\mathrm{e}^{\frac{1}{z}}}{1-z},0\right]$

解　（1）由于 $z=0$ 是 $\cos\dfrac{1}{z}$ 的本性奇点，其洛朗展开式为

$$\cos\frac{1}{z}=\sum_{n=0}^{\infty}\frac{(-1)^n z^{-2n}}{(2n)!}$$

可得

$$\mathrm{Res}\left[\cos\frac{1}{z},0\right]=0$$

（2）$z=0$ 是 $\dfrac{\mathrm{e}^{\frac{1}{z}}}{1-z}$ 的本性奇点，其洛朗展开式为

$$\frac{\mathrm{e}^{\frac{1}{z}}}{1-z}=\left(\sum_{n=0}^{\infty}\frac{1}{n!}z^{-n}\right)\cdot\left(\sum_{n=0}^{\infty}z^n\right)$$

可得

$$\mathrm{Res}\left[\frac{\mathrm{e}^{\frac{1}{z}}}{1-z},0\right]=\sum_{n=1}^{\infty}\frac{1}{n!}=\mathrm{e}-1$$

5.2.3　留数定理

留数定理是留数应用的基础，也是留数理论中最重要的定理之一，利用留数定理可以

计算复变函数沿闭曲线的积分。

定理 5.3 设 $f(z)$ 在复平面上的一个区域 D 内除有限个孤立奇点 $z_1,z_2,\cdots,z_n$ 外处处解析，C 是 D 内包含诸奇点的一条正向简单闭曲线，则有

$$\oint_C f(z)\mathrm{d}z = 2\pi\mathrm{i}\sum_{k=1}^{n}\mathrm{Res}[f(z),z_k]$$

证明 如图 5-1 所示，根据复合闭路定理有

$$\oint_C f(z)\mathrm{d}z = \oint_{C_1} f(z)\mathrm{d}z + \oint_{C_2} f(z)\mathrm{d}z + \cdots + \oint_{C_n} f(z)\mathrm{d}z$$

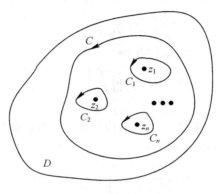

图 5-1

上式两边同时除以 $2\pi\mathrm{i}$，得

$$\frac{1}{2\pi\mathrm{i}}\oint_{C_1} f(z)\mathrm{d}z + \frac{1}{2\pi\mathrm{i}}\oint_{C_2} f(z)\mathrm{d}z + \cdots + \frac{1}{2\pi\mathrm{i}}\oint_{C_n} f(z)\mathrm{d}z$$

$$=\mathrm{Res}[f(z),z_1] + \mathrm{Res}[f(z),z_2] + \cdots + \mathrm{Res}[f(z),z_n]$$

$$=\sum_{k=1}^{n}\mathrm{Res}[f(z),z_k]$$

可见，留数定理将沿闭曲线的积分转化为计算被积函数在 C 内各孤立奇点的留数，前面讨论过的柯西积分定理、柯西积分公式、高阶导数公式都是留数定理的特殊情形。

【例 5.2.8】 计算积分 $\displaystyle\oint_C \frac{\mathrm{e}^z}{z\,(z-1)^2}\mathrm{d}z$，其中 C 为正向圆周 $|z|=2$。

解 $z=0$ 为被积函数的一级极点，$z=1$ 为其二级极点，故

$$\mathrm{Res}[f(z),0]=\lim_{z\to 0}z\cdot\frac{\mathrm{e}^z}{z\,(z-1)^2}=\lim_{z\to 0}\frac{\mathrm{e}^z}{(z-1)^2}=1$$

$$\mathrm{Res}[f(z),1]=\frac{1}{(2-1)!}\lim_{z\to 1}\frac{\mathrm{d}}{\mathrm{d}z}\left[(z-1)^2\,\frac{\mathrm{e}^z}{z\,(z-1)^2}\right]$$

$$= \lim_{z \to 1} \frac{\mathrm{d}}{\mathrm{d}z}\left(\frac{\mathrm{e}^z}{z}\right) = \lim_{z \to 1} \frac{\mathrm{e}^z(z-1)}{z^2} = 0$$

所以

$$\oint_C \frac{\mathrm{e}^z}{z(z-1)^2}\mathrm{d}z = 2\pi\mathrm{i}\{\mathrm{Res}[f(z),0] + \mathrm{Res}[f(z),1]\}$$
$$= 2\pi\mathrm{i}(1+0) = 2\pi\mathrm{i}$$

【例 5.2.9】　计算积分 $\oint_C \dfrac{z}{z^4-1}\mathrm{d}z$，其中，$C$ 为正向圆周 $|z|=2$。

解　被积函数 $\dfrac{z}{z^4-1}$ 有四个一级极点 ± 1，$\pm\mathrm{i}$，且都在圆周 $|z|=2$ 的内部，所以

$$\oint_C \frac{z}{z^4-1}\mathrm{d}z = 2\pi\mathrm{i}\{\mathrm{Res}[f(z),1] + \mathrm{Res}[f(z),-1] + \mathrm{Res}[f(z),\mathrm{i}] + \mathrm{Res}[f(z),-\mathrm{i}]\}$$

由规则Ⅲ：

$$\frac{P(z)}{Q'(z)} = \frac{z}{4z^3} = \frac{1}{4z^2}$$

故

$$\oint_C \frac{z}{z^4-1}\mathrm{d}z = 2\pi\mathrm{i}\left\{\frac{1}{4} + \frac{1}{4} - \frac{1}{4} - \frac{1}{4}\right\} = 0$$

5.2.4　函数在无穷远点的留数

设函数 $f(z)$ 在圆环域 $R<|z|<+\infty$ 内解析，C 为圆环域内包含原点的任意一条正向简单闭曲线，那么积分 $\dfrac{1}{2\pi\mathrm{i}}\oint_{C^-} f(z)\mathrm{d}z$ 的值与 C 无关，我们称此定值为 $f(z)$ 在 ∞ 点的留数，记作：

$$\mathrm{Res}[f(z),\infty] = \frac{1}{2\pi\mathrm{i}}\oint_{C^-} f(z)\mathrm{d}z \tag{5.2.1}$$

需要注意，该积分的路线方向是负的，即取顺时针方向。

由 5.2.1 节留数的定义知，当 $n=-1$ 时，有 $a_{-1} = \dfrac{1}{2\pi\mathrm{i}}\oint_C f(z)\mathrm{d}z$，因此，有

$$\mathrm{Res}[f(z),\infty] = -a_{-1} \tag{5.2.2}$$

也就是说，$f(z)$ 在 ∞ 点的留数等于它在 ∞ 点的去心邻域 $R<|z|<+\infty$ 内洛朗展开式中 z^{-1} 的系数变号。

定理 5.4　如果函数 $f(z)$ 在扩充复平面内只有有限个孤立奇点，那么 $f(z)$ 在所有孤立奇点(包括 ∞ 点)的留数的总和必等于零。

证明　除 ∞ 点外，设 $f(z)$ 的有限个奇点为 $z_k(k=1,2,\cdots,n)$。又设 C 为一条绕原点

的并将 $z_k(k=1,2,\cdots,n)$ 包含在内的正向简单闭曲线，那么根据留数定理（定理 5.3）和在无穷远点的留数的定义，有

$$\text{Res}[f(z),\infty] + \sum_{k=1}^{n}\text{Res}[f(z),z_k] = \frac{1}{2\pi i}\oint_{C^-}f(z)\mathrm{d}z + \frac{1}{2\pi i}\oint_{C}f(z)\mathrm{d}z = 0$$

关于在无穷远点的留数计算，有如下规则：

规则 IV

$$\text{Res}[f(z),\infty] = -\text{Res}\left[f\left(\frac{1}{z}\right)\cdot\frac{1}{z^2},0\right] \tag{5.2.3}$$

证明 在无穷远点的留数定义中，取正向简单闭曲线 C 为半径足够大的正向圆周：$|z|=\rho$。令 $z=\frac{1}{\xi}$，并设 $z=\rho e^{i\theta}$，$\xi=r e^{i\varphi}$，那么 $\rho=\frac{1}{r}$，$\theta=-\varphi$，于是

$$\begin{aligned}
\text{Res}[f(z),\infty] &= \frac{1}{2\pi i}\oint_{C^-}f(z)\mathrm{d}z = \frac{1}{2\pi i}\int_0^{-2\pi}f(\rho e^{i\theta})\rho i e^{i\theta}\mathrm{d}\theta \\
&= -\frac{1}{2\pi i}\int_0^{2\pi}f\left(\frac{1}{r e^{i\varphi}}\right)\frac{i}{r e^{i\varphi}}\mathrm{d}\varphi \\
&= -\frac{1}{2\pi i}\int_0^{2\pi}f\left(\frac{1}{r e^{i\varphi}}\right)\frac{i}{(r e^{i\varphi})^2}\mathrm{d}(r e^{i\varphi}) \\
&= -\frac{1}{2\pi i}\oint_{|\xi|=\frac{1}{\rho}}f\left(\frac{1}{\xi}\right)\frac{1}{\xi^2}\mathrm{d}\xi \quad \left(|\xi|=\frac{1}{\rho}\text{ 为正向}\right)
\end{aligned}$$

由于 $f(z)$ 在 $\rho<|z|<+\infty$ 内解析，从而 $f\left(\frac{1}{\xi}\right)$ 在 $0<|\xi|<\frac{1}{\rho}$ 内解析，因此 $f\left(\frac{1}{\xi}\right)\frac{1}{\xi^2}$

在 $|\xi|<\frac{1}{\rho}$ 内除 $\xi=0$ 外没有其他奇点。由留数定理得

$$\frac{1}{2\pi i}\oint_{|\xi|=\frac{1}{\rho}}f\left(\frac{1}{\xi}\right)\frac{1}{\xi^2}\mathrm{d}\xi = \text{Res}\left[f\left(\frac{1}{\xi}\right)\frac{1}{\xi^2},0\right]$$

即式（5.2.3）成立。

定理 5.4 和规则 IV 为我们提供了计算函数沿闭曲线积分的又一种方法，在很多情况下带来了便捷。

【例 5.2.10】 计算积分 $\displaystyle\oint_{|z|=2}\frac{z}{z^4-1}\mathrm{d}z$。

解 被积函数 $\dfrac{z}{z^4-1}$ 在 $|z|=2$ 的外部除 ∞ 外没有奇点，因此由定理 5.4 和规则 IV，

$$\oint_{|z|=2}\frac{z}{z^4-1}\mathrm{d}z = -2\pi i\text{Res}[f(z),\infty] = 2\pi i\text{Res}\left[f\left(\frac{1}{z}\right)\frac{1}{z^2},0\right]$$

$$f\left(\frac{1}{z}\right)\frac{1}{z^2}=\frac{1}{z^2}\frac{z^{-1}}{z^{-4}-1}=\frac{z^{-3}}{z^{-4}-1}=\frac{z}{1-z^4}=z(1+z^4+z^8+\cdots)$$

所以

$$\oint_{|z|=2}\frac{z}{z^4-1}dz=0$$

【例 5.2.11】 计算积分 $\displaystyle\oint_{|z|=2}\frac{1}{(z+i)^{10}(z-1)(z-3)}dz$。

解　被积函数除 ∞ 外还有奇点：$-i$，1 和 3，由定理 5.4 有

$$\mathrm{Res}[f(z),-i]+\mathrm{Res}[f(z),1]+\mathrm{Res}[f(z),3]+\mathrm{Res}[f(z),\infty]=0$$

又因为 $|z|=2$ 的内部奇点是 $-i$，1，外部奇点是 3 和 ∞，再由规则Ⅳ有

$$\oint_{|z|=2}\frac{1}{(z+i)^{10}(z-1)(z-3)}dz=2\pi i\{\mathrm{Res}[f(z),-i]+\mathrm{Res}[f(z),1]\}$$

$$=-2\pi i\{\mathrm{Res}[f(z),3]+\mathrm{Res}[f(z),\infty]\}$$

$$=-2\pi i\left\{\frac{1}{2(3+i)^{10}}+0\right\}$$

$$=-\frac{\pi i}{(3+i)^{10}}$$

5.3　留数在定积分计算中的应用

　　根据留数定理，用留数来计算定积分是计算定积分的一个有效措施，特别是当被积函数的原函数不易求得时更显得有用。即使寻常的方法可用，如果用留数也往往感到很方便。当然这个方法的使用还受到很大的限制。首先，被积函数必须要与某个解析函数密切相关。一般讲来，这一点关系不大，因为被积函数常常是初等函数，而初等函数是可以推广到复数域中去的。其次，定积分的积分域是区间，而用留数来计算要牵涉到把问题化为沿闭曲线的积分，这是比较困难的一点。下面来阐述怎样利用复数求某几种特殊形式的定积分的值。

5.3.1　形如 $\displaystyle\int_0^{2\pi}R(\sin\theta,\cos\theta)d\theta$ 的积分

　　这里讨论的被积函数 $R(\sin\theta,\cos\theta)$ 是 $\cos\theta$ 与 $\sin\theta$ 的有理函数。

　　令 $z=e^{i\theta}$，$0\leqslant\theta\leqslant2\pi$，则 $dz=ie^{i\theta}d\theta$，那么，有

$$\sin\theta=\frac{1}{2i}(e^{i\theta}-e^{-i\theta})=\frac{z^2-1}{2iz},\ \cos\theta=\frac{1}{2}(e^{i\theta}+e^{-i\theta})=\frac{z^2+1}{2z}$$

　　当 θ 从 0 变化到 2π 时，满足 $z=e^{i\theta}$ 的 z 恰好沿单位圆 $|z|=1$ 正向绕行一周。于是，有

$$\int_0^{2\pi} R(\cos\theta, \sin\theta)\mathrm{d}\theta = \oint_{|z|=1} R\left[\frac{z^2+1}{2z}, \frac{z^2-1}{2\mathrm{i}z}\right]\frac{\mathrm{d}z}{\mathrm{i}z}$$

$$= \oint_{|z|=1} f(z)\mathrm{d}z = 2\pi\mathrm{i}\sum_{k=1}^n \mathrm{Res}\,[f(z), z_k] \qquad (5.3.1)$$

这里，$f(z) = R\left[\dfrac{z^2+1}{2z}, \dfrac{z^2-1}{2\mathrm{i}z}\right]\dfrac{1}{\mathrm{i}z}$ 为 z 的有理函数，且 $f(z)$ 在单位圆周 $|z|=1$ 上没有奇点，z_k 指的是 $f(z)$ 在单位圆内的孤立奇点。

【例 5.3.1】 计算积分 $\displaystyle\int_0^{2\pi} \frac{\sin^2\theta}{a+b\cos\theta}\mathrm{d}\theta \quad (a > b > 0)$。

解　令 $z = \mathrm{e}^{\mathrm{i}\theta}$，则

$$\sin\theta = \frac{z^2-1}{2z\mathrm{i}}, \ \cos\theta = \frac{z^2+1}{2z}, \ \mathrm{d}z = \mathrm{i}\mathrm{e}^{\mathrm{i}\theta}\mathrm{d}\theta$$

$$\int_0^{2\pi} \frac{\sin^2\theta}{a+b\cos\theta}\mathrm{d}\theta = \oint_{|z|=1} \frac{(z^2-1)^2}{-4z^2} \cdot \frac{1}{a+b\left(\dfrac{z^2+1}{2z}\right)} \cdot \frac{\mathrm{d}z}{\mathrm{i}z}$$

$$= \oint_{|z|=1} \frac{(z^2-1)^2}{-2\mathrm{i}z^2(bz^2+2az+b)}\mathrm{d}z$$

$$= \oint_{|z|=1} \frac{(z^2-1)^2\,\mathrm{d}z}{-2\mathrm{i}z^2 b\left(z - \dfrac{-a+\sqrt{a^2-b^2}}{b}\right)\left(z - \dfrac{-a-\sqrt{a^2-b^2}}{b}\right)}$$

$$= 2\pi\mathrm{i}\left\{\mathrm{Res}\,[f(z), 0] + \mathrm{Res}\left[f(z), \frac{-a+\sqrt{a^2-b^2}}{b}\right]\right\}$$

$$= \frac{2a\pi}{b^2} - \frac{2\pi\sqrt{a^2-b^2}}{b^2}$$

$$= \frac{2\pi}{b^2}(a - \sqrt{a^2-b^2})$$

5.3.2　形如 $\displaystyle\int_{-\infty}^{+\infty} R(x)\mathrm{d}x$ 的积分

这里讨论的被积函数 $R(x)$ 是 x 的有理函数，即

$$R(x) = \frac{P(x)}{Q(x)} = \frac{x^m + a_1 x^{m-1} + \cdots + a_m}{x^n + b_1 x^{n-1} + \cdots + b_n}$$

而且要求分母的次数至少比分子的次数高两次，即 $n-m \geqslant 2$，且 $Q(x)$ 没有实零点。

取复变函数 $R(z) = \dfrac{P(z)}{Q(z)} = \dfrac{z^m + a_1 z^{m-1} + \cdots + a_m}{z^n + b_1 z^{n-1} + \cdots + b_n}$，则除 $Q(z)$ 的有限个零点外，$R(z)$ 处处解析，因为 $Q(x)$ 没有实零点，所以 $Q(z)$ 没有实轴上的极点。取积分路径如图 5-2

所示，其中 C_R 是以原点为中心，R 半径的上半圆周。令 R 足够大，使 $R(z)$ 在上半平面的所有极点 $z_k(k=1,2,\cdots,n)$ 都含在曲线 C_R 和 $[-R,R]$ 所围成的区域内。由留数定理，得

$$\int_{-R}^{R} R(x)\mathrm{d}x + \int_{C_R} R(z)\mathrm{d}z = 2\pi\mathrm{i}\sum_{k=1}^{n}\mathrm{Res}[R(z),z_k]$$

又

$$|R(z)| = \frac{1}{|z|^{n-m}}\frac{|1+a_1 z^{-1}+\cdots+a_m z^{-m}|}{|1+b_1 z^{-1}+\cdots+b_n z^{-n}|}$$

$$\leqslant \frac{1}{|z|^{n-m}}\cdot\frac{1+|a_1 z^{-1}+\cdots+a_m z^{-m}|}{1-|b_1 z^{-1}+\cdots+b_n z^{-n}|}$$

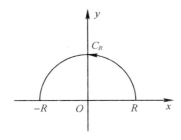

图 5 - 2

当 $|z|$ 充分大时，总可使

$$|a_1 z^{-1}+\cdots+a_m z^{-m}| < \frac{1}{10}, \quad |b_1 z^{-1}+\cdots+b_n z^{-n}| < \frac{1}{10}$$

因为 $n-m\geqslant 2$，所以

$$|R(z)| \leqslant \frac{1}{|z|^{n-m}}\cdot\frac{1+|a_1 z^{-1}+\cdots+a_m z^{-m}|}{1-|b_1 z^{-1}+\cdots+b_n z^{-n}|} < \frac{2}{|z|^2}$$

令 $z = R\mathrm{e}^{\mathrm{i}\theta}$，于是

$$\left|\int_{C_R} R(z)\mathrm{d}z\right| \leqslant \int_{C_R} |R(z)|\mathrm{d}s = \frac{2\pi}{R}$$

令 $R\to+\infty$，则 $\int_{C_R} R(z)\mathrm{d}z \to 0$，$\int_{-R}^{R} R(z)\mathrm{d}z \to \int_{-\infty}^{\infty} R(z)\mathrm{d}z$，于是

$$\int_{-\infty}^{\infty} R(x)\mathrm{d}x = 2\pi\mathrm{i}\sum_{k=1}^{n}\mathrm{Res}[R(z),z_k] \tag{5.3.2}$$

这里一定要注意：$z_k(k=1,2,\cdots,n)$ 为 $R(z)$ 在上半平面内的极点。

【例 5.3.2】 计算积分 $I = \int_{-\infty}^{+\infty}\frac{x^2}{(x^2+a^2)(x^2+b^2)}\,\mathrm{d}x(a>0,b>0)$ 的值。

解 由被积函数 $R(x)$ 的表达式可知，$m=2$，$n=4$，$n-m=2$，且 $R(z)$ 在实轴上没有孤立奇点，因此积分是存在的。

$$R(z) = \frac{z^2}{(z^2 + a^2)(z^2 + b^2)}$$ 有一级极点 $\pm a\mathrm{i}$ 和 $\pm b\mathrm{i}$，其中 $a\mathrm{i}$ 和 $b\mathrm{i}$ 在上半平面内，且

$$\mathrm{Res}[R(z), a\mathrm{i}] = \lim_{z \to a\mathrm{i}}(z - a\mathrm{i}) \frac{z^2}{(z^2 + a^2)(z^2 + b^2)} = \frac{-a^2}{2a\mathrm{i}(b^2 - a^2)} = \frac{a}{2\mathrm{i}(a^2 - b^2)}$$

$$\mathrm{Res}[R(z), b\mathrm{i}] = \lim_{z \to b\mathrm{i}}(z - b\mathrm{i}) \frac{z^2}{(z^2 + a^2)(z^2 + b^2)} = \frac{-b^2}{2b\mathrm{i}(a^2 - b^2)} = \frac{b}{2\mathrm{i}(b^2 - a^2)}$$

因此，得

$$I = \int_{-\infty}^{+\infty} \frac{x^2}{(x^2 + a^2)(x^2 + b^2)}\mathrm{d}x = 2\pi\mathrm{i}\{\mathrm{Res}[R(z), a\mathrm{i}] + \mathrm{Res}[R(z), b\mathrm{i}]\} = \frac{\pi}{a + b}$$

【例 5.3.3】 计算积分 $I = \int_0^{+\infty} \frac{x^2}{1 + x^4}\mathrm{d}x$。

解 因为 $R(x) = \dfrac{x^2}{1 + x^4}$ 为偶函数，所以

$$\int_0^{+\infty} \frac{x^2}{1 + x^4}\mathrm{d}x = \frac{1}{2}\int_{-\infty}^{+\infty} \frac{x^2}{1 + x^4}\mathrm{d}x$$

因为 $R(z) = \dfrac{z^2}{1 + z^4}$，故 $m = 2$，$n = 4$，$n - m = 2$，且 $R(z)$ 在实轴上没有孤立奇点，因此积分是存在的。

$R(z)$ 在上半平面有两个一级极点：

$$z_1 = \frac{\sqrt{2}}{2}(1 + \mathrm{i}), \quad z_2 = \frac{\sqrt{2}}{2}(-1 + \mathrm{i})$$

且有

$$\mathrm{Res}\left[R(z), \frac{\sqrt{2}}{2}(1 + \mathrm{i})\right] = \frac{z^2}{4z^3}\bigg|_{z = \frac{\sqrt{2}}{2}(1 + \mathrm{i})} = \frac{1}{4z}\bigg|_{z = \frac{\sqrt{2}}{2}(1 + \mathrm{i})} = \frac{1 - \mathrm{i}}{4\sqrt{2}}$$

$$\mathrm{Res}\left[R(z), \frac{\sqrt{2}}{2}(-1 + \mathrm{i})\right] = \frac{z^2}{4z^3}\bigg|_{z = \frac{\sqrt{2}}{2}(-1 + \mathrm{i})} = \frac{1}{4z}\bigg|_{z = \frac{\sqrt{2}}{2}(-1 + \mathrm{i})} = \frac{-1 - \mathrm{i}}{4\sqrt{2}}$$

所以

$$\int_{-\infty}^{+\infty} \frac{x^2}{1 + x^4}\mathrm{d}x = 2\pi\mathrm{i}\left[\frac{1 - \mathrm{i}}{4\sqrt{2}} + \frac{-1 - \mathrm{i}}{4\sqrt{2}}\right] = \frac{\sqrt{2}}{2}\pi$$

从而

$$\int_0^{+\infty} \frac{x^2}{1 + x^4}\mathrm{d}x = \frac{1}{2}\int_{-\infty}^{+\infty} \frac{x^2}{1 + x^4}\mathrm{d}x = \frac{\sqrt{2}}{4}\pi$$

5.3.3 形如 $\int_{-\infty}^{+\infty} R(x)\mathrm{e}^{\mathrm{i}ax}\,\mathrm{d}x$ 的积分

这里讨论的被积函数 $R(x)$ 是 x 的有理函数，即

$$R(x) = \frac{P(x)}{Q(x)} = \frac{x^m + a_1 x^{m-1} + \cdots + a_m}{x^n + b_1 x^{n-1} + \cdots + b_n}$$

而且要求分母的次数至少比分子的次数高一次，即 $n - m \geqslant 1$，且 $Q(x)$ 没有实零点。

同类型 5.3.2 中的处理一样，取如图 5-2 所示的积分曲线 C_R，当 R 足够大时，使 $R(z)$ 在上半平面的所有极点 $z_k (k = 1, 2, \cdots, n)$ 都含在曲线 C_R 和 $[-R, R]$ 所围成的区域内。于是

$$\int_{-R}^{R} R(x) \mathrm{d}x + \int_{C_R} R(z) \mathrm{d}z = 2\pi\mathrm{i} \sum_{k=1}^{n} \mathrm{Res}[R(z), z_k]$$

又因为 $n - m \geqslant 1$，当 $|z|$ 充分大时，有 $|R(z)| < \dfrac{2}{|z|}$。因此，有

$$\left| \int_{C_R} R(z) \mathrm{e}^{a\mathrm{i}z} \mathrm{d}z \right| \leqslant \int_{C_R} |R(z)| \, |\mathrm{e}^{a\mathrm{i}z}| \, \mathrm{d}s < \frac{2}{R} \int_{C_R} |\mathrm{e}^{a\mathrm{i}(x+\mathrm{i}y)}| \, \mathrm{d}s$$

令

$$x = R\cos\theta, \; y = R\sin\theta$$

则

$$z = R(\cos\theta + \mathrm{i}\sin\theta)(0 < \theta < \pi), \; \mathrm{d}s = |\mathrm{d}z| = |\mathrm{d}(R\mathrm{e}^{\mathrm{i}\theta})| = R\mathrm{d}\theta$$

$$\frac{2}{R} \int_{C_R} |\mathrm{e}^{a\mathrm{i}(x+\mathrm{i}y)}| \, \mathrm{d}s = \frac{2}{R} \int_{C_R} |\mathrm{e}^{a x \mathrm{i}}| \, |\mathrm{e}^{-ay}| \, \mathrm{d}s$$

$$= 2 \int_0^{\pi} \mathrm{e}^{-aR\sin\theta} \mathrm{d}\theta = 4 \int_0^{\frac{\pi}{2}} \mathrm{e}^{-aR\sin\theta} \mathrm{d}\theta$$

可以证明，当 $0 \leqslant \theta \leqslant \dfrac{\pi}{2}$ 时，有 $\sin\theta \geqslant \dfrac{2\theta}{\pi}$（如图 5-3 所示）。因此，有

$$\frac{2}{R} \int_{C_R} |\mathrm{e}^{a\mathrm{i}(x+\mathrm{i}y)}| \, \mathrm{d}s = 4 \int_0^{\frac{\pi}{2}} \mathrm{e}^{-aR\sin\theta} \mathrm{d}\theta \leqslant 4 \int_0^{\frac{\pi}{2}} \mathrm{e}^{-aR\left(\frac{2\theta}{\pi}\right)} \mathrm{d}\theta = \frac{2\pi}{aR}(1 - \mathrm{e}^{-aR})$$

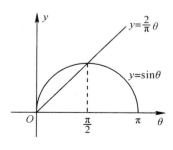

图 5-3

当 $R \to +\infty$ 时，有

$$\left| \int_{C_R} R(z) \mathrm{e}^{a\mathrm{i}z} \mathrm{d}z \right| \leqslant \frac{2\pi}{aR}(1 - \mathrm{e}^{-aR}) \to 0$$

即

$$\int_{C_R} R(z)e^{aiz}dz \to 0$$

所以

$$\int_{-\infty}^{+\infty} R(x)e^{aix}dx = 2\pi i \sum_{k=1}^{n} \text{Res}[R(z)e^{aiz}, z_k] \qquad (5.3.3)$$

因为

$$e^{iax} = \cos ax + i\sin ax$$

故式(5.3.3)也可以写为

$$\int_{-\infty}^{+\infty} R(x)\cos ax\,dx + i\int_{-\infty}^{+\infty} R(x)\sin ax\,dx = 2\pi i \sum_{k=1}^{n} \text{Res}[R(z)e^{aiz}, z_k] \qquad (5.3.4)$$

【例 5.3.4】 计算积分 $\int_0^{+\infty} \dfrac{x\sin mx}{(x^2+a^2)^2}dx\,(m>0,\,a>0)$。

解 $\int_0^{+\infty} \dfrac{x\sin mx}{(x^2+a^2)^2}dx = \dfrac{1}{2}\int_{-\infty}^{+\infty} \dfrac{x\sin mx}{(x^2+a^2)^2}dx = \dfrac{1}{2}\text{Im}\left[\int_{-\infty}^{+\infty} \dfrac{x}{(x^2+a^2)^2}e^{imx}dx\right]$

又 $f(z) = \dfrac{z}{(z^2+a^2)^2}e^{imz}$ 在上半平面只有一个二级极点 $z=ai$，故

$$\text{Res}[f(z),ai] = \frac{d}{dz}\left[\frac{z}{(z+ai)^2}e^{imz}\right]\Bigg|_{z=ai} = \frac{m}{4a}e^{-ma}$$

所以

$$\int_{-\infty}^{+\infty} \frac{x}{(x^2+a^2)^2}e^{imx}dx = 2\pi i\,\text{Res}\left[\frac{z}{(z^2+a^2)^2}e^{imz},\,ai\right]$$

故所求积分为

$$\int_0^{+\infty} \frac{x\sin mx}{(x^2+a^2)^2}dx = \frac{1}{2}\text{Im}[2\pi i\,\text{Res}(f(z),ai)] = \frac{m\pi}{4a}e^{-ma}$$

在上面两种类型的积分中，都要求 $R(z)$ 在实轴上无孤立奇点，当 $R(z)$ 在实轴上有孤立奇点时，我们可根据具体情况对图 5-2 所示积分曲线稍作改变。下面以例题说明如何计算此类型的积分。

【例 5.3.5】 计算积分 $\int_0^{+\infty} \dfrac{\sin x}{x}dx$。

解 取函数 $f(z) = \dfrac{e^{iz}}{z}$，并取围线如图 5-4 所示，在此围线中 $f(z)$ 是解析的。由柯西积分定理，得

$$\int_{-R}^{-r} \frac{e^{ix}}{x}dx + \int_{C_r} \frac{e^{iz}}{z}dz + \int_r^R \frac{e^{ix}}{x}dx + \int_{C_R} \frac{e^{iz}}{z}dz = 0$$

令 $x=-t$，则有

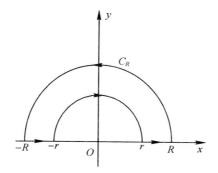

图 5 - 4

$$\int_{-R}^{-r} \frac{e^{ix}}{x} dx = \int_{R}^{r} \frac{e^{-it}}{t} dt = -\int_{r}^{R} \frac{e^{-ix}}{x} dx$$

所以，有

$$\int_{r}^{R} \frac{e^{ix} - e^{-ix}}{x} dx + \int_{C_r} \frac{e^{iz}}{z} dz + \int_{C_R} \frac{e^{iz}}{z} dz = 0$$

即

$$2i \int_{r}^{R} \frac{\sin x}{x} dx + \int_{C_r} \frac{e^{iz}}{z} dz + \int_{C_R} \frac{e^{iz}}{z} dz = 0$$

现在来证明：

$$\lim_{R \to \infty} \int_{C_R} \frac{e^{iz}}{z} dz = 0 \text{ 和} \lim_{r \to 0} \int_{C_r} \frac{e^{iz}}{z} dz = -\pi i$$

因为

$$\left| \int_{C_R} \frac{e^{iz}}{z} dz \right| \leqslant \int_{0}^{\pi} \frac{|e^{iRe^{i\theta}}|}{R} \cdot R d\theta = \int_{0}^{\pi} e^{-R\sin\theta} d\theta = 2 \int_{0}^{\frac{\pi}{2}} e^{-R\sin\theta} d\theta \leqslant 2 \int_{0}^{\frac{\pi}{2}} e^{-\frac{R2\theta}{\pi}} d\theta = \frac{\pi}{R}(1 - e^{-R})$$

所以

$$\lim_{R \to \infty} \int_{C_R} \frac{e^{iz}}{z} dz = 0$$

又因为

$$\frac{e^{iz}}{z} = \frac{1}{z} + i - \frac{z}{2!} + \cdots + i^n \frac{z^{n-1}}{n!} + \cdots = \frac{1}{z} + \varphi(z)$$

其中，$\varphi(z)$ 在 $z = 0$ 解析且 $\varphi(0) = i$。

因此，当 $|z|$ 充分小时，可设 $|\varphi(z)| \leqslant 2$。由于

$$\int_{C_r} \frac{e^{iz}}{z} dz = \int_{C_r} \frac{1}{z} dz + \int_{C_r} \varphi(z) dz$$

而

$$\int_{C_r} \frac{1}{z} dz = \int_\pi^0 \frac{ir\mathrm{e}^{i\theta}}{r\mathrm{e}^{i\theta}} d\theta = -\pi i$$

和

$$\left| \int_{C_r} \varphi(z) dz \right| \leqslant \int_0^\pi |\varphi(r\mathrm{e}^{i\theta})| r d\theta \leqslant 2\pi r$$

所以

$$\lim_{r \to 0} \int_{C_r} \frac{\mathrm{e}^{iz}}{z} dz = -\pi i$$

综上，令 $R \to \infty$，$r \to 0$，则有

$$\int_0^{+\infty} \frac{\sin x}{x} dx = \frac{\pi}{2}$$

【例 5.3.6】 证明

$$\int_0^\infty \sin x^2 dx = \int_0^\infty \cos x^2 dx = \frac{1}{2} \sqrt{\frac{\pi}{2}}$$

解 设函数 $f(z) = \mathrm{e}^{iz^2}$，取积分路径如图 5-5 所示，因为 $f(z)$ 在封闭围线内解析，由柯西积分定理，有

$$\int_{OA} \mathrm{e}^{iz^2} dz + \int_{AB} \mathrm{e}^{iz^2} dz + \int_{BO} \mathrm{e}^{iz^2} dz = 0 \tag{5.3.5}$$

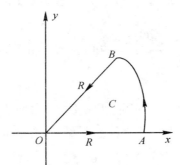

图 5-5

当 z 在 OA 上时，$z = x$，$0 \leqslant x \leqslant r$，故

$$\int_{OA} \mathrm{e}^{iz^2} dz = \int_0^r \mathrm{e}^{ix^2} dx$$

当 z 在弧 AB 上时，$z = r\mathrm{e}^{i\theta}$，$0 \leqslant \theta \leqslant \frac{\pi}{4}$，此时 $\sin 2\theta \geqslant \frac{4}{\pi}\theta$，所以

$$|\mathrm{e}^{iz^2}| = \mathrm{e}^{-r^2 \sin 2\theta} \leqslant \mathrm{e}^{-\frac{4}{\pi}r^2\theta}$$

故

$$\left| \int_{AB} \mathrm{e}^{\mathrm{i}z^2} \, \mathrm{d}z \right| \leqslant \int_0^{\frac{\pi}{4}} \mathrm{e}^{-\frac{4}{\pi} r^2 \theta} \cdot r \, \mathrm{d}\theta = \frac{\pi}{4r}(1 - \mathrm{e}^{-r^2}) \to 0 \quad (r \to \infty)$$

当 z 在 BO 上时，$z = x\mathrm{e}^{\mathrm{i}\frac{\pi}{4}}$，$0 \leqslant x \leqslant r$，故

$$\int_{BO} \mathrm{e}^{\mathrm{i}z^2} \, \mathrm{d}z = \int_r^0 \mathrm{e}^{\mathrm{i}x^2 \mathrm{e}^{\mathrm{i}\frac{\pi}{2}}} \cdot \mathrm{e}^{\mathrm{i}\frac{\pi}{4}} \, \mathrm{d}x = -\mathrm{e}^{\mathrm{i}\frac{\pi}{4}} \int_0^r \mathrm{e}^{-x^2} \, \mathrm{d}x$$

令 $r \to \infty$，则式(5.3.5)变成

$$\int_0^\infty \mathrm{e}^{\mathrm{i}x^2} \, \mathrm{d}x + 0 - \mathrm{e}^{\mathrm{i}\frac{\pi}{4}} \int_0^r \mathrm{e}^{-x^2} \, \mathrm{d}x = 0$$

又 $\int_0^\infty \mathrm{e}^{-x^2} \, \mathrm{d}x = \dfrac{\sqrt{\pi}}{2}$（泊松积分），所以

$$\int_0^\infty \mathrm{e}^{\mathrm{i}x^2} \, \mathrm{d}x = \mathrm{e}^{\mathrm{i}\frac{\pi}{4}} \int_0^\infty \mathrm{e}^{-x^2} \, \mathrm{d}x = \mathrm{e}^{\mathrm{i}\frac{\pi}{4}} \frac{\sqrt{\pi}}{2}$$

上式两边分别取实部和虚部，即得

$$\int_0^\infty \sin x^2 \, \mathrm{d}x = \int_0^\infty \cos x^2 \, \mathrm{d}x = \frac{1}{2}\sqrt{\frac{\pi}{2}}$$

这两个积分称为菲涅耳(Fresnel)积分。

小　　结

本章主要介绍了以下内容：孤立奇点、留数及留数在计算积分上的应用。读者应熟练掌握孤立奇点的定义，会判断孤立奇点的类型，判断的依据有定义、极限以及利用零点判断极点的级。会计算孤立奇点的留数，留数的计算可根据孤立奇点的类型分别进行计算：可去奇点的留数为零，本性奇点的留数计算需要利用洛朗级数展开式，极点的留数可采用我们介绍的三个规则计算。无穷远点作为孤立奇点时，它的类型的判断以及留数的计算请读者自己总结。最后介绍了留数定理，它可以计算复变函数沿闭曲线的积分和三种类型的实变函数的定积分，读者应该搞清楚它们的适用条件。

习　题　五

1. 下列函数有些什么奇点？如果是极点，指出其级。

(1) $\dfrac{1}{z(z^2+1)^2}$；

(2) $\dfrac{\sin z}{z^3}$；

(3) $\dfrac{1}{z^3 - z^2 - z + 1}$；

(4) $\dfrac{\ln(z+1)}{z}$　（$|z| < 1$）；

(5) $\dfrac{z}{(1+z^2)(1+\mathrm{e}^{\pi z})}$；   (6) $\dfrac{1}{\mathrm{e}^{z-1}}$；

(7) $\dfrac{1}{z^2(\mathrm{e}^z-1)}$；   (8) $\dfrac{z^{2n}}{1+z^n}$ （n 为正整数）；

(9) $\dfrac{1}{\sin z^2}$

2. 证明：如果 z_0 是 $f(z)$ 的 $m(m>1)$ 级零点，则 z_0 是 $f'(z)$ 的 $m-1$ 级零点。

3. $z=0$ 是 $f(z)=(\sin z+\mathrm{sh}z-2z)^{-2}$ 的几级极点？

4. 用级数展开法计算函数 $f(z)=6\sin z^3+z^3(z^6-6)$ 在 $z=0$ 处零点的级。

5. 求出下列函数在有限奇点处的留数。

(1) $\dfrac{z+1}{z^2-2z}$；   (2) $\dfrac{1-\mathrm{e}^{2z}}{z^4}$；   (3) $\dfrac{1+z^4}{(z^2+1)^3}$；

(4) $\dfrac{z}{\cos z}$；   (5) $\cos\dfrac{1}{1-z}$；   (6) $z^2\sin\dfrac{1}{z}$

6. 判断 $z=\infty$ 是下列函数的什么奇点？并求出在 ∞ 处的留数。

(1) $\mathrm{e}^{\frac{1}{z^2}}$；   (2) $\cos z-\sin z$；   (3) $\dfrac{2z}{3+z^2}$

7. 利用各种方法计算 $f(z)$ 在有限孤立奇点处的留数。

(1) $f(z)=\dfrac{3z+2}{z^2(z+2)}$；   (2) $f(z)=\dfrac{1}{z\sin z}$

8. 利用洛朗展开式求函数 $f(z)=(z+1)^2\sin\dfrac{1}{z}$ 在 ∞ 处的留数。

9. 利用留数计算下列函数沿正向曲线的积分。

(1) $\displaystyle\oint_{|z|=\frac{1}{2}}\dfrac{\ln(z+1)}{z}\mathrm{d}z$；   (2) $\displaystyle\oint_{|z|=3}\dfrac{z}{z^2-1}\mathrm{d}z$；

(3) $\displaystyle\oint_{|z|=\frac{1}{3}}\sin\dfrac{2}{z}\mathrm{d}z$；   (4) $\displaystyle\oint_{|z|=2}\dfrac{\mathrm{e}^{2z}}{(z-1)^2}\mathrm{d}z$；

(5) $\displaystyle\oint_{|z|=3}\tan z\,\mathrm{d}z$；   (6) $\displaystyle\oint_{|z|=\frac{3}{2}}\dfrac{1-\cos z}{z^m}\mathrm{d}z$ （m 为整数）

10. 计算下列各积分，积分曲线为正向圆周。

(1) $\displaystyle\oint_{|z|=3}\dfrac{z^{15}}{(z^2+1)^2(z^4+2)^3}\mathrm{d}z$

(2) $\displaystyle\oint_{|z|=2}\frac{z^3}{1+z}\mathrm{e}^{\frac{1}{z}}\mathrm{d}z$

(3) $\displaystyle\oint_C\frac{z^{2n}}{1+z^n}\mathrm{d}z$ （n 为一正整数），$C: |z|=r>1$

11. 计算下列积分。

(1) $\displaystyle\int_{-\infty}^{+\infty}\frac{x^2-x-2}{x^4+10x^2+9}\mathrm{d}x$;

(2) $\displaystyle\int_0^{+\infty}\frac{1}{x^4+a^4}\mathrm{d}x$ 　$(a>0)$;

(3) $\displaystyle\int_{-\infty}^{+\infty}\frac{x\sin x}{x^2-2x+10}\mathrm{d}x$;

(4) $\displaystyle\int_0^{+\infty}\frac{\cos ax}{1+x^2}\mathrm{d}x$ 　$(a>0)$;

(5) $\displaystyle\int_0^{2\pi}\frac{1}{5+3\sin\theta}\mathrm{d}\theta$;

(6) $\displaystyle\int_0^{2\pi}\frac{\sin^2\theta}{a+b\cos\theta}\mathrm{d}\theta$ 　$(a>b>0)$;

(7) $\displaystyle\int_{-\infty}^{+\infty}\frac{1}{(1+x^2)^2}\mathrm{d}x$;

(8) $\displaystyle\int_0^{+\infty}\frac{x^2}{1+x^4}\mathrm{d}x$

第 6 章

傅 里 叶 变 换

在自然科学和工程技术中为了把较复杂的运算转化为较简单的运算，人们常采用变换的方法来达到目的。例如，在初等数学中，数量的乘积和商可以通过对数变换化为较简单的加法和减法运算。在工程数学里，积分变换能够将分析运算（如微分、积分）转化为代数运算，而正是积分变换的这一特性，使得它在微分方程、偏微分方程的求解中成为重要的方法之一。

人类视觉所感受到的是空间域和时间域的信号，但是，往往许多问题在频域中讨论时则更方便。例如，空间位置上的变化不改变信号的频域特性。为此，提出的变换需满足以下两个条件：首先，提出的变换必须是有好处的，换句话说，可以解决时域中解决不了的问题；其次，变换必须是可逆的，可以通过逆变换还原回原时域中。

所谓积分变换，就是通过积分运算把一个函数变成另一个函数的变换：

$$F(\alpha) = \int_a^b f(t) K(t,\alpha) dt$$

其中，$K(t,\alpha)$ 是一个确定的二元函数，称为积分变换的核。当 $K(t,\alpha) = e^{-i\omega t}$ 时，称为傅里叶变换；当 $K(t,\alpha) = e^{-st}$ 时，称为拉普拉斯变换。$F(\alpha)$ 称为象函数，$f(t)$ 称为象原函数，在一定条件下，它们是一一对应且变换可逆的。

积分变换的理论方法不仅在数学的诸多分支中得到广泛的应用，而且在许多科学技术领域中，例如物理学、力学、现代光学、无线电技术以及信号处理等方面，作为一种研究工具发挥着十分重要的作用。以下两章分别介绍傅里叶变换和拉普拉斯变换。

6.1 傅里叶变换概述

6.1.1 傅里叶积分公式

傅里叶（Fourier）积分公式即一个函数 $f(t)$ 的傅里叶积分表达式，下面将从周期函数的傅里叶级数出发进行推导。

由高等数学可知，如果一个以 T 为周期的周期函数 $f_T(t)$ 满足狄里克雷（Dirichlet）条件，即函数 $f_T(t)$ 在 $[-T/2, T/2]$ 上满足：

（1）连续或只有有限个第一类间断点；

（2）只有有限个极值点。

则 $f_T(t)$ 可以展开为傅里叶级数，并在连续点处有

$$f_T(t) = \frac{a_0}{2} + \sum_{n=1}^{+\infty}(a_n\cos n\omega_0 t + b_n\sin n\omega_0 t) \tag{6.1.1}$$

其中，$\omega_0 = \dfrac{2\pi}{T}$，称为基波频率；

$$a_0 = \frac{2}{T}\int_{-T/2}^{T/2}f_T(t)\mathrm{d}t$$

$$a_n = \frac{2}{T}\int_{-T/2}^{T/2}f_T(t)\cos n\omega_0 t\,\mathrm{d}t \quad (n=1,2,\cdots)$$

$$b_n = \frac{2}{T}\int_{-T/2}^{T/2}f_T(t)\sin n\omega_0 t\,\mathrm{d}t \quad (n=1,2,\cdots)$$

为了方便应用，通常把傅里叶级数的三角形式转换为复指数形式。

根据欧拉公式：

$$\mathrm{e}^{\mathrm{i}n\omega_0 t} = \cos n\omega_0 t + \mathrm{i}\sin n\omega_0 t$$

可得

$$\cos n\omega_0 t = \frac{\mathrm{e}^{\mathrm{i}n\omega_0 t} + \mathrm{e}^{-\mathrm{i}n\omega_0 t}}{2} \;,\quad \sin n\omega_0 t = \frac{-\mathrm{i}\mathrm{e}^{\mathrm{i}n\omega_0 t} + \mathrm{i}\mathrm{e}^{-\mathrm{i}n\omega_0 t}}{2}$$

代入式（6.1.1）并整理：

$$f_T(t) = \frac{a_0}{2} + \sum_{n=1}^{+\infty}\left(\frac{a_n - \mathrm{i}b_n}{2}\mathrm{e}^{\mathrm{i}n\omega_0 t} + \frac{a_n + \mathrm{i}b_n}{2}\mathrm{e}^{-\mathrm{i}n\omega_0 t}\right)$$

令 $c_0 = \dfrac{a_0}{2}$，$c_n = \dfrac{a_n - \mathrm{i}b_n}{2}$，$c_{-n} = \dfrac{a_n + \mathrm{i}b_n}{2}$，则上式可记为

$$f_T(t) = \sum_{n=-\infty}^{+\infty}c_n\mathrm{e}^{\mathrm{i}n\omega_0 t} \tag{6.1.2}$$

其中

$$c_n = \frac{1}{T}\int_{-T/2}^{T/2}f_T(t)\mathrm{e}^{-\mathrm{i}n\omega_0 t}\mathrm{d}t \quad (n=0,\pm 1,\pm 2,\cdots)$$

式（6.1.2）就是傅里叶级数的指数形式。将系数 c_n 代入式（6.1.2），则有

$$f_T(t) = \frac{1}{T}\sum_{n=-\infty}^{+\infty}\left[\int_{-T/2}^{T/2}f_T(\tau)\mathrm{e}^{-\mathrm{i}n\omega_0\tau}\mathrm{d}\tau\right]\mathrm{e}^{\mathrm{i}n\omega_0 t} \tag{6.1.3}$$

傅里叶级数要求被展开的函数必须是周期函数，而在工程实际问题中，大量遇到的是非周期函数，那么，对一个非周期函数怎样进行傅里叶分析呢？下面讨论非周期函数的展开问题。任何一个非周期函数 $f(t)$ 都可以看成由某个周期函数 $f_T(t)$ 当 $T \to +\infty$ 时转化来

的，即

$$f(t) = \lim_{T \to +\infty} f_T(t) = \lim_{T \to +\infty} \frac{1}{T} \sum_{n=-\infty}^{+\infty} \left[\int_{-T/2}^{T/2} f_T(\tau) \mathrm{e}^{-\mathrm{i}n\omega_0\tau} \mathrm{d}\tau \right] \mathrm{e}^{\mathrm{i}n\omega_0 t}$$

当 n 取一切整数时，$n\omega_0$ 所对应的点便均匀地分布在频率(ω)轴上，将相邻两点的距离用 $\Delta\omega$ 来表示，则

$$\Delta\omega = \omega_n - \omega_{n-1} = \frac{2\pi}{T} \ \text{或} \ T = \frac{2\pi}{\Delta\omega}$$

当 $T \to +\infty$ 时，$\Delta\omega \to 0$，上式可记为

$$f(t) = \frac{1}{2\pi} \lim_{\Delta\omega \to 0} \sum_{n=-\infty}^{+\infty} \left[\int_{-\pi/\Delta\omega}^{\pi/\Delta\omega} f_T(\tau) \mathrm{e}^{-\mathrm{i}n\omega_0\tau} \mathrm{d}\tau \right] \mathrm{e}^{\mathrm{i}n\omega_0 t} \Delta\omega$$

当 t 固定时，$\dfrac{1}{2\pi} \left[\int_{-\pi/\Delta\omega}^{\pi/\Delta\omega} f_T(\tau) \mathrm{e}^{-\mathrm{i}n\omega_0\tau} \mathrm{d}\tau \right] \mathrm{e}^{\mathrm{i}n\omega_0 t}$ 是参数 $n\omega_0$ 的函数，记为 $g_T(n\omega_0)$，即

$$g_T(n\omega_0) = \frac{1}{2\pi} \left[\int_{-\pi/\Delta\omega}^{\pi/\Delta\omega} f_T(\tau) \mathrm{e}^{-\mathrm{i}n\omega_0\tau} \mathrm{d}\tau \right] \mathrm{e}^{\mathrm{i}n\omega_0 t}$$

利用 $g_T(n\omega_0)$ 可将 $f(t)$ 记为

$$f(t) = \lim_{\Delta\omega \to 0} \sum_{n=-\infty}^{+\infty} g_T(n\omega_0) \Delta\omega$$

很明显，当 $\Delta\omega \to 0$，即 $T \to +\infty$ 时，$g_T(n\omega_0) \to g(n\omega_0)$，这里

$$g(n\omega_0) = \frac{1}{2\pi} \left[\int_{-\infty}^{+\infty} f(\tau) \mathrm{e}^{-\mathrm{i}n\omega_0\tau} \mathrm{d}\tau \right] \mathrm{e}^{\mathrm{i}n\omega_0 t}$$

从而 $f(t)$ 可以看作 $g(n\omega_0)$ 在 $(-\infty, +\infty)$ 上的积分：

$$f(t) = \int_{-\infty}^{+\infty} g(n\omega_0) \mathrm{d}(n\omega_0)$$

即

$$f(t) = \int_{-\infty}^{+\infty} g(\omega) \mathrm{d}\omega$$

也即

$$f(t) = \frac{1}{2\pi} \int_{-\infty}^{+\infty} \left[\int_{-\infty}^{+\infty} f(\tau) \mathrm{e}^{-\mathrm{i}\omega\tau} \mathrm{d}\tau \right] \mathrm{e}^{\mathrm{i}\omega t} \mathrm{d}\omega \tag{6.1.4}$$

式(6.1.4)称为函数 $f(t)$ 的傅里叶积分公式。该式是式(6.1.3)的右端在形式上推出来的，并不严格。至于一个非周期函数 $f(t)$ 在什么条件下可以用傅里叶积分公式来表示，有如下定理。

定理 6.1(傅里叶积分定理)　设函数 $f(t)$ 满足：

(1) 在 $(-\infty, +\infty)$ 上的任一有限区间满足狄里克雷(Dirichlet)条件；

(2) 在 $(-\infty, +\infty)$ 上绝对可积(即积分 $\int_{-\infty}^{+\infty} |f(t)| \mathrm{d}t < +\infty$)。

则在 $f(t)$ 的连续点处，有 $f(t) = \dfrac{1}{2\pi} \displaystyle\int_{-\infty}^{+\infty} \left[\int_{-\infty}^{+\infty} f(\tau) \mathrm{e}^{-\mathrm{i}\omega\tau} \mathrm{d}\tau \right] \mathrm{e}^{\mathrm{i}\omega t} \mathrm{d}\omega$ ；在 $f(t)$ 的间断点处，等式

左端的 $f(t)$ 应以 $\dfrac{1}{2} \left[f(t+0) + f(t-0) \right]$ 代替。

　　这个定理的条件是充分的，关于它的证明，读者可参阅《微积分学教程》（菲赫金戈尔兹著，余家荣译，高等教育出版社，2007）第三卷第三分册。

　　傅里叶积分公式也存在其三角形式，推导如下：

因为

$$
\begin{aligned}
f(t) &= \frac{1}{2\pi} \int_{-\infty}^{+\infty} \left[\int_{-\infty}^{+\infty} f(\tau) \mathrm{e}^{-\mathrm{i}\omega\tau} \mathrm{d}\tau \right] \mathrm{e}^{\mathrm{i}\omega t} \mathrm{d}\omega \\
&= \frac{1}{2\pi} \int_{-\infty}^{+\infty} \left[\int_{-\infty}^{+\infty} f(\tau) \mathrm{e}^{\mathrm{i}\omega(t-\tau)} \mathrm{d}\tau \right] \mathrm{d}\omega \\
&= \frac{1}{2\pi} \int_{-\infty}^{+\infty} \left[\int_{-\infty}^{+\infty} f(\tau)\cos\omega(t-\tau)\mathrm{d}\tau + \mathrm{i} \int_{-\infty}^{+\infty} f(\tau)\sin\omega(t-\tau)\mathrm{d}\tau \right] \mathrm{d}\omega
\end{aligned}
$$

考虑到积分 $\displaystyle\int_{-\infty}^{+\infty} f(\tau)\sin\omega(t-\tau)\mathrm{d}\tau$ 是 ω 的奇函数，就有

$$
\int_{-\infty}^{+\infty} \left[\int_{-\infty}^{+\infty} f(\tau)\sin\omega(t-\tau)\mathrm{d}\tau \right] \mathrm{d}\omega = 0
$$

从而

$$
f(t) = \frac{1}{2\pi} \int_{-\infty}^{+\infty} \left[\int_{-\infty}^{+\infty} f(\tau)\cos\omega(t-\tau)\mathrm{d}\tau \right] \mathrm{d}\omega
$$

又考虑到积分 $\displaystyle\int_{-\infty}^{+\infty} f(\tau)\cos\omega(t-\tau)\mathrm{d}\tau$ 是 ω 的偶函数，所以有

$$
f(t) = \frac{1}{\pi} \int_{0}^{+\infty} \left[\int_{-\infty}^{+\infty} f(\tau)\cos\omega(t-\tau)\mathrm{d}\tau \right] \mathrm{d}\omega \tag{6.1.5}
$$

式 (6.1.5) 就是 $f(t)$ 的傅里叶积分公式的三角形式。

　　在实际应用中，经常会遇到奇函数或偶函数的情况。当 $f(t)$ 为奇函数时，利用三角函数的和差公式，式 (6.1.5) 可写为

$$
f(t) = \frac{1}{\pi} \int_{0}^{+\infty} \left[\int_{-\infty}^{+\infty} f(\tau)(\cos\omega t\cos\omega\tau + \sin\omega t\sin\omega\tau)\mathrm{d}\tau \right] \mathrm{d}\omega
$$

由于 $f(t)$ 为奇函数，则 $f(\tau)\cos\omega\tau$ 和 $f(\tau)\sin\omega\tau$ 分别是关于 τ 的奇函数和偶函数。因此

$$
f(t) = \frac{2}{\pi} \int_{0}^{+\infty} \left[\int_{0}^{+\infty} f(\tau)\sin\omega\tau\mathrm{d}\tau \right] \sin\omega t\,\mathrm{d}\omega \tag{6.1.6}
$$

　　当 $f(t)$ 为偶函数时，同理可得

$$
f(t) = \frac{2}{\pi} \int_{0}^{+\infty} \left[\int_{0}^{+\infty} f(\tau)\cos\omega\tau\mathrm{d}\tau \right] \cos\omega t\,\mathrm{d}\omega \tag{6.1.7}
$$

式(6.1.6)和式(6.1.7)分别称为傅里叶正弦积分公式和傅里叶余弦积分公式。

如果 $f(t)$ 仅在 $(0,+\infty)$ 上有定义，且满足傅里叶积分存在定理的条件，可以采用类似傅里叶级数中的奇延拓或偶延拓的方法，得到 $f(t)$ 的傅里叶正弦积分展开式或傅里叶余弦积分展开式。

【例 6.1.1】 求函数 $f(t)=\begin{cases}1, & |t|\leqslant 1 \\ 0, & |t|>1\end{cases}$ 的傅里叶积分表达式。

解法一 利用傅里叶积分公式的复数形式，在 $f(t)$ 的连续点处有

$$f(t)=\frac{1}{2\pi}\int_{-\infty}^{+\infty}\left[\int_{-\infty}^{+\infty}f(\tau)\mathrm{e}^{-\mathrm{i}\omega\tau}\mathrm{d}\tau\right]\mathrm{e}^{\mathrm{i}\omega t}\mathrm{d}\omega$$

$$=\frac{1}{2\pi}\int_{-\infty}^{+\infty}\left[\int_{-1}^{1}(\cos\omega\tau-\mathrm{i}\sin\omega\tau)\mathrm{d}\tau\right]\mathrm{e}^{\mathrm{i}\omega t}\mathrm{d}\omega$$

$$=\frac{1}{\pi}\int_{-\infty}^{+\infty}\left[\int_{0}^{1}\cos\omega\tau\mathrm{d}\tau\right]\mathrm{e}^{\mathrm{i}\omega t}\mathrm{d}\omega$$

$$=\frac{1}{\pi}\int_{-\infty}^{+\infty}\frac{\sin\omega}{\omega}(\cos\omega t+\mathrm{i}\sin\omega t)\mathrm{d}\omega$$

$$=\frac{2}{\pi}\int_{0}^{+\infty}\frac{\sin\omega\cos\omega t}{\omega}\mathrm{d}\omega \quad (t\neq\pm 1)$$

当 $t=\pm 1$ 时，有

$$f(t)=\frac{f(\pm 1+0)+f(\pm 1-0)}{2}=\frac{1}{2}$$

解法二 利用傅里叶积分公式的三角形式，在 $f(t)$ 的连续点处有

$$f(t)=\frac{1}{\pi}\int_{0}^{+\infty}\left[\int_{-\infty}^{+\infty}f(\tau)\cos\omega(t-\tau)\mathrm{d}\tau\right]\mathrm{d}\omega$$

$$=\frac{1}{\pi}\int_{0}^{+\infty}\left[\int_{-1}^{1}\cos\omega(t-\tau)\mathrm{d}\tau\right]\mathrm{d}\omega$$

$$=\frac{1}{\pi}\int_{0}^{+\infty}\left[\int_{-1}^{1}(\cos\omega t\cos\omega\tau-\sin\omega t\sin\omega\tau)\mathrm{d}\tau\right]\mathrm{d}\omega$$

$$=\frac{1}{\pi}\int_{0}^{+\infty}\left[\int_{-1}^{1}\cos\omega t\cos\omega\tau\mathrm{d}\tau\right]\mathrm{d}\omega$$

$$=\frac{2}{\pi}\int_{0}^{+\infty}\left[\int_{0}^{1}\cos\omega\tau\mathrm{d}\tau\right]\cos\omega t\mathrm{d}\omega$$

$$=\frac{2}{\pi}\int_{0}^{+\infty}\frac{\sin\omega\cos\omega t}{\omega}\mathrm{d}\omega \quad (t\neq\pm 1)$$

当 $t=\pm 1$ 时，有

$$f(t)=\frac{f(\pm 1+0)+f(\pm 1-0)}{2}=\frac{1}{2}$$

解法三 利用傅里叶余弦积分公式，在 $f(t)$ 的连续点处有

$$f(t) = \frac{2}{\pi} \int_0^{+\infty} \left[\int_0^{+\infty} f(\tau)\cos\omega\tau \, \mathrm{d}\tau \right] \cos\omega t \, \mathrm{d}\omega$$

$$= \frac{2}{\pi} \int_0^{+\infty} \left[\int_0^1 \cos\omega\tau \, \mathrm{d}\tau \right] \cos\omega t \, \mathrm{d}\omega$$

$$= \frac{2}{\pi} \int_0^{+\infty} \frac{\sin\omega \cos\omega t}{\omega} \mathrm{d}\omega \quad (t \neq \pm 1)$$

当 $t = \pm 1$ 时，有

$$f(t) = \frac{f(\pm 1 + 0) + f(\pm 1 - 0)}{2} = \frac{1}{2}$$

根据上述结果，有

$$\frac{2}{\pi} \int_0^{+\infty} \frac{\sin\omega \cos\omega t}{\omega} \mathrm{d}\omega = \begin{cases} f(t), & |t| \neq 1 \\ \dfrac{1}{2}, & |t| = 1 \end{cases}$$

即

$$\int_0^{+\infty} \frac{\sin\omega \cos\omega t}{\omega} \mathrm{d}\omega = \begin{cases} \dfrac{\pi}{2}, & |t| < 1 \\ \dfrac{\pi}{4}, & |t| = 1 \\ 0, & |t| > 1 \end{cases}$$

令 $t = 0$，则

$$\int_0^{+\infty} \frac{\sin\omega}{\omega} \mathrm{d}\omega = \frac{\pi}{2}$$

这就是著名的狄里克雷积分。

6.1.2 傅里叶变换公式

由傅里叶积分定理知，若函数 $f(t)$ 满足一定的条件，则在其连续点处有

$$f(t) = \frac{1}{2\pi} \int_{-\infty}^{+\infty} \left[\int_{-\infty}^{+\infty} f(\tau) \mathrm{e}^{-\mathrm{i}\omega\tau} \, \mathrm{d}\tau \right] \mathrm{e}^{\mathrm{i}\omega t} \, \mathrm{d}\omega$$

若令 $F(\omega) = \int_{-\infty}^{+\infty} f(t) \mathrm{e}^{-\mathrm{i}\omega t} \, \mathrm{d}t$，则

$$f(t) = \frac{1}{2\pi} \int_{-\infty}^{+\infty} F(\omega) \mathrm{e}^{\mathrm{i}\omega t} \, \mathrm{d}\omega$$

由此可见，函数 $f(t)$ 和 $F(\omega)$ 通过上述积分可以相互表达。傅里叶变换的定义如下：

设 $f(t)$ 为定义在 $(-\infty, +\infty)$ 上的函数，并且满足傅里叶积分定理的条件，则由积分

$$F(\omega) = \int_{-\infty}^{+\infty} f(t) \mathrm{e}^{-\mathrm{i}\omega t} \mathrm{d}t \tag{6.1.8}$$

建立的从 $f(t)$ 到 $F(\omega)$ 的对应称为傅里叶变换(简称傅氏变换),用字母 $\mathscr{F}$ 表示,即

$$F(\omega) = \mathscr{F}[f(t)] = \int_{-\infty}^{+\infty} f(t) \mathrm{e}^{-\mathrm{i}\omega t} \mathrm{d}t$$

由积分

$$f(t) = \frac{1}{2\pi} \int_{-\infty}^{+\infty} F(\omega) \mathrm{e}^{\mathrm{i}\omega t} \mathrm{d}\omega \tag{6.1.9}$$

建立的从 $F(\omega)$ 到 $f(t)$ 的对应称为傅里叶逆变换(简称傅氏逆变换),用字母 $\mathscr{F}^{-1}$ 表示,即

$$F(t) = \mathscr{F}^{-1}[F(\omega)] = \frac{1}{2\pi} \int_{-\infty}^{+\infty} F(\omega) \mathrm{e}^{\mathrm{i}\omega t} \mathrm{d}\omega$$

此时,$f(t)$ 称为傅里叶变换的象原函数,$F(\omega)$ 称为傅里叶变换的象函数,象原函数与象函数构成一组傅氏变换对。

【例 6.1.2】 求单边指数衰减函数 $f(t) = \begin{cases} \mathrm{e}^{-at}, & t \geqslant 0 \\ 0, & t < 0 \end{cases}$ $(\alpha > 0)$ 的傅里叶变换及其积分表达式。

解 $f(t)$ 的傅里叶变换为

$$F(\omega) = \mathscr{F}[f(t)] = \int_{-\infty}^{+\infty} f(t) \mathrm{e}^{-\mathrm{i}\omega t} \mathrm{d}t = \int_{0}^{+\infty} \mathrm{e}^{-at} \mathrm{e}^{-\mathrm{i}\omega t} \mathrm{d}t$$

$$= \int_{0}^{+\infty} \mathrm{e}^{-(\alpha+\mathrm{i}\omega)t} \mathrm{d}t = \frac{1}{\alpha + \mathrm{i}\omega} = \frac{\alpha - \mathrm{i}\omega}{\alpha^2 + \omega^2}$$

$f(t)$ 的傅里叶积分表达式为

$$f(t) = \mathscr{F}^{-1}[F(\omega)] = \frac{1}{2\pi} \int_{-\infty}^{+\infty} F(\omega) \mathrm{e}^{\mathrm{i}\omega t} \mathrm{d}\omega$$

$$= \frac{1}{2\pi} \int_{-\infty}^{+\infty} \frac{\alpha - \mathrm{i}\omega}{\alpha^2 + \omega^2} \mathrm{e}^{\mathrm{i}\omega t} \mathrm{d}\omega = \frac{1}{2\pi} \int_{-\infty}^{+\infty} \frac{\alpha - \mathrm{i}\omega}{\alpha^2 + \omega^2} (\cos\omega t + \mathrm{i}\sin\omega t) \mathrm{d}\omega$$

$$= \frac{1}{2\pi} \int_{-\infty}^{+\infty} \frac{\alpha\cos\omega t + \omega\sin\omega t}{\alpha^2 + \omega^2} \mathrm{d}\omega + \mathrm{i}\frac{1}{2\pi} \int_{-\infty}^{+\infty} \frac{\alpha\sin\omega t - \omega\cos\omega t}{\alpha^2 + \omega^2} \mathrm{d}\omega$$

$$= \frac{1}{2\pi} \int_{-\infty}^{+\infty} \frac{\alpha\cos\omega t + \omega\sin\omega t}{\alpha^2 + \omega^2} \mathrm{d}\omega$$

$$= \frac{1}{\pi} \int_{0}^{+\infty} \frac{\alpha\cos\omega t + \omega\sin\omega t}{\alpha^2 + \omega^2} \mathrm{d}\omega$$

由此,我们又得到一个含参量广义积分的结果:

$$\int_{0}^{+\infty} \frac{\alpha\cos\omega t + \omega\sin\omega t}{\alpha^2 + \omega^2} \mathrm{d}\omega = \begin{cases} 0, & t < 0 \\ \dfrac{\pi}{2}, & t = 0 \\ \pi\mathrm{e}^{-at}, & t > 0 \end{cases}$$

6.1.3 函数的频谱

傅里叶级数、傅里叶变换和频谱有着非常密切的关系。随着无线电技术、声学、振动学的蓬勃发展，频谱理论相应地得到了发展，应用也越来越广泛。

由前述可知，周期函数 $f_T(t)$ 的傅里叶级数表示式为

$$f_T(t) = \frac{a_0}{2} + \sum_{n=1}^{+\infty} (a_n \cos n\omega_0 t + b_n \sin n\omega_0 t)$$

令 $A_0 = \dfrac{a_0}{2}$，$A_n = \sqrt{a_n^2 + b_n^2}$，则有

$$\cos\theta_n = \frac{a_n}{A_n}, \quad \sin\theta_n = \frac{-b_n}{A_n}$$

如图 6-1 所示，代入上式得

$$f_T(t) = A_0 + \sum_{n=1}^{+\infty} A_n \cos(n\omega_0 t + \theta_n) \tag{6.1.10}$$

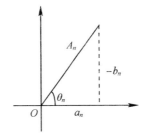

图 6-1

式(6.1.10)表明周期信号可以分解为一系列固定频率的简谐波之和，这些简谐波的角频率分别为一个基波频率 ω_0 的整数倍。可以这样理解：一个周期为 T 的周期信号 $f_T(t)$ 并不包含所有的频率成分，其频率是以基频 ω_0 为间隔离散取值的。这是周期信号的一个非常重要的特点。式(6.1.10)中，A_0 表示的是周期信号 $f_T(t)$ 中的直流分量，A_n 反映了频率为 $n\omega_0$ 的简谐波在周期信号 $f_T(t)$ 中所占的份额，而 θ_n 则反映了在信号 $f_T(t)$ 中频率为 $n\omega_0$ 的简谐波沿时间轴移动的大小。

根据傅里叶级数的指数形式

$$f_T(t) = \sum_{n=-\infty}^{+\infty} c_n \mathrm{e}^{\mathrm{i}n\omega_0 t}$$

及

$$c_n = \frac{1}{T} \int_{-T/2}^{T/2} f_T(t) \mathrm{e}^{-\mathrm{i}n\omega_0 t} \,\mathrm{d}t$$

可知，c_n 是关于 $n\omega_0$ 的函数，一般情况下，$c_n = F(n\omega_0)$ 是一个复变函数，可将 c_n 记作：

$$c_n = |c_n| \mathrm{e}^{\mathrm{i} \arg c_n}$$

将 $|c_n|$ 随 $n\omega_0$ 变化的图形叫做信号 $f_T(t)$ 的振幅谱，将 $\arg c_n$ 随 $n\omega_0$ 变化的图形称为信号 $f_T(t)$ 的相位谱。

【例 6.1.3】 如图 $6-2$ 所示，$f_T(t)$ 是以 $T = 2\pi$ 为周期的周期函数，在 $(0, 2\pi)$ 上 $f_T(t) = t$。求它的离散频谱及傅里叶级数的指数形式。

解 基频 $\omega_0 = \dfrac{2\pi}{T} = 1$

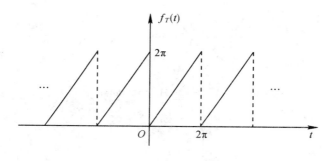

图 $6-2$

（1）当 $n = 0$ 时，有

$$c_0 = F(0) = \frac{1}{T} \int_{-T/2}^{T/2} f_T(t) \mathrm{d}t = \frac{1}{T} \int_0^T f_T(t) \mathrm{d}t = \frac{1}{2\pi} \int_0^{2\pi} t \, \mathrm{d}t = \pi$$

（2）当 $n \neq 0$ 时，有

$$c_n = F(n\omega_0) = \frac{1}{T} \int_{-T/2}^{T/2} f_T(t) \mathrm{e}^{-\mathrm{i}n\omega_0 t} \mathrm{d}t = \frac{1}{T} \int_0^T f_T(t) \mathrm{e}^{-\mathrm{i}n\omega_0 t} \mathrm{d}t$$

$$= \frac{1}{2\pi} \int_0^{2\pi} t \mathrm{e}^{-\mathrm{i}nt} \mathrm{d}t = \frac{1}{-2n\pi\mathrm{i}} \int_0^{2\pi} t \, \mathrm{d}\mathrm{e}^{-\mathrm{i}nt}$$

$$= \frac{1}{-2n\pi\mathrm{i}} t \mathrm{e}^{-\mathrm{i}nt} \Big|_0^{2\pi} + \frac{1}{2n\pi\mathrm{i}} \int_0^{2\pi} \mathrm{e}^{-\mathrm{i}nt} \mathrm{d}t = \frac{\mathrm{i}}{n}$$

（3）$f_T(t)$ 的傅里叶级数的指数形式为

$$f_T(t) = \pi + \sum_{\substack{n = -\infty \\ n \neq 0}}^{+\infty} \frac{\mathrm{i}}{n} \mathrm{e}^{\mathrm{i}nt}$$

（4）$f_T(t)$ 的振幅谱为

$$|F(n\omega_0)| = \begin{cases} \pi, & n = 0 \\ \dfrac{1}{|n|}, & n \neq 0 \end{cases}$$

$f_T(t)$ 的相位谱为

$$\arg F(n\omega_0) = \begin{cases} 0, & n=0 \\ \pi/2, & n>0 \\ -\pi/2, & n<0 \end{cases}$$

（5）$f_T(t)$ 的频谱图如图 6-3、图 6-4 所示。

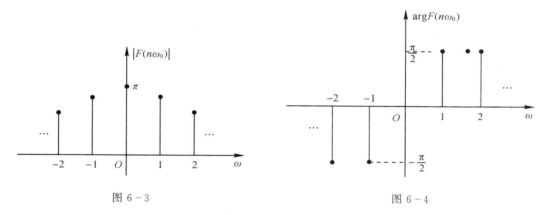

图 6-3　　　　　　　　　　　　　图 6-4

由 $f_T(t)$ 的频谱图可见，周期函数的频谱是离散的，即 ω 的取值为基频 ω_0 的整数倍 $n\omega_0$。而对于非周期函数而言，ω 的取值是连续变化的，所以其频谱是 ω 的连续函数，将其称为频谱密度函数。$F(\omega)$ 反映的是 $f(t)$ 的各频率分量的分布密度，一般为复值函数，可记作：

$$F(\omega) = |F(\omega)| e^{i\arg F(\omega)}$$

$F(\omega)$ 即 $f(t)$ 的频谱密度函数（简称连续频谱或频谱），$|F(\omega)|$ 为 $f(t)$ 的振幅谱，$\arg F(\omega)$ 为 $f(t)$ 的相位谱。

【例 6.1.4】 求矩形脉冲函数（如图 6-5 所示）

$$f(t) = \begin{cases} 1, & |t| \leqslant a \\ 0, & |t| > a \end{cases} \qquad (a>0)$$

的傅里叶变换，并画出其频谱图。

解 （1）求 $f(t)$ 的傅里叶变换：

$$\begin{aligned} F(\omega) &= \int_{-\infty}^{+\infty} f(t) e^{-i\omega t} \, dt = \int_{-a}^{a} e^{-i\omega t} \, dt \\ &= \frac{1}{-i\omega} e^{-i\omega t} \Big|_{-a}^{a} = \frac{2}{\omega} \cdot \frac{(e^{-ia\omega} - e^{ia\omega})}{-2i} \\ &= 2a \frac{\sin a\omega}{a\omega} \end{aligned}$$

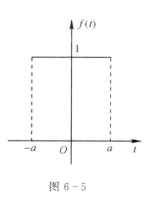

图 6-5

（2）$f(t)$ 的频谱图如图 6-6、图 6-7 所示。

振幅谱为

$$|F(\omega)| = 2a \left| \frac{\sin a\omega}{a\omega} \right|$$

相位谱为

$$\arg F(\omega) = \begin{cases} 0, & \dfrac{2n\pi}{a} \leqslant |\omega| \leqslant \dfrac{(2n+1)\pi}{a} \\ \pi, & \dfrac{(2n+1)\pi}{a} < |\omega| < \dfrac{(2n+2)\pi}{a} \end{cases}$$

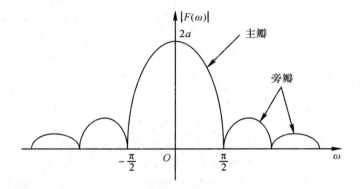

图 6-6

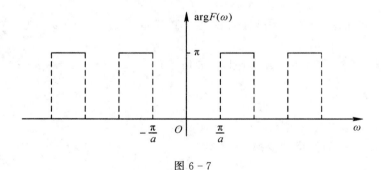

图 6-7

【例 6.1.5】 画出例 6.1.2 的单边指数衰减函数的频谱图。

解 由例 6.1.2 已知单边指数衰减函数的傅里叶变换为

$$F(\omega) = \frac{1}{\alpha + i\omega} = \frac{\alpha - i\omega}{\alpha^2 + \omega^2}$$

则其振幅谱为

$$|F(\omega)| = \frac{1}{\sqrt{\alpha^2 + \omega^2}}$$

相位谱为

$$\arg F(\omega) = -\arctan\left(\frac{\omega}{\alpha}\right)$$

其频谱图如图 6-8、图 6-9 所示。

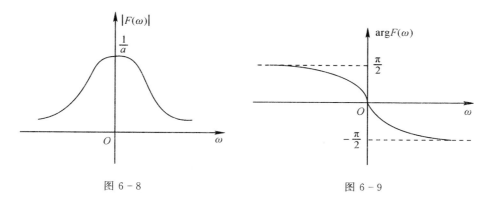

图 6-8   图 6-9

6.2 单位脉冲函数

6.2.1 单位脉冲函数的概念及性质

单位脉冲函数是一个极为重要的函数,其概念中所包含的思想在数学领域中流行了一个多世纪。工程实际中不能用普通函数来描述的物理量(如冲击力、脉冲电压、质点质量等),可以由单位脉冲函数来描述。一些常见函数(如常数函数、复合函数、单位阶跃函数等)由于不满足绝对可积的条件而不能进行傅里叶变换,引入单位脉冲函数之后,这些函数的傅里叶变换也可以表示出来。利用单位脉冲函数,还可以将周期函数的频谱(傅里叶级数)和非周期函数的频谱(傅里叶变换)统一起来。下面就来介绍单位脉冲函数。

设在原来电流为 0 的电路中,在时间 $t=0$ 时进入一单位电荷脉冲,现在需要确定电路中的电流 $i(t)$。

用 $q(t)$ 表示上述电路中到时刻 t 为止,通过导体横截面的电荷函数,则

$$q(t) = \begin{cases} 0, & t \leqslant 0 \\ 1, & t > 0 \end{cases}$$

电流强度为

$$i(t) = q'(t) = \lim_{\Delta t \to 0} \frac{q(t + \Delta t) - q(t)}{\Delta t}$$

所以当 $t \neq 0$ 时，$i(t) = 0$；当 $t = 0$ 时，由于 $q(t)$ 是不连续的，从而在普通导数的意义下，$q(t)$ 在这一点的导数不存在。形式地计算这个导数，则有

$$i(0) = \lim_{\Delta t \to 0} \frac{q(0 + \Delta t) - q(0)}{\Delta t} = \lim_{\Delta t \to 0} \frac{1}{\Delta t} = \infty$$

这就表明，在通常意义下的函数类中找不到一个函数能够用来表示上述电路的电流强度。为了确定这种电路上的电流强度，必须引入一个新的函数，这个函数称为狄拉克 (Dirac) 函数，简称 δ-函数。

δ-函数是一个广义函数，它没有普通意义下的"函数值"，所以它不能用通常意义下"值的对应关系"来定义。在广义函数论中，δ-函数定义为某基本函数空间上的线性连续泛函。为方便起见，我们仅把 δ-函数看作弱收敛函数序列的弱极限。

对于任何一个无穷次可微的函数 $f(t)$，如果满足

$$\int_{-\infty}^{+\infty} \delta(t) f(t) \mathrm{d}t = \lim_{\varepsilon \to 0} \int_{-\infty}^{+\infty} \delta_\varepsilon(t) f(t) \mathrm{d}t \tag{6.2.1}$$

其中

$$\delta_\varepsilon(t) = \begin{cases} 0, & t < 0 \\ \dfrac{1}{\varepsilon}, & 0 \leqslant t \leqslant \varepsilon \\ 0, & t > \varepsilon \end{cases}$$

则称 $\delta_\varepsilon(t)$ 的弱极限为 δ-函数，记为 $\delta(t)$，即

$$\delta_\varepsilon(t) \underset{\varepsilon \to 0}{\overset{弱}{\Rightarrow}} \delta(t)$$

或简记为

$$\lim_{\varepsilon \to 0} \delta_\varepsilon(t) = \delta(t)$$

$\delta_\varepsilon(t)$ 的图形如图 6-10 所示。对任何 $\varepsilon > 0$，显然有

$$\int_{-\infty}^{+\infty} \delta_\varepsilon(t) \mathrm{d}t = \int_0^\varepsilon \frac{1}{\varepsilon} \mathrm{d}t = 1$$

把满足条件 $\delta(t) = \begin{cases} 0, & t \neq 0 \\ \infty, & t = 0 \end{cases}$ 与 $\int_{-\infty}^{+\infty} \delta(t) \mathrm{d}t = 1$ 的函数称为 δ-函数。工程上常将 δ-函数称为单位脉冲函数，用一个长度等于 1 的有向线段来表示，如图 6-11 所示。这个线段的长度表示 δ-函数的积分值，称为 δ-函数的强度。

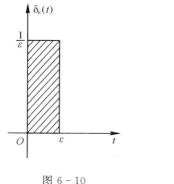
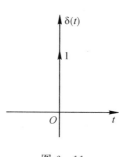

图 6 - 10　　　　　　　　　　图 6 - 11

由式(6.2.1)可以推出 δ-函数的一个重要性质，称为 δ-函数的筛选性质：

若 $f(t)$ 为无穷次可微的函数，则有

$$\int_{-\infty}^{+\infty} \delta(t) f(t) \mathrm{d}t = f(0) \tag{6.2.2}$$

事实上

$$\int_{-\infty}^{+\infty} \delta(t) f(t) \mathrm{d}t = \lim_{\varepsilon \to 0} \int_{-\infty}^{+\infty} \delta_{\varepsilon}(t) f(t) \mathrm{d}t = \lim_{\varepsilon \to 0} \int_{0}^{\varepsilon} \frac{1}{\varepsilon} f(t) \mathrm{d}t = \lim_{\varepsilon \to 0} \frac{1}{\varepsilon} \int_{0}^{\varepsilon} f(t) \mathrm{d}t$$

由于 $f(t)$ 是无穷次可微函数，显然 $f(t)$ 是连续函数，根据积分中值定理，有

$$\lim_{\varepsilon \to 0} \frac{1}{\varepsilon} \int_{0}^{\varepsilon} f(t) \mathrm{d}t = \lim_{\varepsilon \to 0} f(\theta \varepsilon) \quad (0 < \theta < 1)$$

所以

$$\int_{-\infty}^{+\infty} \delta(t) f(t) \mathrm{d}t = f(0)$$

δ-函数除了重要的筛选性质外，还有以下一些性质：

(1) δ-函数是偶函数，即 $\delta(t) = \delta(-t)$；

(2) $\int_{-\infty}^{t} \delta(\tau) \mathrm{d}\tau = \mathrm{u}(t)$，$\dfrac{\mathrm{d}\mathrm{u}(t)}{\mathrm{d}t} = \delta(t)$

其中

$$\mathrm{u}(t) = \begin{cases} 0, & t < 0 \\ 1, & t > 0 \end{cases}$$

称为单位阶跃函数。

(3) 若 $f(t)$ 是无穷次可微函数，则有

$$\int_{-\infty}^{+\infty} \delta'(t) f(t) \mathrm{d}t = -f'(0)$$

一般地，有

$$\int_{-\infty}^{+\infty} \delta^{(n)}(t) f(t) dt = (-1)^n f^{(n)}(0)$$

6.2.2 单位脉冲函数的傅里叶变换

由式(6.2.2)可以很方便地求出 δ-函数的傅里叶变换。

$$F(\omega) = \int_{-\infty}^{+\infty} \delta(t) e^{-i\omega t} dt = e^{-i\omega t}\big|_{t=0} = 1$$

可见，δ-函数与常数 1 构成了一个傅里叶变换对。同理可得：$\delta(t-t_0)$ 和 $e^{-i\omega t_0}$ 也构成了一个傅氏变换对。这里为了方便起见，将 $\delta(t)$ 的傅里叶变换仍旧写成古典定义的形式，所不同的是，此处 $\delta(t)$ 的傅里叶变换是按照式(6.1.1)的定义来计算的广义傅里叶变换，这一点对后面的例子亦是如此。

【例 6.2.1】 证明单位阶跃函数 $u(t) = \begin{cases} 0, & t < 0 \\ 1, & t > 0 \end{cases}$ 的傅里叶变换为 $\dfrac{1}{i\omega} + \pi\delta(\omega)$。

证明 因为

$$\begin{aligned}
\frac{1}{2\pi} \int_{-\infty}^{+\infty} F(\omega) e^{i\omega t} d\omega &= \frac{1}{2\pi} \int_{-\infty}^{+\infty} \left[\frac{1}{i\omega} + \pi\delta(\omega) \right] e^{i\omega t} d\omega \\
&= \frac{1}{2} \int_{-\infty}^{+\infty} \delta(\omega) e^{i\omega t} d\omega + \frac{1}{2\pi i} \int_{-\infty}^{+\infty} \frac{e^{i\omega t}}{\omega} d\omega \\
&= \frac{1}{2} + \frac{1}{\pi} \int_{0}^{+\infty} \frac{\sin\omega t}{\omega} d\omega
\end{aligned}$$

而由狄里克雷积分

$$\int_{0}^{+\infty} \frac{\sin\omega}{\omega} d\omega = \frac{\pi}{2}$$

有

$$\int_{0}^{+\infty} \frac{\sin\omega t}{\omega} d\omega = \begin{cases} \dfrac{\pi}{2}, & t > 0 \\ 0, & t = 0 \\ -\dfrac{\pi}{2}, & t < 0 \end{cases}$$

显然，有

$$\frac{1}{2\pi} \int_{-\infty}^{+\infty} \left[\frac{1}{i\omega} + \pi\delta(\omega) \right] e^{i\omega t} d\omega = \begin{cases} 1, & t > 0 \\ 0, & t < 0 \end{cases}$$

即 $u(t)$ 和 $\dfrac{1}{i\omega} + \pi\delta(\omega)$ 构成一个傅氏变换对。

【例 6.2.2】 证明：

(1) $f(t) = 1$ 和 $F(\omega) = 2\pi\delta(\omega)$ 是一组傅氏变换对。

（2）$f(t)=\mathrm{e}^{\mathrm{i}\omega_0 t}$ 和 $F(\omega)=2\pi\delta(\omega-\omega_0)$ 是一组傅氏变换对。

证明　（1）因为

$$\frac{1}{2\pi}\int_{-\infty}^{+\infty}F(\omega)\mathrm{e}^{\mathrm{i}\omega t}\mathrm{d}\omega=\frac{1}{2\pi}\int_{-\infty}^{+\infty}[2\pi\delta(\omega)]\mathrm{e}^{\mathrm{i}\omega t}\mathrm{d}\omega=\mathrm{e}^{\mathrm{i}\omega t}\mid_{\omega=0}=1$$

所以 $f(t)=1$ 和 $F(\omega)=2\pi\delta(\omega)$ 是一组傅氏变换对。

（2）因为

$$\frac{1}{2\pi}\int_{-\infty}^{+\infty}F(\omega)\mathrm{e}^{\mathrm{i}\omega t}\mathrm{d}\omega=\frac{1}{2\pi}\int_{-\infty}^{+\infty}[2\pi\delta(\omega-\omega_0)]\mathrm{e}^{\mathrm{i}\omega t}\mathrm{d}\omega=\mathrm{e}^{\mathrm{i}\omega t}\mid_{\omega=\omega_0}=\mathrm{e}^{\mathrm{i}\omega_0 t}$$

所以 $f(t)=\mathrm{e}^{\mathrm{i}\omega_0 t}$ 和 $F(\omega)=2\pi\delta(\omega-\omega_0)$ 是一组傅氏变换对。

【例 6.2.3】　求余弦函数 $f(t)=\cos\omega_0 t$ 的傅里叶变换。

解　因为

$$\cos\omega_0 t=\frac{\mathrm{e}^{\mathrm{i}\omega_0 t}+\mathrm{e}^{-\mathrm{i}\omega_0 t}}{2}$$

由傅里叶变换的定义，有

$$\begin{aligned}F(\omega)=\mathscr{F}[f(t)]=\mathscr{F}[\cos\omega_0 t]&=\int_{-\infty}^{+\infty}\frac{\mathrm{e}^{\mathrm{i}\omega_0 t}+\mathrm{e}^{-\mathrm{i}\omega_0 t}}{2}\mathrm{e}^{-\mathrm{i}\omega t}\mathrm{d}t\\&=\frac{1}{2}\int_{-\infty}^{+\infty}[\mathrm{e}^{-\mathrm{i}(\omega-\omega_0)t}+\mathrm{e}^{-\mathrm{i}(\omega+\omega_0)t}]\mathrm{d}t\quad(\text{由例 6.2.2 中（2）的结果})\\&=\frac{1}{2}[2\pi\delta(\omega-\omega_0)+2\pi\delta(\omega+\omega_0)]\\&=\pi[\delta(\omega-\omega_0)+\delta(\omega+\omega_0)]\end{aligned}$$

同理可得

$$\mathscr{F}[\sin\omega_0 t]=\mathrm{i}\pi[\delta(\omega+\omega_0)-\delta(\omega-\omega_0)]$$

通过以上讨论可以看出，δ-函数使得在普通意义下的一些不存在的积分有了确定的数值，而且利用 δ-函数及其傅里叶变换可以很方便地得到工程技术上许多重要函数的傅里叶变换，并且使许多变换的推导大大地简化。因此，本书介绍 δ-函数的目的是提供一个有用的数学工具，而不去追求它在数学上的严谨证明。

6.3　傅里叶变换的性质

为了叙述方便起见，在本节所述的性质中，假定凡是需要求傅里叶变换的函数都满足傅里叶积分定理中的条件。在证明这些性质时，不再重复这些条件。

6.3.1　线性性质

设 $F_1(\omega)=\mathscr{F}[f_1(t)]$，$F_2(\omega)=\mathscr{F}[f_2(t)]$，$a,b$ 为常数，则有

$$\mathscr{F}\left[af_1(t)+bf_2(t)\right]=aF_1(\omega)+bF_2(\omega)$$

这个性质表明：函数线性组合的傅里叶变换等于各函数傅里叶变换的线性组合，它的证明只需根据定义就可推出。同样，傅里叶逆变换也具备线性性质：

$$\mathscr{F}^{-1}\left[aF_1(\omega)+bF_2(\omega)\right]=af_1(t)+bf_2(t)$$

【例 6.3.1】 求函数 $f(t)=\sin^3 t$ 的傅里叶变换。

解 因为

$$f(t)=\sin^3 t=\left(\frac{e^{it}-e^{-it}}{2i}\right)^3=\frac{3}{4}\sin t-\frac{1}{4}\sin 3t$$

利用正弦函数的傅里叶变换和傅里叶变换的线性性质，有

$$\mathscr{F}\left[f(t)\right]=\mathscr{F}\left[\frac{3}{4}\sin t-\frac{1}{4}\sin 3t\right]=\frac{3}{4}\mathscr{F}\left[\sin t\right]-\frac{1}{4}\mathscr{F}\left[\sin 3t\right]$$

$$=\frac{3}{4}i\pi\left[\delta(\omega+1)-\delta(\omega-1)\right]-\frac{1}{4}i\pi\left[\delta(\omega+3)-\delta(\omega-3)\right]$$

6.3.2 移位性质

设 $F(\omega)=\mathscr{F}\left[f(t)\right]$，则有

$$\mathscr{F}\left[f(t\pm t_0)\right]=e^{\pm i\omega t_0}F(\omega)\quad\text{（时移性质）}$$

$$\mathscr{F}^{-1}\left[F(\omega\mp\omega_0)\right]=f(t)e^{\pm i\omega_0 t}\quad\text{（频移性质）}$$

其中，t_0 和 ω_0 是实常数。

证明 由傅里叶变换定义有

$$\mathscr{F}\left[f(t\pm t_0)\right]=\int_{-\infty}^{+\infty}f(t\pm t_0)e^{-i\omega t}\,dt$$

令 $u=t\pm t_0\Rightarrow t=u\mp t_0$，则

$$\mathscr{F}\left[f(t\pm t_0)\right]=\int_{-\infty}^{+\infty}f(u)e^{-i\omega(u\mp t_0)}\,du$$

$$=e^{\pm i\omega t_0}\int_{-\infty}^{+\infty}f(u)e^{-i\omega u}\,du$$

$$=e^{\pm i\omega t_0}F(\omega)$$

$\mathscr{F}^{-1}\left[F(\omega\mp\omega_0)\right]=f(t)e^{\pm i\omega_0 t}$ 的证明请读者自行完成。

【例 6.3.2】 求函数 $f(t)=u(t)\cos^2 t$ 的傅里叶变换。

解

$$f(t)=u(t)\left(\frac{e^{it}+e^{-it}}{2}\right)^2=\frac{1}{2}u(t)+\frac{1}{4}(e^{i2t}+e^{-i2t})u(t)$$

根据 $u(t)$ 的傅里叶变换（$U(\omega)=\dfrac{1}{i\omega}+\pi\delta(\omega)$）和频移性质，有

$$F(\omega)=\mathscr{F}[f(t)]=\frac{1}{2}U(\omega)+\frac{1}{4}U(\omega-2)+\frac{1}{4}U(\omega+2)$$

$$=\frac{1}{2}\left(\frac{1}{\mathrm{i}\omega}+\pi\delta(\omega)\right)+\frac{1}{4}\left(\frac{1}{\mathrm{i}(\omega-2)}+\pi\delta(\omega-2)\right)+\frac{1}{4}\left(\frac{1}{\mathrm{i}(\omega+2)}+\pi\delta(\omega+2)\right)$$

$$=\frac{1}{2}\left(\frac{1}{\mathrm{i}\omega}+\pi\delta(\omega)+\frac{\mathrm{i}\omega}{4-\omega^2}\right)+\frac{\pi}{4}(\delta(\omega-2)+\delta(\omega+2))$$

6.3.3 相似性质

设 $\mathscr{F}[f(t)]=F(\omega)$，$a\neq0$，则

$$\mathscr{F}[f(at)]=\frac{1}{|a|}F\left(\frac{\omega}{a}\right)$$

证明 令 $u=at$，则当 $a>0$ 时，有

$$\mathscr{F}[f(at)]=\int_{-\infty}^{+\infty}f(at)\mathrm{e}^{-\mathrm{i}\omega t}\mathrm{d}t=\frac{1}{a}\int_{-\infty}^{+\infty}f(u)\mathrm{e}^{-\mathrm{i}\frac{\omega}{a}u}\mathrm{d}u=\frac{1}{a}F\left(\frac{\omega}{a}\right)$$

当 $a<0$ 时，有

$$\mathscr{F}[f(at)]=\int_{-\infty}^{+\infty}f(at)\mathrm{e}^{-\mathrm{i}\omega t}\mathrm{d}t=-\frac{1}{a}\int_{-\infty}^{+\infty}f(u)\mathrm{e}^{-\mathrm{i}\frac{\omega}{a}u}\mathrm{d}u=-\frac{1}{a}F\left(\frac{\omega}{a}\right)$$

综上所述，有

$$\mathscr{F}[f(at)]=\frac{1}{|a|}F\left(\frac{\omega}{a}\right)$$

【例 6.3.3】 求函数 $f(t)=2\mathrm{u}(3t)+\sin t\cos t$ 的傅里叶变换。

解 利用傅里叶变换的线性性质和相似性质，有

$$\mathscr{F}[f(t)]=\mathscr{F}[2\mathrm{u}(3t)+\sin t\cos t]=2\mathscr{F}[\mathrm{u}(3t)]+\frac{1}{2}\mathscr{F}[\sin 2t]$$

利用单位阶跃函数和正弦函数的傅里叶变换，有

$$\mathscr{F}[f(t)]=2\times\frac{1}{3}\mathscr{F}[\mathrm{u}(t)]\Big|_{\omega=\frac{\omega}{3}}+\frac{1}{2}\{\mathrm{i}\pi[\delta(\omega+\omega_0)-\delta(\omega-\omega_0)]\}\Big|_{\omega_0=2}$$

$$=\frac{2}{3}\left[\frac{3}{\mathrm{i}\omega}+\pi\delta\left(\frac{\omega}{3}\right)\right]+\frac{1}{2}\{\mathrm{i}\pi[\delta(\omega+2)-\delta(\omega-2)]\}$$

6.3.4 微分性质

设 $F(\omega)=\mathscr{F}[f(t)]$，如果 $f(t)$ 在 $(-\infty,+\infty)$ 上连续或只有有限个可去间断点，且当 $|t|\to\infty$ 时，$f(t)\to0$，则

$$\mathscr{F}[f'(t)]=\mathrm{i}\omega F(\omega)$$

证明

$$\mathscr{F}\left[f'(t)\right]=\int_{-\infty}^{+\infty}f'(t)\mathrm{e}^{-\mathrm{i}\omega t}\,\mathrm{d}t=\int_{-\infty}^{+\infty}\mathrm{e}^{-\mathrm{i}\omega t}\,\mathrm{d}f(t)$$

$$=f(t)\mathrm{e}^{-\mathrm{i}\omega t}\Big|_{-\infty}^{+\infty}+\mathrm{i}\omega\int_{-\infty}^{+\infty}f(t)\mathrm{e}^{-\mathrm{i}\omega t}\,\mathrm{d}t=\mathrm{i}\omega F(\omega)$$

如果 $f^{(n)}(t)$ 在 $(-\infty,+\infty)$ 上连续或只有有限个可去间断点，且 $\lim\limits_{|t|\to+\infty}f^{(n)}(t)=0$，则有

$$\mathscr{F}\left[f^{(n)}(t)\right]=(\mathrm{i}\omega)^n F(\omega)$$

同样，还可以得到象函数的微分性质：

设 $F(\omega)=\mathscr{F}\left[f(t)\right]$，则

$$\frac{\mathrm{d}}{\mathrm{d}\omega}F(\omega)=\mathscr{F}\left[-\mathrm{i}tf(t)\right]$$

一般地，有

$$\frac{\mathrm{d}^n}{\mathrm{d}\omega^n}F(\omega)=\mathscr{F}\left[(-\mathrm{i}t)^n f(t)\right]$$

【例 6.3.4】 已知 $f(t)=\begin{cases}\mathrm{e}^{-at}, & t\geqslant 0 \\ 0, & t<0\end{cases}$ $(\alpha>0)$，求 $tf(t)$、$t^2 f(t)$ 的傅里叶变换。

解 由例 6.1.2 知 $f(t)$ 的傅里叶变换为

$$\mathscr{F}\left[f(t)\right]=\frac{1}{\alpha+\mathrm{i}\omega}$$

根据象函数的微分性质，有

$$\mathscr{F}\left[-\mathrm{i}tf(t)\right]=\frac{\mathrm{d}}{\mathrm{d}\omega}F(\omega)=\left(\frac{1}{\alpha+\mathrm{i}\omega}\right)'=\frac{-\mathrm{i}}{(\alpha+\mathrm{i}\omega)^2}$$

所以

$$\mathscr{F}\left[tf(t)\right]=\frac{1}{(\alpha+\mathrm{i}\omega)^2}$$

同理，计算 $t^2 f(t)$ 的傅里叶变换为

$$\mathscr{F}\left[t^2 f(t)\right]=\frac{2}{(\alpha+\mathrm{i}\omega)^3}$$

6.3.5 积分性质

设 $F(\omega)=\mathscr{F}\left[f(t)\right]$，如果当 $t\to\infty$ 时，$g(t)=\int_{-\infty}^{t}f(t)\mathrm{d}t\to 0$，则有

$$\mathscr{F}\left[\int_{-\infty}^{t}f(t)\mathrm{d}t\right]=\frac{F(\omega)}{\mathrm{i}\omega}$$

证明 因为

$$\frac{\mathrm{d}}{\mathrm{d}t}\int_{-\infty}^{t}f(t)\mathrm{d}t=f(t)$$

所以

$$\mathscr{F}\left[\frac{\mathrm{d}}{\mathrm{d}t}\int_{-\infty}^{t}f(t)\mathrm{d}t\right]=\mathscr{F}\left[f(t)\right]$$

又根据微分性质，有

$$\mathscr{F}\left[\frac{\mathrm{d}}{\mathrm{d}t}\int_{-\infty}^{t}f(t)\mathrm{d}t\right]=\mathrm{i}\omega\mathscr{F}\left[\int_{-\infty}^{t}f(t)\mathrm{d}t\right]$$

所以

$$\mathscr{F}\left[\int_{-\infty}^{t}f(t)\mathrm{d}t\right]=\frac{1}{\mathrm{i}\omega}\mathscr{F}\left[f(t)\right]=\frac{F(\omega)}{\mathrm{i}\omega}$$

6.3.6　能量积分

设 $F(\omega)=\mathscr{F}\left[f(t)\right]$，则有

$$\int_{-\infty}^{+\infty}\left[f(t)\right]^{2}\mathrm{d}t=\frac{1}{2\pi}\int_{-\infty}^{+\infty}\left|F(\omega)\right|^{2}\mathrm{d}\omega$$

这一等式称为 Parseval 等式。

其中，$\left|F(\omega)\right|^{2}$ 称为能量密度函数(或称能量谱密度)，它决定了函数 $f(t)$ 的能量分布规律，该等式也叫能量积分。

6.4　卷　　积

6.4.1　卷积的定义

若已知两个函数 $f_1(t)$，$f_2(t)$，则积分

$$\int_{-\infty}^{+\infty}f_1(\tau)f_2(t-\tau)\mathrm{d}\tau$$

称为函数 $f_1(t)$ 与 $f_2(t)$ 的卷积，记为 $f_1(t)*f_2(t)$，即

$$f_1(t)*f_2(t)=\int_{-\infty}^{+\infty}f_1(\tau)f_2(t-\tau)\mathrm{d}\tau \tag{6.4.1}$$

特别地，当进行卷积的函数中含有 δ-函数时，由卷积的定义及 δ-函数的筛选性质，有

$$f(t)*\delta(t)=\int_{-\infty}^{+\infty}f(\tau)\delta(t-\tau)\mathrm{d}\tau=f(t) \tag{6.4.2}$$

同理

$$f(t)*\delta(t-t_0)=\int_{-\infty}^{+\infty}f(\tau)\delta(t-t_0-\tau)\mathrm{d}\tau=f(t-t_0) \tag{6.4.3}$$

6.4.2 卷积的性质及计算

由卷积的定义，可以证明卷积具有以下性质：

性质1 交换律：
$$f_1(t) * f_2(t) = f_2(t) * f_1(t)$$

性质2 结合律：
$$f_1(t) * [f_2(t) * f_3(t)] = [f_1(t) * f_2(t)] * f_3(t)$$

性质3 分配率：
$$f_1(t) * [f_2(t) + f_3(t)] = f_1(t) * f_2(t) + f_1(t) * f_3(t)$$

性质4 绝对值不等式：
$$|f_1(t) * f_2(t)| \leqslant |f_1(t)| * |f_2(t)|$$

以上性质的证明可根据卷积的定义来进行，请读者自行推导。

【例 6.4.1】 已知 $f_1(t) = \begin{cases} 0, & t < 0 \\ 1, & t \geqslant 0 \end{cases}$，$f_2(t) = \begin{cases} 0, & t < 0 \\ e^{-t}, & t \geqslant 0 \end{cases}$，计算 $f_1(t)$ 与 $f_2(t)$ 的卷积 $f(t)$。

解 根据卷积的定义，有
$$f_1(t) * f_2(t) = \int_{-\infty}^{+\infty} f_1(\tau) f_2(t-\tau) d\tau$$

利用图 6-12 的(a)和(b)来表示 $f_1(\tau)$ 和 $f_2(t-\tau)$。当 $t < 0$ 时，$f_1(\tau) f_2(t-\tau) = 0$，而 $f_1(\tau) f_2(t-\tau) \neq 0$ 的区间为：当 $t \geqslant 0$ 时的 $[0, t]$。所以，有

$$
\begin{aligned}
f_1(t) * f_2(t) &= \int_{-\infty}^{+\infty} f_1(\tau) f_2(t-\tau) d\tau \\
&= \begin{cases} 0, & t < 0 \\ \int_0^t 1 \cdot e^{-(t-\tau)} d\tau, & t \geqslant 0 \end{cases} = \begin{cases} 0, & t < 0 \\ 1 - e^{-t}, & t \geqslant 0 \end{cases}
\end{aligned}
$$

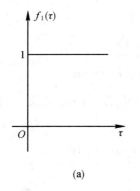

(a)

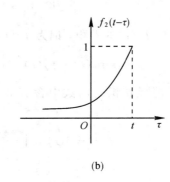

(b)

图 6-12

可见，在计算卷积时，确定积分的区间是至关重要的。为了确定 $f_1(\tau)f_2(t-\tau)\neq 0$ 的区间，还可以用解不等式组的方法。如本例中，若要 $f_1(\tau)f_2(t-\tau)\neq 0$，则需

$$\begin{cases} \tau > 0 \\ t-\tau \geqslant 0 \end{cases}$$

即

$$\begin{cases} \tau > 0 \\ \tau \leqslant t \end{cases}$$

此时，积分的区间仍然是 $t \geqslant 0$ 时的 $(0,t)$，卷积自然也是一样的。

【例 6.4.2】 求函数 $f(t)=t^2 u(t)$ 和 $g(t)=\begin{cases} 2, & 1\leqslant t\leqslant 2 \\ 0, & 其他 \end{cases}$ 的卷积。

解 由卷积的定义和性质有

$$f(t)*g(t)=\int_{-\infty}^{+\infty}f(\tau)g(t-\tau)\mathrm{d}\tau=\int_{-\infty}^{+\infty}g(\tau)f(t-\tau)\mathrm{d}\tau$$

（1）当 $t\leqslant 1$ 时，有

$$f(t)*g(t)=0$$

（2）当 $1<t<2$ 时，有

$$f(t)*g(t)=\int_1^t 2\cdot(t-\tau)^2\mathrm{d}\tau=\frac{2}{3}(t-1)^3$$

（3）当 $t\geqslant 2$ 时，有

$$f(t)*g(t)=\int_1^2 2\cdot(t-\tau)^2\mathrm{d}\tau=\frac{2}{3}[(t-1)^3-(t-2)^3]$$

综合得

$$f(t)*g(t)=\begin{cases} 0, & t\leqslant 1 \\ \dfrac{2}{3}(t-1)^3, & 1<t<2 \\ \dfrac{2}{3}[(t-1)^3-(t-2)^3], & t\geqslant 2 \end{cases}$$

6.4.3 卷积定理

傅里叶变换的性质中非常重要的一条就是卷积定理。

假设 $f_1(t)$ 和 $f_2(t)$ 都满足傅里叶积分定理中的条件，且 $F_1(\omega)=\mathscr{F}[f_1(t)]$，$F_2(\omega)=\mathscr{F}[f_2(t)]$，则有

$$\mathscr{F}[f_1(t)*f_2(t)]=F_1(\omega)\cdot F_2(\omega) \tag{6.4.4}$$

该定理称为时域卷积定理。

证明 由傅里叶变换的定义，有

$$\mathscr{F}\big[f_1(t) * f_2(t)\big] = \int_{-\infty}^{+\infty} \big[f_1(t) * f_2(t)\big] e^{-i\omega t}\, dt$$

$$= \int_{-\infty}^{+\infty} \left[\int_{-\infty}^{+\infty} f_1(\tau) f_2(t-\tau)\, d\tau\right] e^{-i\omega t}\, dt$$

$$= \int_{-\infty}^{+\infty}\int_{-\infty}^{+\infty} f_1(\tau) e^{-i\omega \tau} f_2(t-\tau) e^{-i\omega(t-\tau)}\, d\tau\, dt$$

$$= \int_{-\infty}^{+\infty} f_1(\tau) e^{-i\omega \tau}\, d\tau \int_{-\infty}^{+\infty} f_2(t-\tau) e^{-i\omega(t-\tau)}\, dt$$

$$= F_1(\omega) \cdot F_2(\omega)$$

同理可得

$$\mathscr{F}\big[f_1(t) \cdot f_2(t)\big] = \frac{1}{2\pi} F_1(\omega) * F_2(\omega) \tag{6.4.5}$$

该式为频域的卷积定理。

傅里叶变换还有很多重要而实用的性质，在今后其他课程中会继续学习，这里不再赘述。

【例 6.4.3】 若 $f(t) = \cos\omega_0 t\, \mathrm{u}(t)$，求 $f(t)$ 的傅里叶变换。

解 由频域的卷积定理，

$$\mathscr{F}\big[\cos\omega_0 t\, \mathrm{u}(t)\big] = \frac{1}{2\pi}\mathscr{F}\big[\cos\omega_0 t\big] * \mathscr{F}\big[\mathrm{u}(t)\big]$$

而

$$\mathscr{F}\big[\cos\omega_0 t\big] = \pi\big[\delta(\omega - \omega_0) + \delta(\omega + \omega_0)\big], \quad \mathscr{F}\big[\mathrm{u}(t)\big] = \frac{1}{i\omega} + \pi\delta(\omega)$$

所以

$$\mathscr{F}\big[\cos\omega_0 t\, \mathrm{u}(t)\big] = \frac{1}{2\pi}\pi\big[\delta(\omega - \omega_0) + \delta(\omega + \omega_0)\big] * \left[\frac{1}{i\omega} + \pi\delta(\omega)\right]$$

$$= \frac{1}{2}\left[\delta(\omega - \omega_0) * \frac{1}{i\omega} + \delta(\omega + \omega_0) * \frac{1}{i\omega} + \delta(\omega - \omega_0) * \pi\delta(\omega) + \delta(\omega + \omega_0) * \pi\delta(\omega)\right]$$

$$= \frac{1}{2}\left[\frac{1}{i(\omega - \omega_0)} + \frac{1}{i(\omega + \omega_0)} + \pi\delta(\omega - \omega_0) + \pi\delta(\omega + \omega_0)\right]$$

$$= \frac{i\omega}{\omega_0^2 - \omega^2} + \frac{\pi}{2}\big[\delta(\omega - \omega_0) + \delta(\omega + \omega_0)\big]$$

【例 6.4.4】 若 $F(\omega) = \mathscr{F}\big[f(t)\big]$，证明：

$$\mathscr{F}\left[\int_{-\infty}^{t} f(t)\, dt\right] = \frac{F(\omega)}{i\omega} + \pi F(0)\delta(\omega)$$

证明 由前面介绍的积分性质知道，当 $g(t) = \int_{-\infty}^{t} f(t)\, dt$ 满足傅里叶积分定理的条件时，有

$$\mathscr{F}\left[\int_{-\infty}^{t}f(t)\mathrm{d}t\right]=\frac{F(\omega)}{\mathrm{i}\omega}$$

当 $g(t)$ 为一般情况时，我们可以将 $g(t)$ 表示成 $f(t)$ 和 $\mathrm{u}(t)$ 的卷积，即

$$g(t)=f(t)*\mathrm{u}(t)$$

这是因为

$$g(t)=f(t)*\mathrm{u}(t)=\int_{-\infty}^{+\infty}f(\tau)\mathrm{u}(t-\tau)\mathrm{d}\tau=\int_{-\infty}^{t}f(\tau)\mathrm{d}\tau$$

由时域的卷积定理，有

$$\mathscr{F}\left[g(t)\right]=\mathscr{F}\left[f(t)*\mathrm{u}(t)\right]=\mathscr{F}\left[f(t)\right]\cdot\mathscr{F}\left[\mathrm{u}(t)\right]$$

$$=F(\omega)\cdot\left[\frac{1}{\mathrm{i}\omega}+\pi\delta(\omega)\right]=\frac{F(\omega)}{\mathrm{i}\omega}+\pi F(\omega)\delta(\omega)$$

$$=\frac{F(\omega)}{\mathrm{i}\omega}+\pi F(0)\delta(\omega)$$

这就表明，当 $\lim\limits_{t\to+\infty}g(t)=0$ 的条件不满足时，它的傅里叶变换就会包含一个脉冲函数，其强度为 $\pi F(0)$；当 $\lim\limits_{t\to+\infty}g(t)=0$ 的条件满足时，有 $\int_{-\infty}^{+\infty}f(t)\mathrm{d}t=0$，而

$$F(0)=F(\omega)\big|_{\omega=0}=\int_{-\infty}^{+\infty}f(t)\mathrm{e}^{-\mathrm{i}\omega t}\mathrm{d}t\big|_{\omega=0}=\int_{-\infty}^{+\infty}f(t)\mathrm{d}t=0$$

此时，和前面讲述的积分性质是一致的。

小　　结

　　本章主要介绍了函数的傅里叶积分表达式以及存在的条件，从而引出了一种变换——傅里叶变换。傅里叶变换能够将时域内的函数（信号）$f(t)$ 变换成频域内的函数（信号）$F(\omega)$，它们之间是一一对应的关系，从而将时域内的问题转化到频域内进行研究，为信号的分析提供了有力的工具。

　　在学习的过程中，要理解傅里叶变换的定义和作用，掌握傅里叶变换的基本性质，并能够熟练运用。另外，本章还引入了一种新的运算——卷积，卷积在今后的学习中是非常有用的，我们应该熟练掌握它。

习　题　六

1. 求下列函数的傅里叶积分。

(1) $f(t)=\begin{cases}1-t^2, & t^2<1\\0, & t^2>1\end{cases}$

(2) $f(t) = \begin{cases} 0, & t < 0 \\ e^{-t}\sin 2t, & t \geqslant 0 \end{cases}$

(3) $f(t) = \begin{cases} 0, & -\infty < t < -1 \\ -1, & -1 < t < 0 \\ 1, & 0 < t < 1 \\ 0, & 1 < t < +\infty \end{cases}$

2. 求下列函数的傅里叶积分，并推证所列积分结果。

(1) $f(t) = e^{-\beta|t|}$ $(\beta > 0)$，证明：

$$\int_0^{+\infty} \frac{\cos\omega t}{\beta^2 + \omega^2} d\omega = \frac{\pi}{2\beta} e^{-\beta|t|}$$

(2) $f(t) = e^{-|t|}\cos t$，证明：

$$\int_0^{+\infty} \frac{\omega^2 + 2}{\omega^4 + 4}\cos\omega d\omega = \frac{\pi}{2} e^{-|t|}\cos t$$

(3) $f(t) = \begin{cases} \sin t, & |t| \leqslant \pi \\ 0, & |t| > \pi \end{cases}$，证明：

$$\int_0^{+\infty} \frac{\sin\omega\pi\sin\omega t}{1 - \omega^2} d\omega = \begin{cases} \dfrac{\pi}{2}\sin t, & |t| \leqslant \pi \\ 0, & |t| > \pi \end{cases}$$

3. 求矩形脉冲函数 $f(t) = \begin{cases} A, & 0 \leqslant t \leqslant \tau \\ 0, & 其他 \end{cases}$ 的傅里叶变换。

4. 求函数 $f(t) = e^{-t}$ $(t \geqslant 0)$ 的傅里叶正弦变换，并推证：

$$\int_0^{+\infty} \frac{\omega\sin\alpha\omega}{1 + \omega^2} d\omega = \frac{\pi}{2} e^{-\alpha} \quad (\alpha > 0)$$

5. 设 $F(\omega) = \mathscr{F}[f(t)]$，试证明：

(1) $f(t)$ 为实值函数的充要条件是 $F(-\omega) = \overline{F(\omega)}$；

(2) $f(t)$ 为纯虚值函数的充要条件是 $F(-\omega) = -\overline{F(\omega)}$，其中 $\overline{F(\omega)}$ 为 $F(\omega)$ 的共轭函数。

6. 已知某函数的傅里叶变换为 $F(\omega) = \dfrac{\sin\omega}{\omega}$，求该函数 $f(t)$。

7. 求函数 $f(t) = \cos t\sin t$ 的傅里叶变换。

8. 设 $F(\omega) = \mathscr{F}[f(t)]$，利用傅里叶变换的性质求下列函数 $g(t)$ 的傅里叶变换。

(1) $g(t) = (t-2)f(t)$；　　　　(2) $g(t) = t^3 f(t)$；

(3) $g(t) = tf'(t)$；　　　　　(4) $g(t) = tf(2t)$；

(5) $g(t) = (t-2)f(-2t)$；　　(6) $g(t) = t^3 f(2t)$；

(7) $g(t) = (1-t)f(1-t)$；　　(8) $g(t) = f(2t-5)$

9. 求下列函数的傅里叶变换。

(1) $f(t) = \sin\omega_0 t \cdot u(t)$；　　　　　(2) $f(t) = e^{i\omega_0 t} \cdot u(t)$；

(3) $f(t) = e^{i\omega_0 t} \cdot u(t - t_0)$；　　　　(4) $f(t) = e^{i\omega_0 t} t u(t)$；

10. 若 $f_1(t) = e^{-at} u(t)$，$f_2(t) = \sin t \cdot u(t)$，求 $f_1(t) * f_2(t)$。

11. 若

$$f_1(t) = \begin{cases} 0, & t < 0 \\ e^{-t}, & t \geqslant 0 \end{cases}, \quad f_2(t) = \begin{cases} \sin t, & 0 \leqslant t \leqslant \pi \\ 0, & (其他) \end{cases}$$

求 $f_1(t) * f_2(t)$。

12. 已知 $F_1(\omega) = \mathscr{F}[f_1(t)]$，$F_2(\omega) = \mathscr{F}[f_2(t)]$，证明：

$$\mathscr{F}[f_1(t) \cdot f_2(t)] = \frac{1}{2\pi} F_1(\omega) * F_2(\omega)$$

第 **7** 章

拉普拉斯变换

19世纪末，英国工程师海维赛德(O.Heaviside)发明了算子法，很好地解决了电力工程计算中遇到的一些基本问题，但缺乏严密的数学论证。后来，法国数学家拉普拉斯(P.S. Laplace)在著作中对这种方法给予了严密的数学定义，于是这种方法便被取名为拉普拉斯变换，简称拉氏变换。

拉普拉斯变换在电学、力学、控制论等科学领域与工程技术中有着广泛的应用，尤其在研究电路系统的瞬态过程和自动调节等理论中是一个常用的数学工具。此外，由于对函数进行拉普拉斯变换所要求的条件比傅里叶变换弱许多，因此在处理实际问题时，它比傅里叶变换的应用范围要广泛得多。

7.1   拉普拉斯变换概述

7.1.1   拉普拉斯变换的定义

由第六章知，一个函数存在傅里叶变换必须满足两个条件：一是在$(-\infty, +\infty)$内有定义且在任一有限子区间上满足狄里克雷条件；二是在$(-\infty, +\infty)$内绝对可积。绝对可积的条件是比较强的，即使是很简单的函数(如单位阶跃函数、正余弦函数及线性函数等)也不满足这个条件；其次，可以进行傅里叶变换的函数必须在整个数轴上有定义，但在物理、无线电技术等实际应用中，许多以时间t作为自变量的函数往往在$t<0$时没有意义或者根本不需要去考虑，所以傅里叶变换的应用范围受到较大限制。尽管通过引入δ函数，在广义下对部分非绝对可积函数进行了傅氏变换，但δ函数使用很不方便。

因此，我们希望对傅里叶变换进行改造，使其能够避免这两个缺点。联想到前面讲过的单位阶跃函数$u(t)$和指数衰减函数$e^{-\beta t}$ $(\beta>0)$所具有的特点，即对于任意一个函数$\varphi(t)$，用$u(t)$乘$\varphi(t)$可以使积分区间由$(-\infty, +\infty)$换成$[0, +\infty)$，用$e^{-\beta t}$ $(\beta>0)$乘$\varphi(t)$就有可能使其变得绝对可积。结果发现，只要β选得适当，$\varphi(t)u(t)e^{-\beta t}$ $(\beta>0)$的傅里叶变换总是存在的，于是便有了拉普拉斯(Laplace)变换。

对函数$\varphi(t)u(t)e^{-\beta t}$ $(\beta>0)$进行傅里叶变换，可得

$$G_\beta(\omega) = \int_{-\infty}^{+\infty} \varphi(t) \mathrm{u}(t) \mathrm{e}^{-\beta t} \mathrm{e}^{-\mathrm{i}\omega t} \mathrm{d}t = \int_0^{+\infty} f(t) \mathrm{e}^{-(\beta+\mathrm{i}\omega)t} \mathrm{d}t = \int_0^{+\infty} f(t) \mathrm{e}^{-st} \mathrm{d}t$$

其中，$s = \beta + \mathrm{i}\omega$，$f(t) = \varphi(t)\mathrm{u}(t)$。设 $F(s) = G_\beta\left(\dfrac{s-\beta}{\mathrm{i}}\right)$，则有

$$F(s) = \int_0^{+\infty} f(t) \mathrm{e}^{-st} \mathrm{d}t$$

由此式所确定的函数 $F(s)$，实际上是由 $f(t)$ 通过一种新的变换得来的，这种变换称为拉普拉斯(Laplace)变换。

设函数 $f(t)$ 当 $t \geqslant 0$ 时有定义，而且积分 $\int_0^{+\infty} f(t)\mathrm{e}^{-st}\mathrm{d}t$（$s$ 是一个复参量）在 s 的某一域内收敛，则由此积分所确定的函数可记为

$$F(s) = \int_0^{+\infty} f(t) \mathrm{e}^{-st} \mathrm{d}t \tag{7.1.1}$$

称式(7.1.1)为函数 $f(t)$ 的拉普拉斯变换式。记为：$F(s) = \mathscr{L}[f(t)]$。$F(s)$ 称为 $f(t)$ 的拉普拉斯变换（或称为象函数），而 $f(t) = \mathscr{L}[F(s)]$ 称为 $F(s)$ 的拉普拉斯逆变换（或称象原函数）。

【例 7.1.1】　求单位阶跃函数 $\mathrm{u}(t) = \begin{cases} 0, & t < 0 \\ 1, & t \geqslant 0 \end{cases}$ 的拉普拉斯变换。

解　根据拉普拉斯变换的定义：

$$\mathscr{L}[\mathrm{u}(t)] = \int_0^{+\infty} \mathrm{e}^{-st} \mathrm{d}t$$

这个积分在 $\mathrm{Re}(s) > 0$ 时收敛，且有

$$\int_0^{+\infty} \mathrm{e}^{-st} \mathrm{d}t = -\frac{1}{s} \mathrm{e}^{-st} \Big|_0^{+\infty} = \frac{1}{s}$$

所以

$$\mathscr{L}[\mathrm{u}(t)] = \frac{1}{s} \quad (\mathrm{Re}(s) > 0)$$

【例 7.1.2】　求指数函数 $f(t) = \mathrm{e}^{at}$ 的拉普拉斯变换（a 为实数）。

解　根据拉普拉斯变换的定义，

$$\int_0^{+\infty} \mathrm{e}^{at} \mathrm{e}^{-st} \mathrm{d}t = \int_0^{+\infty} \mathrm{e}^{-(s-a)t} \mathrm{d}t$$

当 $\mathrm{Re}(s) > a$ 时上述积分收敛，且有

$$\int_0^{+\infty} \mathrm{e}^{-(s-a)t} \mathrm{d}t = \frac{1}{s-a}$$

所以

$$\mathscr{L}[\mathrm{e}^{at}] = \frac{1}{s-a} \quad (\mathrm{Re}(s) > a)$$

【例 7.1.3】 求余弦函数 $f(t)=\cos kt$(k 为实数)的拉普拉斯变换。

解 根据拉普拉斯变换的定义:

$$\int_0^{+\infty}\cos kt\, e^{-st}\,dt=\frac{1}{2}\int_0^{+\infty}(e^{ikt}+e^{-ikt})e^{-st}\,dt$$

$$=\frac{1}{2}\left(\int_0^{+\infty}e^{-(s-ik)t}\,dt+\int_0^{+\infty}e^{-(s+ik)t}\,dt\right)$$

$$=\frac{1}{2}\left(\frac{-1}{s-ik}e^{-(s-ik)t}\Big|_0^{+\infty}+\frac{-1}{s+ik}e^{-(s+ik)t}\Big|_0^{+\infty}\right)$$

$$=\frac{1}{2}\left(\frac{1}{s-ik}+\frac{1}{s+ik}\right)=\frac{s}{s^2+k^2}\quad(\mathrm{Re}(s)>0)$$

同理可得正弦函数的拉普拉斯变换:

$$\mathscr{L}[\sin kt]=\frac{k}{s^2+k^2}\quad(\mathrm{Re}(s)>0)$$

7.1.2 拉普拉斯变换存在的条件

从上面的例题可以看出,拉普拉斯变换存在的条件要比傅里叶变换存在的条件弱得多,但是对一个函数作拉普拉斯变换还是要具备一些条件的。那么一个函数究竟满足什么条件时,它的拉普拉斯变换一定存在呢?下面的定理将解决这个问题。

定理 7.1(拉普拉斯变换存在定理)若函数 $f(t)$ 满足下列条件:

(1) 在 $t\geqslant0$ 的任一有限区间上分段连续;

(2) 当 $t\to\infty$ 时,$f(t)$ 的增长速度不超过某一指数函数,亦即存在常数 $M>0$ 及 $c\geqslant0$,使得

$$|f(t)|\leqslant Me^{ct}\quad(0\leqslant t<+\infty)$$

成立(满足此条件的函数,称它的增长是不超过指数级的,c 为它的增长指数),则 $f(t)$ 的拉普拉斯变换 $F(s)=\int_0^{+\infty}f(t)e^{-st}\,dt$ 在半平面 $\mathrm{Re}(s)>c$ 上一定存在,右端的积分在 $\mathrm{Re}(s)\geqslant c_1>c$ 上绝对收敛且一致收敛,并且在 $\mathrm{Re}(s)>c$ 的半平面内,$F(s)$ 为解析函数。

证明 由条件(2)可知,对于任何 t 值($0\leqslant t<+\infty$),有

$$|f(t)e^{-st}|=|f(t)|e^{-\beta t}\leqslant Me^{-(\beta-c)t},\ \mathrm{Re}(s)=\beta$$

若令 $\beta-c\geqslant\varepsilon>0$(即 $\beta\geqslant c+\varepsilon=c_1>c$),则

$$|f(t)e^{-st}|\leqslant Me^{-\varepsilon t}$$

所以

$$\int_0^{+\infty}|f(t)e^{-st}|\,dt\leqslant\int_0^{+\infty}Me^{-\varepsilon t}\,dt=\frac{M}{\varepsilon}$$

根据含参量广义积分的性质(如果存在函数 $\varphi(t)$,使得 $|g(t,s)|<\varphi(t)$,而且积分

$\int_a^b \varphi(t)\mathrm{d}t$ 收敛(a,b 可为无限),则 $\int_a^b g(t,s)\mathrm{d}t$ 在某一闭区域内一定是绝对收敛,并且是一致收敛的)可知,在 $\mathrm{Re}(s)\geqslant c_1 > c$ 上,式(7.1.1)右端的积分不仅绝对收敛而且一致收敛。

在式(7.1.1)的积分号内对 s 求导,则

$$\int_0^{+\infty} \frac{\mathrm{d}}{\mathrm{d}s}[f(t)\mathrm{e}^{-st}]\mathrm{d}t = \int_0^{+\infty} -tf(t)\mathrm{e}^{-st}\mathrm{d}t$$

而

$$|-tf(t)\mathrm{e}^{-st}| \leqslant Mt\mathrm{e}^{-(\beta-c)t} \leqslant Mt\mathrm{e}^{-\varepsilon t}$$

所以

$$\int_0^{+\infty} \left| \frac{\mathrm{d}}{\mathrm{d}s}[f(t)\mathrm{e}^{-st}] \right| \mathrm{d}t \leqslant \int_0^{+\infty} Mt\mathrm{e}^{-\varepsilon t}\mathrm{d}t = \frac{M}{\varepsilon^2}$$

由此可见,$\int_0^{+\infty} \frac{\mathrm{d}}{\mathrm{d}s}[f(t)\mathrm{e}^{-st}]\mathrm{d}t$ 在半平面 $\mathrm{Re}(s)\geqslant c_1 > c$ 内也是绝对收敛并且一致收敛,从而微分和积分的顺序可以交换,即

$$\frac{\mathrm{d}}{\mathrm{d}s}F(s) = \frac{\mathrm{d}}{\mathrm{d}s}\int_0^{+\infty} f(t)\mathrm{e}^{-st}\mathrm{d}t = \int_0^{+\infty} \frac{\mathrm{d}}{\mathrm{d}s}[f(t)\mathrm{e}^{-st}]\mathrm{d}t$$

$$= \int_0^{+\infty} -tf(t)\mathrm{e}^{-st}\mathrm{d}t = \mathscr{L}[-tf(t)]$$

这就表明,$F(s)$ 在 $\mathrm{Re}(s) > c$ 内是可微的。根据复变函数的解析函数理论可知,$F(s)$ 在 $\mathrm{Re}(s) > c$ 内是解析的。

这个定理的条件是充分的,物理学和工程技术中常见的函数大都能满足这两个条件。一个函数的增大是不超过指数级的和函数要绝对可积这两个条件相比,前者要弱得多。$u(t)$、$\sin kt$、$\cos kt$、t^n 等函数都不满足傅里叶积分定理中绝对可积的条件,但它们都能满足拉普拉斯变换存在定理中的条件(2)。

$$|u(t)| \leqslant 1 \cdot \mathrm{e}^{0t},\text{此处 } M=1,c=0;$$

$$|\cos kt| \leqslant 1 \cdot \mathrm{e}^{0t},\text{此处 } M=1,c=0。$$

由于 $\lim\limits_{t \to +\infty} \dfrac{t^n}{\mathrm{e}^t} = 0$,所以 t 充分大以后,有 $t^n \leqslant \mathrm{e}^t$(故 t^n 是 $M=1$,$c=1$ 的指数级增长函数),即 $|t^n| \leqslant 1 \cdot \mathrm{e}^t$,这里 $M=1$,$c=1$。

【例 7.1.4】　求幂函数 $f(t) = t^m$(常数 $m > -1$)的拉普拉斯变换。

解　根据拉普拉斯变换的定义:

$$\mathscr{L}[t^m] = \int_0^{+\infty} t^m\mathrm{e}^{-st}\mathrm{d}t$$

为了求此积分,若令 $st = u$,由于 s 为右半平面内任一复数,则得到复数的积分变量 u。因此,可先考虑积分

$$\int_0^R t^m e^{-st} dt = \int_0^{sR} \left(\frac{u}{s}\right)^m e^{-u} \left(\frac{du}{s}\right) = \frac{1}{s^{m+1}} \int_0^{sR} (u)^m e^{-u} du$$

这里的积分路线为图 7-1 中的直线段 OB。设 $s = re^{i\theta}$，$-\dfrac{\pi}{2} <$

$\theta < \dfrac{\pi}{2}$，则 B 就对应着 $sR = rR\cos\theta + irR\sin\theta$ 这样的点，A 对应

着 $rR\cos\theta$ 这样的点。由于上述积分的被积函数在原点不是解析

的，为此，取长度 ε，使 C 对应着 $s\varepsilon = r\varepsilon\cos\theta + ir\varepsilon\sin\theta$ 这样的点，

而 D 对应着 $r\varepsilon\cos\theta$ 这样的点。根据柯西积分定理，有

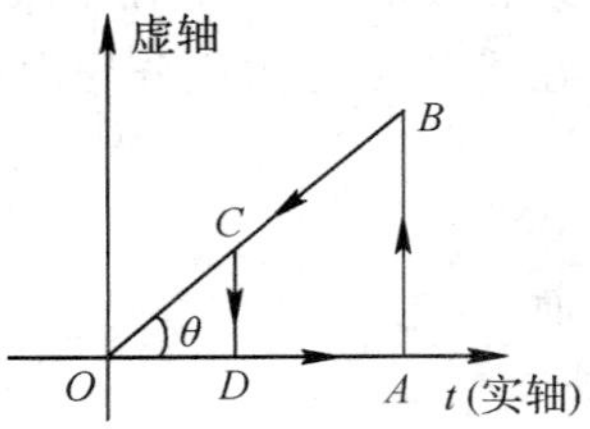

图 7-1

$$\frac{1}{s^{m+1}} \oint_{DABCD} u^m e^{-u} du = \frac{1}{s^{m+1}} \left[\int_{\overline{DA}} + \int_{\overline{AB}} + \int_{\overline{BC}} + \int_{\overline{CD}} \right] = 0$$

在上式中两边取 $R \to \infty$，$\varepsilon \to 0$ 时，有

$$\frac{1}{s^{m+1}} \int_{\overline{DA}} u^m e^{-u} du = \frac{1}{s^{m+1}} \int_{r\varepsilon\cos\theta}^{rR\cos\theta} u^m e^{-u} du \to \frac{1}{s^{m+1}} \int_0^{+\infty} t^m e^{-t} dt$$

$$\frac{1}{s^{m+1}} \int_{\overline{BC}} u^m e^{-u} du = \frac{-1}{s^{m+1}} \int_{\overline{CB}} u^m e^{-u} du = \frac{-1}{s^{m+1}} \int_{s\varepsilon}^{sR} u^m e^{-u} du$$

$$= \frac{-1}{s^{m+1}} \int_{r\varepsilon\cos\theta+ir\varepsilon\sin\theta}^{rR\cos\theta+irR\sin\theta} u^m e^{-u} du \to \frac{-1}{s^{m+1}} \int_0^{\infty} u^m e^{-u} du$$

$$\frac{1}{s^{m+1}} \int_{\overline{AB}} u^m e^{-u} du = \frac{1}{s^{m+1}} \int_{rR\cos\theta}^{rR\cos\theta+irR\sin\theta} u^m e^{-u} du$$

如令 $u = rR\cos\theta + iv$，$du = idv$，则

$$\left| \frac{1}{s^{m+1}} \int_{rR\cos\theta}^{rR\cos\theta+irR\sin\theta} u^m e^{-u} du \right| = \left| \frac{i}{s^{m+1}} \int_0^{rR\sin\theta} e^{-(rR\cos\theta+iv)} (rR\cos\theta + iv)^m dv \right|$$

$$\leqslant \frac{1}{|s|^{m+1}} \int_0^{rR|\sin\theta|} | e^{-rR\cos\theta} \cdot e^{-iv} (rR\cos\theta + iv)^m | dv$$

$$= \frac{1}{|s|^{m+1}} \int_0^{rR|\sin\theta|} e^{-rR\cos\theta} (r^2R^2\cos^2\theta + v^2)^{\frac{m}{2}} dv$$

令

$$v = rR\cos\theta\tan\alpha, \quad dv = rR\cos\theta\sec^2\alpha \, d\alpha$$

又因为 $-\dfrac{\pi}{2} < \theta < \dfrac{\pi}{2}$，有 $\cos\theta > 0$，所以

$$\left| \frac{1}{s^{m+1}} \int_{rR\cos\theta}^{rR\cos\theta+irR\sin\theta} u^m e^{-u} du \right| \leqslant \frac{1}{|s|^{m+1}} \int_0^{|\theta|} e^{-rR\cos\theta} (rR\cos\theta)^{m+1} \sec^{m+2}\alpha \, d\alpha$$

$$= \frac{1}{|s|^{m+1}} e^{-rR\cos\theta} (rR\cos\theta)^{m+1} \int_0^{|\theta|} \sec^{m+2}\alpha \, d\alpha \xrightarrow[R \to +\infty]{} 0$$

从而

$$\frac{1}{s^{m+1}}\int_{rR\cos\theta}^{rR\cos\theta+irR\sin\theta} u^m \mathrm{e}^{-u}\,\mathrm{d}u = \int_{\overline{AB}} \xrightarrow[R\to+\infty]{} 0$$

同理

$$\left|\frac{1}{s^{m+1}}\int_{\overline{CD}} u^m \mathrm{e}^{-u}\,\mathrm{d}u\right| = \left|\frac{-1}{s^{m+1}}\int_{\overline{DC}} u^m \mathrm{e}^{-u}\,\mathrm{d}u\right| = \left|\frac{1}{s^{m+1}}\int_{r\varepsilon\cos\theta}^{r\varepsilon\cos\theta+ir\varepsilon\sin\theta} u^m \mathrm{e}^{-u}\,\mathrm{d}u\right|$$

$$\leqslant \frac{1}{|s|^{m+1}}\mathrm{e}^{-r\varepsilon\cos\theta}\,(r\varepsilon\cos\theta)^{m+1}\int_0^{|\theta|}\sec^{m+2}\alpha \xrightarrow[\varepsilon\to0]{} 0\,\mathrm{d}\alpha \quad (m>-1)$$

从而

$$\frac{1}{s^{m+1}}\int_{\overline{CD}} u^m \mathrm{e}^{-u}\,\mathrm{d}u = \int_{\overline{CD}} \xrightarrow[\varepsilon\to0]{} 0$$

故

$$\frac{1}{s^{m+1}}\int_0^{+\infty} t^m \mathrm{e}^{-t}\,\mathrm{d}t + 0 - \frac{1}{s^{m+1}}\int_0^{\infty} u^m \mathrm{e}^{-u}\,\mathrm{d}u + 0 = 0$$

即

$$\frac{1}{s^{m+1}}\int_0^{\infty} u^m \mathrm{e}^{-u}\,\mathrm{d}u = \frac{1}{s^{m+1}}\int_0^{+\infty} t^m \mathrm{e}^{-t}\,\mathrm{d}t = \frac{\Gamma(m+1)}{s^{m+1}} \quad (\mathrm{Re}(s)>0)$$

所以

$$\mathscr{L}[t^m] = \int_0^{+\infty} t^m \mathrm{e}^{-st}\,\mathrm{d}t = \frac{\Gamma(m+1)}{s^{m+1}} \quad (\mathrm{Re}(s)>0)$$

这里简单介绍一下 Γ-函数（Gamma 函数）。Γ-函数的定义如下：

$$\Gamma(m) = \int_0^{+\infty} \mathrm{e}^{-t} t^{m-1}\,\mathrm{d}t \quad (0<m<+\infty)$$

利用分部积分公式，可以证明：

$$\Gamma(m+1) = \int_0^{+\infty} \mathrm{e}^{-t} t^m\,\mathrm{d}t = -\int_0^{+\infty} t^m\,\mathrm{d}\mathrm{e}^{-t} = -t^m \mathrm{e}^{-t}\bigg|_0^{+\infty} + \int_0^{+\infty} \mathrm{e}^{-t}\,\mathrm{d}t^m$$

$$= \int_0^{+\infty} \mathrm{e}^{-t} m t^{m-1}\,\mathrm{d}t = m\Gamma(m)$$

而且有

$$\Gamma(1) = \int_0^{+\infty} \mathrm{e}^{-t}\,\mathrm{d}t = -\mathrm{e}^{-t}\bigg|_0^{+\infty} = 1$$

因此，当 m 为正整数时，有

$$\Gamma(m+1) = m!$$

所以当 m 为正整数时，有

$$\mathscr{L}[t^m] = \int_0^{+\infty} t^m \mathrm{e}^{-st}\,\mathrm{d}t = \frac{m!}{s^{m+1}} \quad (\mathrm{Re}(s)>0)$$

当满足拉普拉斯变换存在定理条件的函数 $f(t)$ 在 $t=0$ 处为有界时，积分 $\mathscr{L}[f(t)]=$

$\int_0^{+\infty} f(t) \mathrm{e}^{-st} \mathrm{d}t$ 中的下限取 0^+ 或 0^- 不会影响其结果。但当 $f(t)$ 在 $t=0$ 处包含了脉冲函数时，则拉普拉斯变换的积分下限必须明确指出是 0^+ 还是 0^-，因为

$$\mathscr{L}_+[f(t)] = \int_{0^+}^{+\infty} f(t) \mathrm{e}^{-st} \mathrm{d}t$$

$$\mathscr{L}_-[f(t)] = \int_{0^-}^{+\infty} f(t) \mathrm{e}^{-st} \mathrm{d}t = \int_{0^-}^{0^+} f(t) \mathrm{e}^{-st} \mathrm{d}t + \mathscr{L}_+[f(t)]$$

当 $f(t)$ 在 $t=0$ 处为有界时，$\int_{0^-}^{0^+} f(t) \mathrm{e}^{-st} \mathrm{d}t = 0$，即

$$\mathscr{L}_-[f(t)] = \mathscr{L}_+[f(t)]$$

而当 $f(t)$ 在 $t=0$ 处包含了脉冲函数时，$\int_{0^-}^{0^+} f(t) \mathrm{e}^{-st} \mathrm{d}t \neq 0$，即

$$\mathscr{L}_-[f(t)] \neq \mathscr{L}_+[f(t)]$$

考虑到这一情况，对需要进行拉普拉斯变换的函数 $f(t)$ 的要求是：当 $t \geqslant 0$ 时有定义扩大为当 $t > 0$ 及 $t = 0$ 的任意一个邻域内有定义。这样，拉普拉斯变换的定义应该为如下形式：

$$\mathscr{L}_-[f(t)] = \int_{0^-}^{+\infty} f(t) \mathrm{e}^{-st} \mathrm{d}t$$

但为了书写方便，仍然记为式(7.1.1)的形式。

【例 7.1.5】 求单位脉冲函数 $\delta(t)$ 的拉普拉斯变换。

解 根据上述讨论，有

$$\mathscr{L}[\delta(t)] = \int_{0^-}^{+\infty} \delta(t) \mathrm{e}^{-st} \mathrm{d}t = \int_{-\infty}^{+\infty} \delta(t) \mathrm{e}^{-st} \mathrm{d}t = 1$$

同理

$$\mathscr{L}[\delta(t-t_0)] = \int_{0^-}^{+\infty} \delta(t-t_0) \mathrm{e}^{-st} \mathrm{d}t = \int_{-\infty}^{+\infty} \delta(t-t_0) \mathrm{e}^{-st} \mathrm{d}t = \mathrm{e}^{-st_0}$$

在实际工作中，并不需要用广义积分的方法来求函数的拉普拉斯变换，有现成的拉普拉斯变换表(见附录二)可查。

【例 7.1.6】 求 $f(t) = \sin 2t \sin 3t$ 的拉普拉斯变换。

解 查表，$a = 2$，$b = 3$ 可得：

$$\mathscr{L}[f(t)] = \frac{12s}{(s^2 + 5^2)(s^2 + 1^2)} = \frac{12s}{(s^2 + 25)(s^2 + 1)}$$

7.1.3 周期函数的拉普拉斯变换

一般地，以 T 为周期的函数 $f(t)$，即 $f(t+T) = f(t)(t > 0)$，当 $f(t)$ 在一个周期上是分段连续时，则有

$$\mathscr{L}[f(t)] = \frac{1}{1 - \mathrm{e}^{-Ts}} \int_0^T f(t) \mathrm{e}^{-st} \mathrm{d}t \quad (\mathrm{Re}(s) > 0) \tag{7.1.2}$$

式(7.1.2)即为周期函数的拉普拉斯变换公式。下面通过一个例题来证明。

【例 7.1.7】 求周期性三角波 $f(t) = \begin{cases} t, & 0 \leqslant t < b \\ 2b - t, & b \leqslant t < 2b \end{cases}$ (如图 7 - 2)的拉普拉斯变换。

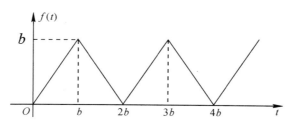

图 7 - 2

解 　$\mathscr{L}[f(t)] = \int_0^{+\infty} f(t) \mathrm{e}^{-st} \, \mathrm{d}t$

$$= \int_0^{2b} f(t) \mathrm{e}^{-st} \, \mathrm{d}t + \int_{2b}^{4b} f(t) \mathrm{e}^{-st} \, \mathrm{d}t + \cdots + \int_{2kb}^{2(k+1)b} f(t) \mathrm{e}^{-st} \, \mathrm{d}t + \cdots$$

$$= \sum_{k=0}^{+\infty} \int_{2kb}^{2(k+1)b} f(t) \mathrm{e}^{-st} \, \mathrm{d}t$$

令 $t = \tau + 2kb$，则

$$\int_{2kb}^{2(k+1)b} f(t) \mathrm{e}^{-st} \, \mathrm{d}t = \int_0^{2b} f(\tau + 2kb) \mathrm{e}^{-s(\tau+2kb)} \, \mathrm{d}\tau$$

$$= \mathrm{e}^{-2kbs} \int_0^{2b} f(\tau) \mathrm{e}^{-s\tau} \, \mathrm{d}\tau$$

而

$$\int_0^{2b} f(t) \mathrm{e}^{-st} \, \mathrm{d}t = \int_0^b t \mathrm{e}^{-st} \, \mathrm{d}t + \int_b^{2b} (2b - t) \mathrm{e}^{-st} \, \mathrm{d}t = \frac{1}{s^2} (1 - \mathrm{e}^{-bs})^2$$

所以

$$\mathscr{L}[f(t)] = \sum_{k=0}^{+\infty} \mathrm{e}^{-2kbs} \int_0^{2b} f(t) \mathrm{e}^{-st} \, \mathrm{d}t$$

当 $\mathrm{Re}(s) > 0$ 时，$|\mathrm{e}^{-2kbs}| = \mathrm{e}^{-\beta 2b} < 1$，所以

$$\sum_{k=0}^{+\infty} \mathrm{e}^{-2kbs} = \frac{1}{1 - \mathrm{e}^{-2bs}}$$

从而有

$$\mathscr{L}[f(t)] = \frac{1}{1 - \mathrm{e}^{-2bs}} \int_0^{2b} f(t) \mathrm{e}^{-st} \, \mathrm{d}t = \frac{1}{1 - \mathrm{e}^{-2bs}} (1 - \mathrm{e}^{-bs})^2 \frac{1}{s^2}$$

$$= \frac{1}{s^2} \frac{1 - \mathrm{e}^{-bs}}{1 + \mathrm{e}^{-bs}} = \frac{1}{s^2} \tanh \frac{bs}{2}$$

7.2 拉普拉斯变换的性质

利用拉普拉斯变换的定义求得一些较简单的常用函数的拉氏变换，但对于较复杂的函数，利用定义来求其象函数就很不方便，有时甚至可能求不出来。本节将介绍拉普拉斯变换的几个基本性质，它们在拉普拉斯变换的实际应用中都是很有用的。为了叙述方便，假定在这些性质中，下述函数都满足拉普拉斯变换存在定理中的条件，并且把这些函数的增长指数都统一取为 c。

7.2.1 线性性质

若 $F_1(s) = \mathscr{L}[f_1(t)]$，$F_2(s) = \mathscr{L}[f_2(t)]$，$a, b$ 是常数，则有

$$\mathscr{L}[af_1(t) + bf_2(t)] = aF_1(s) + bF_2(s)$$

$$\mathscr{L}^{-1}[aF_1(s) + bF_2(s)] = af_1(t) + bf_2(t)$$

根据拉普拉斯变换的定义很容易证明线性性质，且对于有限多个函数的情况也成立。这个性质表明函数的线性组合的拉普拉斯变换等于各函数拉普拉斯变换的线性组合。

【例 7.2.1】 求函数 $f(t) = \cos\omega_0 t$ 的拉普拉斯变换。

解 因为

$$\cos\omega_0 t = \frac{1}{2}(e^{i\omega_0 t} + e^{-i\omega_0 t})$$

又已知

$$\mathscr{L}[e^{-\alpha t}] = \frac{1}{s + \alpha}$$

根据线性性质，有

$$\mathscr{L}[\cos\omega_0 t] = \frac{1}{2}\left(\frac{1}{s - i\omega_0} + \frac{1}{s + i\omega_0}\right) = \frac{s}{s^2 + \omega_0^2}$$

该结果和例 7.1.3 用定义计算的结果相同，但是计算过程相对简单。同样的，也可以用线性性质计算出正弦的拉普拉斯变换。在计算某一个函数的拉普拉斯变换时，可能有几种不同的方法，可根据情况选择其中一种。

7.2.2 移位性质

1. 象原函数的移位性质（延迟性质）

若 $\mathscr{L}[f(t)] = F(s)$，t_0 为非负实数，且 $t < 0$ 时 $f(t) = 0$，则有

$$\mathscr{L}[f(t - t_0)] = e^{-st_0}F(s)$$

证明 根据拉普拉斯变换的定义，有

$$\mathscr{L}\left[f(t-t_0)\right] = \int_0^{+\infty} f(t-t_0) \mathrm{e}^{-st} \mathrm{d}t$$

令 $u = t - t_0$，则 $t = u + t_0$，$\mathrm{d}u = \mathrm{d}t$，所以

$$\mathscr{L}\left[f(t-t_0)\right] = \int_0^{+\infty} f(u) \mathrm{e}^{-su} \mathrm{e}^{-st_0} \mathrm{d}u = \mathrm{e}^{-st_0} \int_0^{+\infty} f(u) \mathrm{e}^{-su} \mathrm{d}u = \mathrm{e}^{-st_0} F(s)$$

函数 $f(t-t_0)$ 与 $f(t)$ 相比，$f(t)$ 是从 $t=0$ 开始有非零函数值，而 $f(t-t_0)$ 则是从 $t=t_0$ 开始才有非零函数值，即延迟了 t_0 时间。从它们的图像来讲，$f(t-t_0)$ 的图像是由 $f(t)$ 的图像沿 t 轴向右平移了距离 t_0 而得到的(如图 7-3 所示)。这个性质表明，时间函数延迟 t_0 的拉氏变换等于它的象函数乘以指数因子 e^{-st_0}。

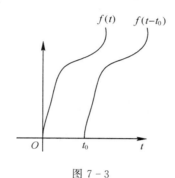

图 7-3

【例 7.2.2】 求函数 $\mathrm{u}(t-a) = \begin{cases} 0, & t < a \\ 1, & t \geqslant a \end{cases}$ 的拉普拉斯变换。

解 因为

$$\mathscr{L}\left[\mathrm{u}(t)\right] = \frac{1}{s}$$

根据延迟性质，有

$$\mathscr{L}\left[\mathrm{u}(t-a)\right] = \frac{1}{s} \mathrm{e}^{-as}$$

应用延迟性质，我们还可以计算周期函数的拉普拉斯变换。

设 $f_T(t)$ 是以 T 为周期的函数，即 $f_T(t+T) = f_T(t)$ $(t > 0)$。若 $f_T(t) = f(t)$ $(0 \leqslant t < T)$，则

$$\mathscr{L}\left[f_T(t)\right] = \frac{1}{1 - \mathrm{e}^{-sT}} \int_0^T f(t) \mathrm{e}^{-st} \mathrm{d}t$$

证明 在第 $k+1$ 个周期内，必有

$$f_T(t) = f(t - kT), \quad kT \leqslant t < (k+1)T$$

应用延迟性质，则

$$\mathscr{L}\left[f(t-kT)\right] = \mathrm{e}^{-skT} \mathscr{L}\left[f(t)\right]$$

因此

$$\mathscr{L}\left[f(t-kT)\right]=\mathscr{L}\left[\sum_{k=0}^{\infty}f(t-kT)\right]=\sum_{k=0}^{\infty}\mathscr{L}\left[f(t-kT)\right]$$

$$=\mathscr{L}\left[f(t)\right]\sum_{k=0}^{\infty}\mathrm{e}^{-skT}$$

$$=\frac{1}{1-\mathrm{e}^{-sT}}\int_{0}^{T}f(t)\mathrm{e}^{-st}\,\mathrm{d}t$$

2. 象函数的移位性质(位移性质)

若 $\mathscr{L}\left[f(t)\right]=F(s)$,则有

$$\mathscr{L}\left[\mathrm{e}^{s_0 t}f(t)\right]=F(s-s_0)$$

证明　由拉普拉斯变换的定义,有

$$\mathscr{L}\left[\mathrm{e}^{s_0 t}f(t)\right]=\int_{0}^{+\infty}\mathrm{e}^{s_0 t}f(t)\mathrm{e}^{-st}\,\mathrm{d}t=\int_{0}^{+\infty}f(t)\mathrm{e}^{-(s-s_0)t}\,\mathrm{d}t=F(s-s_0)$$

该性质表明:一个函数乘以指数函数 $\mathrm{e}^{s_0 t}$ 后的拉氏变换等于其象函数作位移 s_0。

【例 7.2.3】　求函数 $f_1(t)=t\mathrm{e}^{at}$ 和 $f_2(t)=\mathrm{e}^{-at}\sin\omega_0 t$ 的拉普拉斯变换。

解　因为

$$\mathscr{L}\left[t\right]=\frac{1}{s^2},\ \mathscr{L}\left[\sin\omega_0 t\right]=\frac{\omega_0}{s^2+\omega_0^2}$$

根据位移性质,有

$$\mathscr{L}\left[t\mathrm{e}^{at}\right]=\frac{1}{(s-a)^2}$$

$$\mathscr{L}\left[\mathrm{e}^{-at}\sin\omega_0 t\right]=\frac{\omega_0}{(s+a)^2+\omega_0^2}$$

7.2.3　微分性质

1. 象原函数的微分性质

若 $\mathscr{L}\left[f(t)\right]=F(s)$,则有

$$\left[f'(t)\right]=sF(s)-f(0)$$

一般地,有

$$\mathscr{L}\left[f^{(n)}(t)\right]=s^n F(s)-\left[s^{n-1}f(0)+s^{n-2}f'(0)+\cdots+f^{(n-1)}(0)\right]$$

$$=s^n F(s)-\sum_{i=0}^{n-1}s^{n-1-i}f^{(i)}(0)$$

特别地,当 $f(0)=f'(0)=\cdots=f^{(n-1)}(0)=0$ 时,则

$$\mathscr{L}\left[f^{(n)}(t)\right]=s^n F(s)\quad(n=1,2,\cdots)$$

证明　根据拉普拉斯变换的定义，有

$$L[f'(t)] = \int_0^{+\infty} f'(t) \mathrm{e}^{-st} \mathrm{d}s$$

利用分部积分法，有

$$\int_0^{+\infty} f'(t) \mathrm{e}^{-st} \mathrm{d}s = f(t) \mathrm{e}^{-st} \Big|_0^{+\infty} + s \int_0^{+\infty} f(t) \mathrm{e}^{-st} \mathrm{d}s = s\mathscr{L}[f(t)] - f(0) \quad (\mathrm{Re}(s) > c)$$

同理可证：

$$\mathscr{L}[f^{(n)}(t)] = s^n F(s) - \sum_{i=0}^{n-1} s^{n-1-i} f^{(i)}(0)$$

【例 7.2.4】　计算函数 $f(t) = \sin\omega_0 t$ 的拉普拉斯变换。

解　$f(0) = 0$，$f'(t) = \omega_0 \cos\omega_0 t$

$$f'(0) = \omega_0, \ f''(t) = -\omega_0^2 \sin\omega_0 t$$

而

$$\mathscr{L}[-\omega_0^2 \sin\omega_0 t] = \mathscr{L}[f''(t)] = s^2 F(s) - s f(0) - f'(0)$$

即

$$-\omega_0^2 \mathscr{L}[\sin\omega_0 t] = s^2 \mathscr{L}[\sin\omega_0 t] - \omega_0$$

移项整理得：

$$\mathscr{L}[\sin\omega_0 t] = \frac{\omega_0}{s^2 + \omega_0^2}$$

按照这种方法还可以计算余弦函数的拉普拉斯变换，读者可作为练习。

2. 象函数的微分性质

若 $\mathscr{L}[f(t)] = F(s)$，则有

$$\frac{\mathrm{d}}{\mathrm{d}s} F(s) = -\mathscr{L}[t f(t)]$$

一般地，有

$$\frac{\mathrm{d}^n}{\mathrm{d}s^n} F(s) = (-1)^n \mathscr{L}[t^n f(t)]$$

证明　$F'(s) = \dfrac{\mathrm{d}}{\mathrm{d}s} \displaystyle\int_0^{+\infty} f(t) \mathrm{e}^{-st} \mathrm{d}t = \int_0^{+\infty} \dfrac{\mathrm{d}}{\mathrm{d}s} [f(t) \mathrm{e}^{-st}] \mathrm{d}t$

$$= \int_0^{+\infty} -t f(t) \mathrm{e}^{-st} \mathrm{d}t = \mathscr{L}[-t f(t)]$$

同理可证：

$$\frac{\mathrm{d}^n}{\mathrm{d}s^n} F(s) = (-1)^n \mathscr{L}[t^n f(t)]$$

【例 7.2.5】　求函数 $f(t) = t\sin kt$ 的拉普拉斯变换。

解　因为

$$\mathscr{L}[\sin kt] = \frac{k}{s^2 + k^2}$$

根据上述象函数的微分性质，有

$$\mathscr{L}[t\sin kt] = -\frac{\mathrm{d}}{\mathrm{d}s}\left[\frac{k}{s^2 + k^2}\right] = \frac{2ks}{(s^2 + k^2)^2}$$

同理可得：

$$\mathscr{L}[t\cos kt] = -\frac{\mathrm{d}}{\mathrm{d}s}\left[\frac{s}{s^2 + k^2}\right] = \frac{s^2 - k^2}{(s^2 + k^2)^2}$$

7.2.4 积分性质

1. 象原函数的积分性质

若 $\mathscr{L}[f(t)] = F(s)$，则有

$$\mathscr{L}\left[\int_0^t f(\tau)\mathrm{d}\tau\right] = \frac{1}{s}F(s)$$

一般地，有

$$\mathscr{L}\left[\int_0^t \mathrm{d}\tau \int_0^t d\tau \cdots \int_0^t f(\tau)\mathrm{d}\tau\right] = \frac{1}{s^n}F(s)$$

证明 设 $g(t) = \int_0^t f(\tau)\mathrm{d}\tau$，则有

$$g'(t) = f(t),\ g(0) = 0$$

根据象原函数的微分性质，有

$$\mathscr{L}[g'(t)] = s\mathscr{L}[g(t)] - g(0) = s\mathscr{L}[g(t)]$$

综上所述，有

$$\mathscr{L}\left[\int_0^t f(\tau)\mathrm{d}\tau\right] = \frac{1}{s}F(s)$$

重复运用上式结果，可得：

$$\mathscr{L}\left[\int_0^t \mathrm{d}\tau \int_0^t d\tau \cdots \int_0^t f(\tau)\mathrm{d}\tau\right] = \frac{1}{s^n}F(s)$$

【例 7.2.6】 求函数 $f(t) = \int_0^t t\mathrm{e}^{at}\sin at\,\mathrm{d}t$ 的拉普拉斯变换。

解 由象原函数的积分性质，有

$$\mathscr{L}[f(t)] = \mathscr{L}\left[\int_0^t t\mathrm{e}^{at}\sin at\,\mathrm{d}t\right] = \frac{1}{s}\mathscr{L}[t\mathrm{e}^{at}\sin at]$$

由象原函数的微分性质，有

$$\mathscr{L}[t\sin at] = -\{\mathscr{L}[\sin at]\}' = -\left(\frac{a}{s^2 + a^2}\right)' = \frac{2as}{(s^2 + a^2)^2}$$

由位移性质，有

$$\mathscr{L}\left[t\,\mathrm{e}^{at}\sin at\right]=\frac{2a(s-a)}{\left[(s-a)^2+a^2\right]^2}$$

故

$$\left[\int_0^t t\,\mathrm{e}^{at}\sin at\,\mathrm{d}t\right]=\frac{2as-2a^2}{s(s^2-2as+2a^2)^2}$$

可见，综合运用拉氏变换的多种性质，就可以很方便地计算出一些复杂函数的拉普拉斯变换。

2. 象函数的积分性质

若 $\mathscr{L}[f(t)]=F(s)$，则有

$$\mathscr{L}\left[\frac{f(t)}{t}\right]=\int_s^\infty F(\eta)\mathrm{d}\eta$$

一般地，有

$$\mathscr{L}\left[\frac{f(t)}{t^n}\right]=\int_s^\infty \mathrm{d}\eta \int_s^\infty \mathrm{d}\eta \cdots \int_s^\infty F(\eta)\mathrm{d}\eta$$

证明　根据拉普拉斯变换的定义，有

$$\int_s^\infty F(\eta)\mathrm{d}\eta = \int_s^\infty \left[\int_0^\infty f(t)\mathrm{e}^{-\eta t}\,\mathrm{d}t\right]\mathrm{d}\eta \quad (\text{交换积分顺序})$$

$$=\int_0^\infty f(t)\int_s^\infty \mathrm{e}^{-\eta t}\,\mathrm{d}\eta \mathrm{d}t$$

$$=\int_0^\infty f(t)\left.\frac{\mathrm{e}^{-\eta t}}{-t}\right|_s^\infty \mathrm{d}t$$

$$=\int_0^\infty f(t)\frac{\mathrm{e}^{-st}}{t}\mathrm{d}t=\mathscr{L}\left[\frac{f(t)}{t}\right]$$

重复上述过程，可得：

$$\mathscr{L}\left[\frac{f(t)}{t^n}\right]=\int_s^\infty \mathrm{d}\eta \int_s^\infty \mathrm{d}\eta \cdots \int_s^\infty F(\eta)\mathrm{d}\eta$$

【例 7.2.7】　求函数 $f(t)=\dfrac{\mathrm{sh}t}{t}$ 的拉氏变换。

解　因为

$$\mathscr{L}\left[\mathrm{sh}t\right]=\mathscr{L}\left[\frac{1}{2}\mathrm{e}^t-\frac{1}{2}\mathrm{e}^{-t}\right]=\frac{1}{2}\left(\frac{1}{s-1}-\frac{1}{s+1}\right)$$

由象函数的积分性质，有

$$\mathscr{L}\left[\frac{\mathrm{sh}t}{t}\right]=\int_s^\infty \mathscr{L}\left[\mathrm{sh}t\right]\mathrm{d}s=\frac{1}{2}\int_s^\infty\left(\frac{1}{s-1}-\frac{1}{s+1}\right)\mathrm{d}s$$

$$=\frac{1}{2}\left.\ln\frac{s-1}{s+1}\right|_s^\infty=\frac{1}{2}\ln\frac{s+1}{s-1}$$

7.2.5 相似性质

若 $\mathscr{L}[f(t)] = F(s)$，$a > 0$，则有 $\mathscr{L}[f(at)] = \dfrac{1}{a}F\left(\dfrac{s}{a}\right)$。

证明 令 $u = at$，有

$$\mathscr{L}[f(at)] = \int_0^{+\infty} f(at)\mathrm{e}^{-st}\,\mathrm{d}t = \frac{1}{a}\int_0^{+\infty} f(u)\mathrm{e}^{-\frac{s}{a}u}\,\mathrm{d}u = \frac{1}{a}F\left(\frac{s}{a}\right)$$

【**例 7.2.8**】 已知 $\mathscr{L}\left[\dfrac{\sin t}{t}\right] = \arctan\dfrac{1}{s}$，求 $\mathscr{L}\left[\dfrac{\sin at}{t}\right]$。

解 由已知 $\mathscr{L}\left[\dfrac{\sin t}{t}\right] = \arctan\dfrac{1}{s}$，根据拉普拉斯变换的相似性质，有

$$\mathscr{L}\left[\frac{\sin at}{at}\right] = \frac{1}{a}\arctan\frac{1}{s/a} = \frac{1}{a}\arctan\frac{a}{s}$$

所以
$$\mathscr{L}\left[\frac{\sin at}{t}\right] = \arctan\frac{a}{s}$$

7.2.6 初值定理和终值定理

若 $\mathscr{L}[f(t)] = F(s)$，且 $\lim\limits_{s\to\infty} sF(s)$ 存在，则

$$\lim_{t\to 0} f(t) = \lim_{s\to\infty} sF(s) \quad \text{或记为} \quad f(0) = \lim_{s\to\infty} sF(s)$$

若 $\mathscr{L}[f(t)] = F(s)$，且 $sF(s)$ 的所有奇点全在 s 平面的左半平面，则

$$\lim_{t\to +\infty} f(t) = \lim_{s\to 0} sF(s) \quad \text{或记为} \quad f(+\infty) = \lim_{s\to 0} sF(s)$$

$f(0)$ 和 $f(+\infty)$ 分别称为 $f(t)$ 的初值和终值，上面两个定理即初值定理和终值定理，定理的证明从略。在实际应用中，有时只关心函数 $f(t)$ 在 $t=0$ 附近或 t 相当大时的情形，它们可能是某个系统的动态响应的初始情况或稳定状态情况，这时并不需要用逆变换求出 $f(t)$ 的表达式，而可以直接由 $F(s)$ 来确定这些值。

7.2.7 卷积定理

在上一章中讨论了傅里叶变换的卷积性质，两个函数的卷积是指

$$f_1(t) * f_2(t) = \int_{-\infty}^{+\infty} f_1(\tau)f_2(t-\tau)\,\mathrm{d}\tau$$

如果 $f_1(t)$ 和 $f_2(t)$ 都满足条件：当 $t < 0$ 时，$f_1(t) = f_2(t) = 0$，则上式可写为

$$f_1(t) * f_2(t) = \int_{-\infty}^{0} f_1(\tau)f_2(t-\tau)\,\mathrm{d}\tau + \int_{0}^{t} f_1(\tau)f_2(t-\tau)\,\mathrm{d}\tau + \int_{t}^{+\infty} f_1(\tau)f_2(t-\tau)\,\mathrm{d}\tau$$

$$= \int_{0}^{t} f_1(\tau)f_2(t-\tau)\,\mathrm{d}\tau \tag{7.2.1}$$

可见，这里的卷积定义和傅里叶变换中给出的卷积定义是完全一致的。今后如不特殊说明，都假定这些函数在 $t<0$ 时恒为零，它们的卷积都按照式(7.2.1)计算。

【例 7.2.9】 已知函数 $f_1(t)=1$，$f_2(t)=\mathrm{e}^{-t}$，对 $f_1(t)$ 和 $f_2(t)$ 在 $[0,+\infty)$ 上作卷积。

解
$$f_1(t)*f_2(t)=\int_0^t f_1(\tau)f_2(t-\tau)\mathrm{d}\tau$$

$$=\int_0^t 1\cdot\mathrm{e}^{-(t-\tau)}\mathrm{d}\tau=\mathrm{e}^{-t}\int_0^t\mathrm{e}^{\tau}\mathrm{d}\tau$$

$$=\mathrm{e}^{-t}(\mathrm{e}^t-1)=1-\mathrm{e}^{-t}\quad(t>0)$$

若 $f_1(t)$ 和 $f_2(t)$ 满足拉普拉斯变换存在定理中的条件，且 $\mathscr{L}[f_1(t)]=F_1(s)$，$\mathscr{L}[f_2(t)]=F_2(s)$，则 $f_1(t)*f_2(t)$ 的拉普拉斯变换一定存在，且有

$$\mathscr{L}[f_1(t)*f_2(t)]=F_1(s)\cdot F_2(s)\qquad(7.2.2)$$

证明　容易验证 $f_1(t)*f_2(t)$ 满足拉普拉斯变换存在定理中的条件，它的变换式为

$$\mathscr{L}[f_1(t)*f_2(t)]=\int_0^{+\infty}[f_1(t)*f_2(t)]\mathrm{e}^{-st}\mathrm{d}t$$

$$=\int_0^{+\infty}\left[\int_0^t f_1(\tau)f_2(t-\tau)\mathrm{d}\tau\right]\mathrm{e}^{-st}\mathrm{d}t$$

从上面这个积分式子可以看出，积分区域如图 7-4 阴影部分所示。由于该二重积分绝对可积，故可以交换积分顺序：

$$\mathscr{L}[f_1(t)*f_2(t)]=\int_0^{+\infty}f_1(\tau)\left[\int_\tau^{+\infty}f_2(t-\tau)\mathrm{e}^{-st}\mathrm{d}t\right]\mathrm{d}\tau$$

令 $t-\tau=u$，则

$$\int_\tau^{+\infty}f_2(t-\tau)\mathrm{e}^{-st}\mathrm{d}t=\int_\tau^{+\infty}f_2(u)\mathrm{e}^{-s(u+\tau)}\mathrm{d}u=\mathrm{e}^{-s\tau}F_2(s)$$

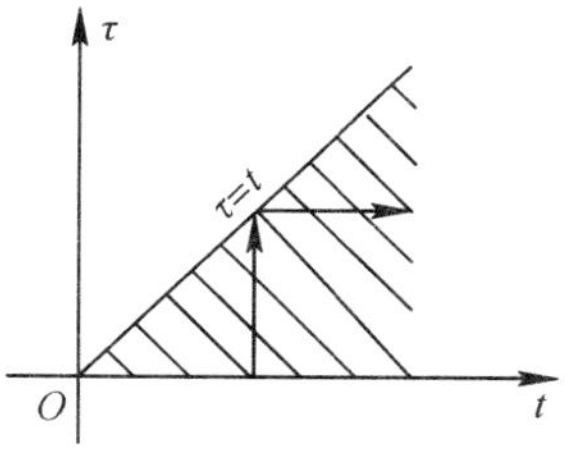

所以

图 7-4

$$\mathscr{L}[f_1(t)*f_2(t)]=\int_0^{+\infty}f_1(\tau)\mathrm{e}^{-s\tau}F_2(s)\mathrm{d}\tau$$

$$=F_2(s)\int_0^{+\infty}f_1(\tau)\mathrm{e}^{-s\tau}\mathrm{d}\tau=F_1(s)\cdot F_2(s)$$

不难推证，若 $f_k(t)(k=1,2,\cdots,n)$ 满足拉普拉斯变换存在定理中的条件，且 $\mathscr{L}[f_k(t)]=F_k(s)(k=1,2,\cdots,n)$，则有

$$\mathscr{L}[f_1(t)*f_2(t)*\cdots*f_n(t)]=F_1(s)\cdot F_2(s)\cdot\cdots\cdot F_n(s)$$

应用卷积定理，可以把复杂的卷积运算转换为简单的代数乘法运算，因此卷积定理在拉氏变换的应用中有着十分重要的作用。下面给出几个用卷积定理求拉氏逆变换的例子。

【例 7.2.10】 求函数 $F(s)=\dfrac{1}{s^2(1+s^2)}$ 的拉氏逆变换的象原函数 $f(t)$。

解法一
$$F(s)=\frac{1}{s^2}\frac{1}{s^2+1}$$

又

$$\mathscr{L}^{-1}\left[\frac{1}{s^2}\right]=t, \ \mathscr{L}^{-1}\left[\frac{1}{s^2+1}\right]=\sin t$$

根据卷积定理，有

$$\mathscr{L}^{-1}[F(s)]=\mathscr{L}^{-1}\left[\frac{1}{s^2}\frac{1}{s^2+1}\right]=t*\sin t=t-\sin t$$

解法二

$$F(s)=\frac{1}{s^2(1+s^2)}=\frac{1}{s^2}-\frac{1}{(1+s^2)}$$

又

$$\mathscr{L}^{-1}\left[\frac{1}{s^2}\right]=t, \ \mathscr{L}^{-1}\left[\frac{1}{s^2+1}\right]=\sin t$$

根据线性性质，有

$$\mathscr{L}^{-1}[F(s)]=t-\sin t$$

【例 7.2.11】 求函数 $F(s)=\dfrac{1}{(s^2+4s+13)^2}$ 的拉氏逆变换。

解 因为

$$F(s)=\frac{1}{(s+2)^2+3^2}\frac{1}{(s+2)^2+3^2}$$

根据频域移位性质，有

$$\mathscr{L}^{-1}\left[\frac{1}{(s+2)^2+3^2}\right]=e^{-2t}\sin 3t$$

又根据卷积定理，有

$$\mathscr{L}^{-1}[F(s)]=\frac{1}{9}(e^{-2t}\sin 3t)*(e^{-2t}\sin 3t)$$

$$=\frac{1}{9}\int_0^t e^{-2\tau}\sin 3\tau\, e^{-2(t-\tau)}\sin(3t-3\tau)d\tau$$

$$=\frac{1}{9}e^{-2t}\int_0^t \sin 3\tau \sin(3t-3\tau)d\tau$$

$$=\frac{1}{18}e^{-2t}\int_0^t[\cos(6\tau-3t)-\cos 3t]d\tau$$

$$=\frac{1}{18}e^{-2t}\left[\frac{\sin(6\tau-3t)}{6}-\tau\cos 3t\right]\Bigg|_0^t$$

$$=\frac{1}{54}e^{-2t}(\sin 3t-3t\cos 3t)$$

7.3　拉普拉斯逆变换

我们知道，利用拉普拉斯变换可以将问题转化到 s 域进行解决，而有时又需要将 s 域的结果再转化到时间域中，这就用到了拉氏逆变换。本节就讨论拉氏逆变换的定义及计算。

由拉普拉斯变换的概念可知，函数 $f(t)$ 的拉普拉斯变换，实际上就是 $f(t)\mathrm{u}(t)\mathrm{e}^{-\sigma t}$ 的傅里叶变换。于是，当 $f(t)\mathrm{u}(t)\mathrm{e}^{-\sigma t}$ 满足傅里叶积分定理中的条件时，按傅里叶积分公式，在 $f(t)$ 连续点处有

$$
\begin{aligned}
f(t)\mathrm{u}(t)\mathrm{e}^{-\sigma t} &= \frac{1}{2\pi}\int_{-\infty}^{+\infty}\left[\int_{-\infty}^{+\infty}f(\tau)\mathrm{u}(\tau)\mathrm{e}^{-\sigma\tau}\mathrm{e}^{-\mathrm{i}\omega\tau}\mathrm{d}\tau\right]\mathrm{e}^{\mathrm{i}\omega t}\mathrm{d}\omega \\
&= \frac{1}{2\pi}\int_{-\infty}^{+\infty}\mathrm{e}^{\mathrm{i}\omega t}\mathrm{d}\omega\left[\int_{0}^{+\infty}f(\tau)\mathrm{e}^{-(\sigma+\mathrm{i}\omega)\tau}\mathrm{d}\tau\right] \\
&= \frac{1}{2\pi}\int_{-\infty}^{+\infty}F(\sigma+\mathrm{i}\omega)\mathrm{e}^{\mathrm{i}\omega t}\mathrm{d}\omega \quad (t>0)
\end{aligned}
$$

等式两边同乘以 $\mathrm{e}^{\sigma t}$，并考虑到它与积分变量 ω 无关，则

$$
f(t) = \frac{1}{2\pi}\int_{-\infty}^{+\infty}F(\sigma+\mathrm{i}\omega)\mathrm{e}^{(\sigma+\mathrm{i}\omega)t}\mathrm{d}\omega \quad (t>0)
$$

令 $\sigma+\mathrm{i}\omega=s$，有

$$
f(t) = \frac{1}{2\pi\mathrm{i}}\int_{\sigma-\mathrm{i}\infty}^{\sigma+\mathrm{i}\infty}F(s)\mathrm{e}^{st}\mathrm{d}s \quad (t>0) \tag{7.3.1}
$$

式(7.3.1)就是从象函数 $F(s)$ 求它的象原函数 $f(t)$ 的一般公式。右端的积分称为拉普拉斯反演积分，它的积分路线是沿着虚轴的方向从虚部的负无穷积分到虚部的正无穷。而积分路线中的实部 σ 则有一些随意，但必须满足的条件就是 $f(t)\mathrm{u}(t)\mathrm{e}^{-\sigma t}$ 的 0 到正无穷的积分必须收敛。式(7.3.1)可记为 $f(t)=\mathscr{L}^{-1}[F(s)]$，$f(t)$ 称为 $F(s)$ 的拉普拉斯逆变换，简称拉氏逆变换。公式 $F(s)=\int_{0}^{\infty}f(t)\mathrm{e}^{-st}\mathrm{d}t$ 和公式 $f(t)=\dfrac{1}{2\pi\mathrm{i}}\int_{\sigma-\mathrm{i}\infty}^{\sigma+\mathrm{i}\infty}F(s)\mathrm{e}^{st}\mathrm{d}s(t>0)$ 构成一对互逆的积分变换公式，也称 $f(t)$ 和 $F(s)$ 构成一组拉氏变换对。拉氏逆变换的计算是计算复变函数的积分，通常比较困难，但是在满足一定条件时可以用留数方法计算。

定理 7.2　若 $s_1,s_2,\cdots,s_n$ 是函数 $F(s)$ 的所有奇点(适当选取 σ 使这些奇点全在 $\mathrm{Re}(s)<\sigma$ 的范围内)，且当 $s\to\infty$ 时，$F(s)\to0$，则有

$$
\frac{1}{2\pi\mathrm{i}}\int_{\sigma-\mathrm{i}\infty}^{\sigma+\mathrm{i}\infty}F(s)\mathrm{e}^{st}\mathrm{d}s = \sum_{k=1}^{n}\mathrm{Res}[F(s)\mathrm{e}^{st},s_k] \quad (t>0)
$$

证明　作图 7-5 所示的曲线 $C=L+C_R$，C_R 在 $\mathrm{Re}(s)<\sigma$ 的区域内是半径为 R 的圆弧，当 R 充分大后，可以使 $F(s)$ 的所有奇点包含在闭曲线 C 围成的区域内。同时 e^{st} 在全

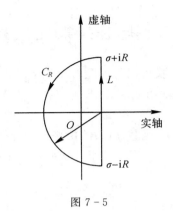

图 7 - 5

平面解析,所以, $F(s)\mathrm{e}^{st}$ 的奇点就是 $F(s)$ 的奇点。根据留数定理,有

$$\oint_C F(s)\mathrm{e}^{st}\,\mathrm{d}s = 2\pi\mathrm{i}\sum_{k=1}^{n}\operatorname{Res}[F(s)\mathrm{e}^{st},S_k]$$

即

$$\frac{1}{2\pi\mathrm{i}}\left[\int_{\sigma-\mathrm{i}R}^{\sigma+\mathrm{i}R}F(s)\mathrm{e}^{st}\,\mathrm{d}s + \int_{C_R}F(s)\mathrm{e}^{st}\,\mathrm{d}s\right] = \sum_{k=1}^{n}\operatorname{Res}[F(s)\mathrm{e}^{st},s_k]$$

在上式左方,取 $R\rightarrow+\infty$ 时的极限,并根据复变函数论中的 Jordan 引理,当 $t>0$ 时,有

$$\lim_{R\rightarrow+\infty}\int_{C_R}F(s)\mathrm{e}^{st}\,\mathrm{d}s = 0$$

从而

$$\frac{1}{2\pi\mathrm{i}}\int_{\sigma-\mathrm{i}\infty}^{\sigma+\mathrm{i}\infty}F(s)\mathrm{e}^{st}\,\mathrm{d}s = \sum_{k=1}^{n}\operatorname{Res}[F(s)\mathrm{e}^{st},s_k]\,,\ t>0$$

【例 7.3.1】 求函数 $F(s)=\dfrac{1}{s\,(s-1)^2}$ 的象原函数 $f(t)$。

解 $F(s)$ 有两个奇点:$s=0$ 为一级极点,$s=1$ 为二级极点。根据定理 7.2,有

$$f(t)=\frac{1}{(s-1)^2}\mathrm{e}^{st}\bigg|_{s=0} + \lim_{s\rightarrow1}\frac{\mathrm{d}}{\mathrm{d}s}\left[\frac{1}{s}\mathrm{e}^{st}\right]$$

$$=1+\lim_{s\rightarrow1}\left(\frac{t}{s}\mathrm{e}^{st}-\frac{1}{s^2}\mathrm{e}^{st}\right)$$

$$=1+(t\mathrm{e}^t-\mathrm{e}^t)=1+\mathrm{e}^t(t-1)\quad(t>0)$$

对于有理分式函数的象原函数,除了用定理 7.2 求解,还可以采用部分分式的方法,把函数 $F(s)$ 分解成若干个简单分式之和,然后利用拉氏变换的线性性质和常见拉氏变换对,逐个求出象原函数。下面举例说明。

【例 7.3.2】 求函数 $F(s)=\dfrac{2s+1}{s(s+1)}$ 的拉氏逆变换。

解　首先，将 $F(s)$ 展开成部分分式的和：

$$F(s) = \frac{2s+1}{s(s+1)} = \frac{A}{s} + \frac{B}{s+1}$$

其中，A、B 为待定系数。将上式进行通分，得

$$\frac{A}{s} + \frac{B}{s+1} = \frac{A(s+1)+Bs}{s(s+1)} = \frac{(A+B)s+A}{s(s+1)} = \frac{2s+1}{s(s+1)}$$

比较得

$$\begin{cases} A+B=2 \\ A=1 \end{cases} \Rightarrow A=B=1$$

所以

$$f(t) = L^{-1}\left(\frac{2s+1}{s(s+1)}\right) = L^{-1}\left[\frac{1}{s} + \frac{1}{s+1}\right] = 1 + e^{-t} \quad (t>0)$$

【例 7.3.3】　求 $F(s) = \dfrac{s^2}{(s+2)(s^2+2s+2)}$ 的拉氏逆变换。

解　先将 $F(s)$ 展开成部分分式的和：

$$F(s) = \frac{s^2}{(s+2)(s^2+2s+2)} = \frac{A}{s+2} + \frac{Bs+C}{s^2+2s+2}$$

用待定系数法求得

$$A=2, \quad B=-1, \quad C=-2$$

所以

$$F(s) = \frac{2}{s+2} - \frac{s+2}{s^2+2s+2} = \frac{2}{s+2} - \frac{s+1}{(s+1)^2+1} - \frac{1}{(s+1)^2+1}$$

$$f(t) = \mathscr{L}^{-1}\left[\frac{2}{s+2} - \frac{s+1}{(s+1)^2+1} - \frac{1}{(s+1)^2+1}\right]$$

$$= 2e^{-2t} - e^{-t}\cos t - e^{-t}\sin t$$

$$= 2e^{-2t} - e^{-t}(\cos t + \sin t)$$

【例 7.3.4】　若 $F(s) = \dfrac{1}{s^2(1+s^2)}$，求与之相对应的 $f(t)$。

解　因为

$$F(s) = \frac{1}{s^2(1+s^2)} = \frac{1}{s^2} \cdot \frac{1}{s^2+1}$$

取

$$F_1(s) = \frac{1}{s^2}, \quad F_2(s) = \frac{1}{s^2+1}$$

则有

$$f_1(t) = t, \; f_2(t) = \sin t$$

根据卷积定理，有

$$f(t) = f_1(t) * f_2(t) = t * \sin t = t - \sin t$$

此外，还可以利用查表法得到象原函数。关于有理分式函数求象原函数，有时可以采用几种方法，究竟采用哪一种方法更简便，要根据具体问题而决定。

7.4　拉普拉斯变换的应用

拉普拉斯变换和傅里叶变换一样，在许多工程技术和科学研究领域中有着广泛的应用，特别是在力学系统、电学系统、自动控制系统、可靠性系统以及随机服务系统等系统科学中都起着重要作用。这些系统的研究对象经常可以归结为一个数学模型，而这个数学模型通常可以用线性微分方程来描述，因此本节就来讨论线性微分方程的拉普拉斯变换解法。

用拉氏变换法求解常系数线性微分方程非常便利有效。依据拉氏变换的线性性质和微分性质，通过取拉氏变换先把微分方程化为象函数的代数方程，由这个代数方程解出象函数后再取逆变换，就得到原来微分方程的解。

【例 7.4.1】　求方程 $y'' + 2y' + y = e^{-t}$ 满足初始条件 $y|_{t=0} = y'|_{t=0} = 0$ 的解。

解　对微分方程两边同时取拉氏变换，因为初始条件为零，有

$$s^2 Y(s) + 2s Y(s) + Y(s) = \frac{1}{s+1}$$

整理，得

$$Y(s) = \frac{1}{(s+1)^3}$$

对上式取拉氏逆变换，有

$$y(t) = \frac{1}{2} t^2 e^{-t} \quad (t > 0)$$

【例 7.4.2】　求方程 $y'' + y = t$ 满足初始条件 $y|_{t=0} = 1$，$y'|_{t=0} = -2$ 的解。

解　对微分方程两边同时取拉氏变换，得

$$s^2 Y(s) - s y(0) - y'(0) + Y(s) = \frac{1}{s^2}$$

将初始条件 $y|_{t=0} = 1$，$y'|_{t=0} = -2$ 代入上式，有

$$s^2 Y(s) - s + 2 + Y(s) = \frac{1}{s^2}$$

移项整理得

$$Y(s) = \frac{1}{s^2(s^2+1)} + \frac{s-2}{s^2+1} = \frac{1}{s^2} - \frac{1}{s^2+1} + \frac{s}{s^2+1} - \frac{2}{s^2+1}$$
$$= \frac{1}{s^2} + \frac{s}{s^2+1} - \frac{3}{s^2+1}$$

对 $Y(s)$ 取拉氏逆变换，得

$$y(t) = L^{-1}\left[\frac{1}{s^2} + \frac{s}{s^2+1} - \frac{3}{s^2+1}\right] = t - \cos t - 3\sin t$$

　　振动问题是日常及工程技术中经常遇到的，例如，机床主轴的振动、电路中的电磁振荡、减振弹簧的振动等，一般可归结为微分方程的问题来讨论。下面以无阻尼强迫振动为例说明其应用。

　　【例 7.4.3】　图 7-6 所示为一弹簧—质量系统，在外力 $f(t)$ 的作用下，物体在平衡位置开始运动，求其运动规律（设 $f(t) = \delta(t)$ 即一单位脉冲力）。

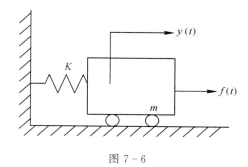

图 7-6

　　解　设系统的动力学微分方程为

$$my'' + ky = f(t)$$

其初始条件为

$$y\mid_{t=0} = y'\mid_{t=0} = 0$$

对方程两边取拉氏变换，并考虑到初始条件，得

$$ms^2Y(s) + kY(s) = F(s)$$

整理得

$$s^2Y(s) + \frac{k}{m}Y(s) = \frac{F(s)}{m} \Rightarrow Y(s) = \frac{1}{ms^2+k}$$

令 $\omega_0 = \sqrt{\dfrac{k}{m}}$，则

$$Y(s) = \frac{1}{m\omega_0}\frac{\omega_0}{s^2+\omega_0^2}$$

对 $Y(s)$ 取拉氏逆变换，得

$$y(t) = \frac{1}{m\omega_0}\sin\omega_0 t \qquad (t > 0)$$

由此可知，在瞬时冲击力作用下，物体的运动为一正弦振动，振幅为 $\frac{1}{m\omega_0}$，角频率为

$\omega_0 = \sqrt{\frac{k}{m}}$（亦称固有频率）。

【例 7.4.4】 求解积分方程 $f(t) = at + \int_0^t f(\tau)\sin(t-\tau)\mathrm{d}\tau \quad (a \neq 0)$。

解 原方程为

$$f(t) = at + f(t) * \sin t$$

对上式两边取拉氏变换，得

$$F(s) = \frac{a}{s^2} + \frac{1}{s^2+1}F(s)$$

整理得

$$F(s) = a\left(\frac{1}{s^2} + \frac{1}{s^4}\right)$$

对 $F(s)$ 取逆变换得

$$f(t) = a\left(t + \frac{t^3}{6}\right) \quad (t > 0)$$

【例 7.4.5】 解微分方程组 $\begin{cases} y'' - x'' + x' - y = \mathrm{e}^t - 2 \\ 2y'' - x'' - 2y' + x = -t \end{cases}$, $\begin{cases} y(0) = y'(0) = 0 \\ x(0) = x'(0) = 0 \end{cases}$。

解 对方程组分别取拉氏变换：

$$\begin{cases} s^2 Y(s) - s^2 X(s) + sX(s) - Y(s) = \dfrac{1}{s-1} - \dfrac{2}{s} \\ 2s^2 Y(s) - s^2 X(s) - 2sY(s) + X(s) = -\dfrac{2}{s^2} \end{cases}$$

整理并化简：

$$X(s) = \frac{2s-1}{s^2(s-1)^2}, \quad Y(s) = \frac{1}{s(s-1)^2}$$

分别求其拉氏逆变换：

$$y(t) = \mathscr{L}^{-1}\left[\frac{1}{s} + \frac{1}{(s-1)^2} - \frac{1}{s-1}\right] = 1 + t\mathrm{e}^t - \mathrm{e}^t \quad (t > 0)$$

$$x(t) = \lim_{s\to 0}\frac{\mathrm{d}}{\mathrm{d}s}\left[\frac{2s-1}{s^2(s-1)^2}\mathrm{e}^{st}\right] + \lim_{s\to 1}\frac{\mathrm{d}}{\mathrm{d}s}\left[\frac{2s-1}{s^2(s-1)^2}\mathrm{e}^{st}\right]$$

$$= \lim_{s\to 0}\left[t\mathrm{e}^{st}\frac{2s-1}{(s-1)^2} - \frac{2s}{(s-1)^3}\mathrm{e}^{st}\right] + \lim_{s\to 1}\left[t\mathrm{e}^{st}\frac{2s-1}{s^2} + \frac{2(1-s)}{s^3}\mathrm{e}^{st}\right]$$

$$= -t + t\mathrm{e}^t \quad (t > 0)$$

由以上例题可见，在用拉氏变换解微分方程的过程中，由于在取拉氏变换时，同时用到了方程和初始条件，所得的解就是满足初始条件的特解，避免了先求通解，再求特解的过程，故用拉氏变换解微分方程的初值问题特别方便。在利用拉氏变换求解微分方程组时，可单独求其中一个变量的解。微分方程的拉氏变换解法在以后的课程中也会经常用到。

小　　结

本章主要介绍了拉普拉斯变换存在的条件、拉普拉斯变换的主要性质、拉普拉斯逆变换的计算以及拉普拉斯变换在解微分方程上的应用。要理解拉普拉斯变换的物理意义；能熟练掌握拉普拉斯变换的基本性质，其中卷积定理的性质以后会经常用到；能够求出有理分式函数的拉普拉斯逆变换；会用拉普拉斯变换法解微分方程。这些对于后续课程的学习都有很大帮助。

习　　题　　七

1. 求下列函数的拉普拉斯变换，并给出收敛域，再用查表的方法来验证结果。

(1) $f(t) = \sin \dfrac{t}{2}$；　　　　(2) $f(t) = \mathrm{e}^{-2t}$；　　　　(3) $f(t) = t^2$；

(4) $f(t) = \sin t \cos t$；　　　(5) $f(t) = \cos^2 t$；　　　(6) $f(t) = \sin^2 t$

2. 求下列函数的拉普拉斯变换。

(1) $f(t) = \begin{cases} 3, & 0 \leqslant t < 2 \\ -1, & 2 \leqslant t < 4; \\ 0, & t \geqslant 4 \end{cases}$　　　(2) $f(t) = \begin{cases} \sin t, & 0 < t < \pi \\ 0, & \text{其他} \end{cases}$；

(3) $f(t) = \mathrm{e}^{2t} + 5\delta(t)$；　　　　(4) $f(t) = \cos t \, \delta(t) - \sin t \, \delta(t)$

3. 设 $f(t)$ 是以 2π 为周期的函数，且在一个周期内的表达式为

$$f(t) = \begin{cases} \sin t, & 0 < t \leqslant \pi \\ 0, & \pi < t < 2\pi \end{cases}$$

求 $\mathscr{L}[f(t)]$。

4. 求下列函数的拉普拉斯变换式。

(1) $f(t) = t^2 + 3t + 2$；　　　　(2) $f(t) = 1 - t\mathrm{e}^t$；

(3) $f(t) = (t-1)^2 \mathrm{e}^t$；　　　　(4) $f(t) = \dfrac{t}{2a} \sin at$；

(5) $f(t)=t\cos at$；　　　　　　　　(6) $f(t)=5\sin 2t-3\cos 2t$；

(7) $f(t)=\mathrm{e}^{-2t}\sin 6t$；　　　　　　(8) $f(t)=\mathrm{e}^{-4t}\cos 4t$；

(9) $f(t)=\mathrm{u}(3t-5)$；　　　　　　(10) $f(t)=\mathrm{u}(1-\mathrm{e}^{-t})$；

5. 若 $\mathscr{L}[f(t)]=F(s)$，a 为正实数，利用相似性质，计算下列各式。

(1) $\mathscr{L}\left[\mathrm{e}^{-\frac{t}{a}}f\left(\dfrac{t}{a}\right)\right]$；　　　　　(2) $\mathscr{L}\left[\mathrm{e}^{-at}f\left(\dfrac{t}{a}\right)\right]$

6. 利用象函数微分性质，计算下列各式：

(1) $\mathscr{L}\left[t\mathrm{e}^{-3t}\sin 2t\right]$；　　　　(2) $\mathscr{L}\left[t\displaystyle\int_0^t\mathrm{e}^{-3t}\sin 2t\,\mathrm{d}t\right]$；

(3) $\mathscr{L}^{-1}\left[\ln\dfrac{s+1}{s-1}\right]$；　　　　(4) $\mathscr{L}\left[\displaystyle\int_0^t\mathrm{e}^{-3t}\sin 2t\,\mathrm{d}t\right]$；

7. 利用象函数的积分性质，计算下列各式：

(1) $\mathscr{L}\left[\dfrac{\sin kt}{t}\right]$；　　(2) $\mathscr{L}\left[\dfrac{\mathrm{e}^{-3t}\sin 2t}{t}\right]$；　　(3) $\mathscr{L}\left[\displaystyle\int_0^t\dfrac{\mathrm{e}^{-3t}\sin 2t}{t}\,\mathrm{d}t\right]$

8. 求下列函数的拉普拉斯逆变换。

(1) $F(s)=\dfrac{1}{s^2+4}$；　　　　　(2) $F(s)=\dfrac{1}{s^4}$；

(3) $F(s)=\dfrac{1}{(s+1)^4}$；　　　　(4) $F(s)=\dfrac{1}{s+3}$；

(5) $F(s)=\dfrac{2s+3}{s^2+9}$；　　　　(6) $F(s)=\dfrac{s+3}{(s+1)(s-3)}$；

(7) $F(s)=\dfrac{s+1}{s^2+s-6}$；　　　(8) $F(s)=\dfrac{2s+5}{s^2+4s+13}$

9. 求下列函数的卷积。

(1) $1*1$；　　　　　　　　　(2) $t*t$；

(3) t^m*t^n；　　　　　　　(4) $t*\mathrm{e}^t$；

(5) $\sin t*\cos t$；　　　　　(6) $\sin kt*\sin kt$　　$(k\neq 0)$

10. 利用卷积定理证明：

$$\mathscr{L}^{-1}\left[\frac{s}{(s^2+a^2)^2}\right]=\frac{t}{2a}\sin at$$

11. 利用留数求下列函数的拉普拉斯逆变换。

(1) $F(s)=\dfrac{1}{s(s-a)}$；　　　　　(2) $F(s)=\dfrac{1}{s^3(s-a)}$；

(3) $F(s)=\dfrac{s+1}{s^2+s-6}$；　　　(4) $F(s)=\dfrac{2s+3}{s^2+9}$；

(5) $F(s) = \dfrac{1}{s(s^2 + a^2)}$;

(6) $F(s) = \dfrac{1}{s^2(s^2 - 1)}$;

(7) $F(s) = \dfrac{3s + 1}{5s^3(s - 2)^2}$;

(8) $F(s) = \dfrac{s^2 + 2s - 1}{s(s - 1)^2}$;

(9) $F(s) = \dfrac{1}{s^4 - a^4}$;

(10) $F(s) = \dfrac{s}{(s^2 + 1)(s^2 + 4)}$

12. 求下列函数的拉普拉斯逆变换。

(1) $F(s) = \dfrac{4}{s(2s + 3)}$;

(2) $F(s) = \dfrac{3}{(s + 4)(s + 2)}$;

(3) $F(s) = \dfrac{1}{s(s^2 + 5)}$;

(4) $F(s) = \dfrac{3s}{(s + 4)(s + 2)}$;

(5) $F(s) = \dfrac{s^2 + 2}{s(s + 1)(s + 2)}$;

(6) $F(s) = \dfrac{s + 2}{s^3(s - 1)^2}$;

(7) $F(s) = \dfrac{4s + 5}{s^2 + 5s + 6}$;

(8) $F(s) = \dfrac{s + 2}{(s^2 + 4s + 5)^2}$;

(9) $F(s) = \dfrac{1}{(s^2 + 2s + 2)^2}$;

(10) $F(s) = \dfrac{s^2 + 4s + 4}{(s^2 + 4s + 13)^2}$

13. 求下列常系数微分方程的解。

(1) $y' - y = e^{2t}$, $y(0) = 0$

(2) $y'' + 4y' + 3y = e^{-t}$, $y(0) = 0$, $y'(0) = 1$

(3) $y'' + 3y' + 2y = u(t - 1)$, $y(0) = 0$, $y'(0) = 1$

(4) $y'' - 2y' + 2y = 2e^t \cos t$, $y(0) = y'(0) = 0$

(5) $y'' + 2y' + 5y = e^{-t} \sin t$, $y(0) = 0$, $y'(0) = 1$

(6) $y'' - y = 4\sin t + 5\cos 2t$, $y(0) = -1$, $y'(0) = -2$

(7) $y'' + 4y' + 5y = h(t)$, $y(0) = c_1$, $y'(0) = c_2$ (c_1, c_2 为常数)

(8) $y''' + 3y'' + 3y' + y = 1$, $y(0) = y'(0) = y''(0) = 0$

(9) $y''' + y' = e^{2t}$, $y(0) = y'(0) = y''(0) = 0$

(10) $y''' + 3y'' + 3y' + y = 6e^{-t}$, $y(0) = y'(0) = y''(0) = 0$

(11) $y''' - 3y'' + 3y' - y = t^2 e^t$, $y(0) = 1$, $y'(0) = 0$, $y''(0) = -2$

(12) $y^{(4)} + 2y'' + y = 0$, $y(0) = y'(0) = y'''(0) = 0$, $y''(0) = 1$

(13) $y^{(4)} + y''' = \cos t + \dfrac{1}{2}\delta(t)$, $y(0) = y'(0) = y'''(0) = 0$, $y''(0) = c_0$ （常数）

(14) $y'' - 2y' + y = 0$, $y(0) = 0$, $y(1) = 2$

(15) $y'' - y = 0$, $y(0) = 0$, $y(2\pi) = 1$

14. 求下列微分、积分方程的解。

(1) $\int_0^t y(\tau)\cos(t-\tau)\,\mathrm{d}\tau = y'(t)$，$y(0)=1$

(2) $y'(t) + \int_0^t y(\tau)\,\mathrm{d}\tau = 1$，$y(0)=0$

(3) $y'(t) + 2y(t) + 2\int_0^t y(\tau)\,\mathrm{d}\tau = \mathrm{u}(t-b)$，$y(0)=-2$

(4) $y'(t) + 3y(t) + 2\int_0^t y(\tau)\,\mathrm{d}\tau = 10\mathrm{e}^{-3t}$，$y(0)=0$

15. 求下列微分、积分方程的解。

(1) $\begin{cases} x'+x-y=\mathrm{e}^t, \\ y'+3x-2y=2\mathrm{e}^t, \end{cases}$ $x(0)=y(0)=1$

(2) $\begin{cases} y'-2z'=f(t), \\ y''-z''+z=0, \end{cases}$ $y(0)=y'(0)=z(0)=z'(0)=0$

(3) $\begin{cases} (2x''-x'+9x)-(y''+y'+3y)=0, & x(0)=x'(0)=1 \\ (2x''+x'+7x)-(y''-y'+5y)=0, & y(0)=y'(0)=0 \end{cases}$

附录一 傅里叶变换简表

表 F-1 傅里叶变换及其图像

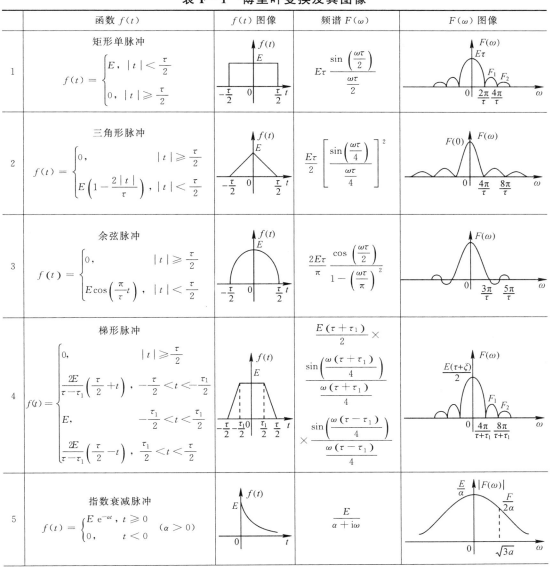

函数 $f(t)$	$f(t)$ 图像	频谱 $F(\omega)$	$F(\omega)$ 图像
1 矩形单脉冲 $f(t)=\begin{cases} E, & |t|<\dfrac{\tau}{2} \\ 0, & |t|\geqslant\dfrac{\tau}{2} \end{cases}$		$E\tau\,\dfrac{\sin\left(\dfrac{\omega\tau}{2}\right)}{\dfrac{\omega\tau}{2}}$	
2 三角形脉冲 $f(t)=\begin{cases} 0, & |t|\geqslant\dfrac{\tau}{2} \\ E\left(1-\dfrac{2|t|}{\tau}\right), & |t|<\dfrac{\tau}{2} \end{cases}$		$\dfrac{E\tau}{2}\left[\dfrac{\sin\left(\dfrac{\omega\tau}{4}\right)}{\dfrac{\omega\tau}{4}}\right]^2$	
3 余弦脉冲 $f(t)=\begin{cases} 0, & |t|\geqslant\dfrac{\tau}{2} \\ E\cos\left(\dfrac{\pi}{\tau}t\right), & |t|<\dfrac{\tau}{2} \end{cases}$		$\dfrac{2E\tau}{\pi}\,\dfrac{\cos\left(\dfrac{\omega\tau}{2}\right)}{1-\left(\dfrac{\omega\tau}{\pi}\right)^2}$	
4 梯形脉冲 $f(t)=\begin{cases} 0, & |t|\geqslant\dfrac{\tau}{2} \\ \dfrac{2E}{\tau-\tau_1}\left(\dfrac{\tau}{2}+t\right), & -\dfrac{\tau}{2}<t<-\dfrac{\tau_1}{2} \\ E, & -\dfrac{\tau_1}{2}<t<\dfrac{\tau_1}{2} \\ \dfrac{2E}{\tau-\tau_1}\left(\dfrac{\tau}{2}-t\right), & \dfrac{\tau_1}{2}<t<\dfrac{\tau}{2} \end{cases}$		$\dfrac{E(\tau+\tau_1)}{2}\times$ $\dfrac{\sin\left(\dfrac{\omega(\tau+\tau_1)}{4}\right)}{\dfrac{\omega(\tau+\tau_1)}{4}}$ $\times\dfrac{\sin\left(\dfrac{\omega(\tau-\tau_1)}{4}\right)}{\dfrac{\omega(\tau-\tau_1)}{4}}$	
5 指数衰减脉冲 $f(t)=\begin{cases} E\,\mathrm{e}^{-at}, & t\geqslant0 \\ 0, & t<0 \end{cases}\ (\alpha>0)$		$\dfrac{E}{\alpha+\mathrm{i}\omega}$	

续表

	函数 $f(t)$	$f(t)$ 图像	频谱 $F(\omega)$	$F(\omega)$ 图像
6	单位阶跃脉冲 $f(t)=\begin{cases}1, & t\geqslant 0\\ 0, & t<0\end{cases}$		$\dfrac{1}{i\omega}+\pi\delta(\omega)$	
7	指数脉冲 $f(t)=\begin{cases}\dfrac{E}{\beta-\alpha}(e^{-\alpha t}-e^{-\beta t}), & t\geqslant 0\\ 0, & t<0\end{cases}$ $(\alpha\neq\beta)$		$\dfrac{E}{(\alpha+i\omega)(\beta+i\omega)}$	
8	衰减正弦振荡 $f(t)=\begin{cases}E\,e^{-\alpha t}\sin\omega_0 t, & t\geqslant 0\\ 0, & t<0\end{cases}(\alpha>0)$		$\dfrac{\omega_0 E}{(\alpha+i\omega)^2+\omega_0^2}$	
9	矩形射频脉冲 $f(t)=\begin{cases}E\cos\omega_0 t, & \lvert t\rvert\leqslant\dfrac{\tau}{2}\\ 0, & \lvert t\rvert>\dfrac{\tau}{2}\end{cases}$		$\dfrac{E\tau}{2}\times\left[\dfrac{\sin(\omega+\omega_0)\dfrac{\tau}{2}}{(\omega+\omega_0)\dfrac{\tau}{2}}+\dfrac{\sin(\omega-\omega_0)\dfrac{\tau}{2}}{(\omega-\omega_0)\dfrac{\tau}{2}}\right]$	 $\omega_1=\omega_0-\dfrac{2\pi}{\tau}\quad \omega_2=\omega_0+\dfrac{2\pi}{\tau}$

表 F1-2　傅里叶变换

	$f(t)$	$F(\omega)$		$f(t)$	$F(\omega)$
1	$u(t)$	$\dfrac{1}{i\omega}+\pi\delta(\omega)$	5	$\sin(\omega_0 t)u(t)$	$\dfrac{\pi}{2i}[\delta(\omega-\omega_0)-\delta(\omega+\omega_0)]$ $+\dfrac{\omega_0}{\omega_0^2-\omega^2}$
2	$u(t-c)$	$\dfrac{1}{i\omega}e^{-i\omega c}+\pi\delta(\omega)$	6	$\cos(\omega_0 t)u(t)$	$\dfrac{\pi}{2}[\delta(\omega-\omega_0)+\delta(\omega+\omega_0)]$ $+\dfrac{i\omega}{\omega_0^2-\omega^2}$
3	$t\,u(t)$	$-\dfrac{1}{\omega^2}+i\pi\,\delta'(\omega)$	7	$e^{-at}u(t)$	$\dfrac{1}{a+i\omega}$
4	$t^n u(t)$	$\dfrac{n!}{(i\omega)^{n+1}}+\pi\,i^n\delta^{(n)}(\omega)$	8	$t e^{-at}u(t)$	$\dfrac{1}{(a+i\omega)^2}$

续表（一）

	$f(t)$	$F(\omega)$		$f(t)$	$F(\omega)$
9	$\delta(t)$	1	20	$e^{iat}t^n u(t)$	$\dfrac{n!}{[i(\omega-a)]^{n+1}}+\pi i^n$ $\delta^{(n)}(\omega-a)$
10	$\delta(t-c)$	$e^{-i\omega c}$	21	$t^n e^{i\omega_0 t}$	$2\pi i^n\delta^{(n)}(\omega-\omega_0)$
11	$\delta'(t)$	$i\omega$	22	$e^{-a|t|}$，$\mathrm{Re}(a)>0$	$\dfrac{2a}{a^2+\omega^2}$
12	$\delta^{(n)}(t)$	$(i\omega)^n$	23	e^{-at^2}，$\mathrm{Re}(a)>0$	$\sqrt{\dfrac{\pi}{2}}\,e^{-\frac{\omega^2}{4a}}$
13	$\delta^{(n)}(t-c)$	$(i\omega)^n e^{-i\omega c}$	24	$|t|$	$-\dfrac{2}{\omega^2}$
14	1	$2\pi\delta(\omega)$	25	$\mathrm{sgn}(t)$	$\dfrac{2}{i\omega}$
15	t	$2\pi i\,\delta'(\omega)$	26	$\dfrac{1}{a^2+t^2}$ $(\mathrm{Re}(a)>0)$	$-\dfrac{\pi}{a}e^{a|\omega|}$
16	t^n	$2\pi i^n\delta^n(\omega)$	27	$\dfrac{t}{(a^2+t^2)^2}$ $(\mathrm{Re}(a)<0)$	$\dfrac{i\omega\pi}{2a}e^{a|\omega|}$
17	$e^{i\omega_0 t}$	$2\pi\delta(\omega-\omega_0)$	28	$\dfrac{e^{ibt}}{a^2+t^2}$ $(\mathrm{Re}(a)<0,\,b\text{ 为实数})$	$-\dfrac{\pi}{a}e^{a|\omega-b|}$
18	$e^{iat}u(t)$	$\dfrac{1}{i(\omega-a)}+\pi\delta(\omega-a)$	29	$\dfrac{\cos bt}{a^2+t^2}$ $(\mathrm{Re}(a)<0,\,b\text{ 为实数})$	$-\dfrac{\pi}{2a}[e^{a|\omega-b|}+e^{a|\omega+b|}]$
19	$e^{iat}u(t-c)$	$\dfrac{1}{i(\omega-a)}e^{-i(\omega-a)c}$ $+\pi\delta(\omega-a)$	30	$\dfrac{\sin bt}{a^2+t^2}$ $(\mathrm{Re}(a)<0,\,b\text{ 为实数})$	$-\dfrac{\pi}{2ai}[e^{a|\omega-b|}-e^{a|\omega+b|}]$

	$f(t)$	$F(\omega)$		$f(t)$	$F(\omega)$
31	$\dfrac{\sinh at}{\sinh \pi t}$ $(-\pi < a < \pi)$	$\dfrac{\sin a}{\cosh \omega + \cos a}$	37	$\dfrac{\sin at}{t}$	$\begin{cases} \pi, & \|\omega\| \leqslant a \\ 0, & \|\omega\| > a \end{cases}$
32	$\dfrac{\sinh at}{\cosh \pi t}$ $(-\pi < a < \pi)$	$-2\mathrm{i}\,\dfrac{\sin \dfrac{a}{2}\sinh \dfrac{\omega}{2}}{\cosh \omega + \cos a}$	38	$\dfrac{\sin^2 at}{t^2}$	$\begin{cases} \pi\left(a - \dfrac{\|\omega\|}{2}\right), & \|\omega\| \leqslant a \\ 0, & \|\omega\| > a \end{cases}$
33	$\dfrac{\cosh at}{\cosh \pi t}$ $(-\pi < a < \pi)$	$2\mathrm{i}\,\dfrac{\cos \dfrac{a}{2}\cosh \dfrac{\omega}{2}}{\cosh \omega + \cos a}$	39	$\dfrac{1}{\|t\|}$	$\dfrac{\sqrt{2\pi}}{\|\omega\|}$
34	$\dfrac{1}{\cosh at}$	$\dfrac{\pi}{a}\,\dfrac{1}{\cosh \dfrac{\pi \omega}{2a}}$	40	$\dfrac{1}{\sqrt{\|t\|}}$	$\sqrt{\dfrac{2\pi}{\|\omega\|}}$
35	$\sin a\,t^2$	$\sqrt{\dfrac{\pi}{a}}\cos\left(\dfrac{\omega^2}{4a} + \dfrac{\pi}{4}\right)$	41	$\dfrac{\sin at}{\sqrt{\|t\|}}$	$\mathrm{i}\sqrt{\dfrac{\pi}{2}}\left(\dfrac{1}{\sqrt{\|\omega + a\|}} + \dfrac{1}{\sqrt{\|\omega - a\|}}\right)$
36	$\cos a\,t^2$	$\sqrt{\dfrac{\pi}{a}}\cos\left(\dfrac{\omega^2}{4a} - \dfrac{\pi}{4}\right)$	42	$\dfrac{\cos at}{\sqrt{\|t\|}}$	$\sqrt{\dfrac{\pi}{2}}\left(\dfrac{1}{\sqrt{\|\omega + a\|}} + \dfrac{1}{\sqrt{\|\omega - a\|}}\right)$

附录二 拉普拉斯变换简表

表 F2-1 拉普拉斯变换

	$f(t)$	$F(s)$
1	$\delta(t)$	1
2	$u(t)$	$\dfrac{1}{s}$
3	$tu(t)$	$\dfrac{1}{s^2}$
4	$t^m u(t)\ (m>-1)$	$\dfrac{\Gamma(m+1)}{s^{m+1}}$
5	e^{at}	$\dfrac{1}{s-a}$
6	$t^m e^{at}\ (m>-1)$	$\dfrac{\Gamma(m+1)}{(s-a)^{m+1}}$
7	e^{-at}	$\dfrac{1}{s+a}$
8	$t e^{-at}$	$\dfrac{1}{(s+a)^2}$
9	$t^m e^{-at}\ (m>-1)$	$\dfrac{\Gamma(m+1)}{(s+a)^{m+1}}$
10	$\sin at$	$\dfrac{a}{s^2+a^2}$
11	$\cos at$	$\dfrac{s}{s^2+a^2}$
12	$\sinh at$	$\dfrac{a}{s^2-a^2}$
13	$\cosh at$	$\dfrac{s}{s^2-a^2}$
14	$t\sin at$	$\dfrac{2as}{(s^2+a^2)^2}$
15	$t\cos at$	$\dfrac{s^2-a^2}{(s^2+a^2)^2}$

	$f(t)$	$F(s)$
16	$t\sinh at$	$\dfrac{2as}{(s^2-a^2)^2}$
17	$t\cosh at$	$\dfrac{s^2+a^2}{(s^2-a^2)^2}$
18	$t^m\sin at\ (m>-1)$	$\dfrac{\Gamma(m+1)}{2\mathrm{i}(s^2+a^2)^{m+1}}\left[(s+\mathrm{i}a)^{m+1}-(s-\mathrm{i}a)^{m+1}\right]$
19	$t^m\cos at\ (m>-1)$	$\dfrac{\Gamma(m+1)}{2(s^2+a^2)^{m+1}}\left[(s+\mathrm{i}a)^{m+1}+(s-\mathrm{i}a)^{m+1}\right]$
20	$\mathrm{e}^{-bt}\sin at$	$\dfrac{a}{(s+b)^2+a^2}$
21	$\mathrm{e}^{-bt}\cos at$	$\dfrac{s+b}{(s+b)^2+a^2}$
22	$\mathrm{e}^{-bt}\sin(at+c)$	$\dfrac{(s+b)\sin c+a\cos c}{(s+b)^2+a^2}$
23	$\sin^2 t$	$\dfrac{1}{2}\left(\dfrac{1}{s}-\dfrac{s}{s^2+4}\right)$
24	$\cos^2 t$	$\dfrac{1}{2}\left(\dfrac{1}{s}+\dfrac{s}{s^2+4}\right)$
25	$\sin at\sin bt$	$\dfrac{2abs}{\left[s^2+(a+b)^2\right]\left[s^2+(a-b)^2\right]}$
26	$\mathrm{e}^{at}-\mathrm{e}^{bt}$	$\dfrac{a-b}{(s-a)(s-b)}$
27	$a\mathrm{e}^{at}-b\mathrm{e}^{bt}$	$\dfrac{(a-b)s}{(s-a)(s-b)}$
28	$\dfrac{1}{a}\sin at-\dfrac{1}{b}\sin bt$	$\dfrac{b^2-a^2}{(s^2+a^2)(s^2+b^2)}$
29	$\cos at-\cos bt$	$\dfrac{(b^2-a^2)s}{(s^2+a^2)(s^2+b^2)}$
30	$\dfrac{1}{a^2}(1-\cos at)$	$\dfrac{1}{s(s^2+a^2)}$
31	$\dfrac{1}{a^3}(at-\sin at)$	$\dfrac{1}{s^2(s^2+a^2)}$
32	$\dfrac{1}{a^4}(\cos at-1)+\dfrac{1}{2a^2}t^2$	$\dfrac{1}{s^3(s^2+a^2)}$
33	$\dfrac{1}{a^4}(\cosh at-1)-\dfrac{1}{2a^2}t^2$	$\dfrac{1}{s^3(s^2-a^2)}$

续表(二)

	$f(t)$	$F(s)$
34	$\dfrac{1}{2a^3}(\sin at - at\cos at)$	$\dfrac{1}{(s^2+a^2)^2}$
35	$\dfrac{1}{2a}(\sin at + at\cos at)$	$\dfrac{s^2}{(s^2+a^2)^2}$
36	$\dfrac{1}{a^4}(1-\cos at)-\dfrac{1}{2a^3}t\sin at$	$\dfrac{1}{s(s^2+a^2)^2}$
37	$(1-at)\mathrm{e}^{-at}$	$\dfrac{s}{(s+a)^2}$
38	$t\left(1-\dfrac{a}{2}t\right)\mathrm{e}^{-at}$	$\dfrac{s}{(s+a)^3}$
39	$\dfrac{1}{a}(1-\mathrm{e}^{-at})$	$\dfrac{1}{s(s+a)}$
40	$\dfrac{1}{ab}+\dfrac{1}{b-a}\left(\dfrac{\mathrm{e}^{-bt}}{b}-\dfrac{\mathrm{e}^{-at}}{a}\right)$	$\dfrac{1}{s(s+a)(s+b)}$
41	$\dfrac{\mathrm{e}^{-at}}{(b-a)(c-a)}+\dfrac{\mathrm{e}^{-bt}}{(a-b)(c-b)}+\dfrac{\mathrm{e}^{-ct}}{(a-c)(b-c)}$	$\dfrac{1}{(s+a)(s+b)(s+c)}$
42	$\dfrac{a\,\mathrm{e}^{-at}}{(c-a)(a-b)}+\dfrac{b\,\mathrm{e}^{-bt}}{(a-b)(b-c)}+\dfrac{c\,\mathrm{e}^{-ct}}{(b-c)(c-a)}$	$\dfrac{s}{(s+a)(s+b)(s+c)}$
43	$\dfrac{a^2\mathrm{e}^{-at}}{(c-a)(a-b)}+\dfrac{b^2\mathrm{e}^{-bt}}{(a-b)(c-b)}+\dfrac{c^2\mathrm{e}^{-ct}}{(b-c)(a-c)}$	$\dfrac{s^2}{(s+a)(s+b)(s+c)}$
44	$\dfrac{\mathrm{e}^{-at}-\mathrm{e}^{-bt}[1-(a-b)t]}{(a-b)^2}$	$\dfrac{1}{(s+a)(s+b)^2}$
45	$\dfrac{[a-b(a-b)t]\mathrm{e}^{-bt}-a\,\mathrm{e}^{-at}}{(a-b)^2}$	$\dfrac{s}{(s+a)(s+b)^2}$
46	$\mathrm{e}^{-at}-\mathrm{e}^{\frac{at}{2}}\left(\cos\dfrac{\sqrt{3}\,at}{3}-\sqrt{3}\sin\dfrac{\sqrt{3}\,at}{2}\right)$	$\dfrac{3a^2}{s^3+a^3}$
47	$\sin at\cosh at - \cos at\sinh at$	$\dfrac{4a^3}{s^4+4a^4}$
48	$\dfrac{1}{2a^2}\sin at\sinh at$	$\dfrac{s}{s^4+4a^4}$
49	$\dfrac{1}{2a^3}(\sinh at - \sin at)$	$\dfrac{1}{s^4-a^4}$
50	$\dfrac{1}{2a^2}(\cosh at - \cos at)$	$\dfrac{s}{s^4-a^4}$
51	$\dfrac{1}{\sqrt{\pi t}}$	$\dfrac{1}{\sqrt{s}}$

续表(三)

	$f(t)$	$F(s)$
52	$2\sqrt{\dfrac{t}{\pi}}$	$\dfrac{1}{s\sqrt{s}}$
53	$\dfrac{1}{\sqrt{\pi t}}\mathrm{e}^{at}(1+2at)$	$\dfrac{s}{(s-a)\sqrt{s-a}}$
54	$\dfrac{1}{2\sqrt{\pi t^3}}(\mathrm{e}^{bt}-\mathrm{e}^{at})$	$\sqrt{s-a}-\sqrt{s-b}$
55	$\dfrac{1}{\sqrt{\pi t}}\cos 2\sqrt{at}$	$\dfrac{1}{\sqrt{s}}\mathrm{e}^{-\frac{a}{s}}$
56	$\dfrac{1}{\sqrt{\pi t}}\cosh 2\sqrt{at}$	$\dfrac{1}{\sqrt{s}}\mathrm{e}^{\frac{a}{s}}$
57	$\dfrac{1}{\sqrt{\pi t}}\sin 2\sqrt{at}$	$\dfrac{1}{s\sqrt{s}}\mathrm{e}^{-\frac{a}{s}}$
58	$\dfrac{1}{\sqrt{\pi t}}\sinh 2\sqrt{at}$	$\dfrac{1}{s\sqrt{s}}\mathrm{e}^{\frac{a}{s}}$
59	$\dfrac{1}{t}(\mathrm{e}^{bt}-\mathrm{e}^{at})$	$\ln\dfrac{s-a}{s-b}$
60	$\dfrac{2}{t}\sinh at$	$\ln\dfrac{s+a}{s-a}=2\operatorname{arctanh}\dfrac{a}{s}$
61	$\dfrac{2}{t}(1-\cos at)$	$\ln\dfrac{s^2+a^2}{s^2}$
62	$\dfrac{2}{t}(1-\cosh at)$	$\ln\dfrac{s^2-a^2}{s^2}$
63	$\dfrac{1}{t}\sin at$	$\arctan\dfrac{a}{s}$
64	$\dfrac{1}{t}(\cosh at-\cos bt)$	$\ln\sqrt{\dfrac{s^2+b^2}{s^2-a^2}}$
65	$\delta^{(n)}(t)$	s^n
66	$\operatorname{sgn}(t)$	$\dfrac{1}{s}$

附录三　习题参考答案

习题一答案

1. (1) $\dfrac{\sqrt{2}}{2}-\mathrm{i}\dfrac{\sqrt{2}}{2}$; (2) $\dfrac{19}{25}-\mathrm{i}\dfrac{8}{25}$; (3) $5+10\mathrm{i}$; (4) $\dfrac{3}{2}-\mathrm{i}\dfrac{5}{2}$

2. 当等式右边的计算结果不超出辐角主值的范围时，等式成立。

3. $\mathrm{Arg}(\mathrm{i}^2)=\pi+2k\pi$; $2\mathrm{Arg}(\mathrm{i})=\pi+4k\pi$ $(k=0,\pm1,\pm2,\cdots)$;
   $\mathrm{Arg}(z^2)$ 和 $2\mathrm{Arg}(z)$ 所表示的集合不同。

4. (1) $\dfrac{\sqrt{17}}{5}\mathrm{e}^{\mathrm{i}\theta}$, $\theta=-\arctan\dfrac{8}{19}$; (2) $\mathrm{e}^{\mathrm{i}\frac{\pi}{2}}$; (3) $\mathrm{e}^{\mathrm{i}\pi}$; (4) $16\pi\mathrm{e}^{-\frac{2}{3}\pi\mathrm{i}}$; (5) $\mathrm{e}^{\frac{2}{3}\pi\mathrm{i}}$;

   (6) $2\sin\dfrac{\theta}{2}\mathrm{e}^{\mathrm{i}\frac{\pi-\theta}{2}}$

5. 略。

6. 略。

7. 略。

8. $x=\dfrac{1}{3}$, $y=1$ 。

9. (1) $1+\mathrm{i}\sqrt{3}$, -2 , $1-\mathrm{i}\sqrt{3}$; (2) $\dfrac{\sqrt{3}+\mathrm{i}}{2}$, $-\mathrm{i}$, $\dfrac{\sqrt{3}-\mathrm{i}}{2}$; (3) $\dfrac{\sqrt{2}}{2}(1\pm\mathrm{i})$, $\dfrac{\sqrt{2}}{2}(-1\pm\mathrm{i})$;

   (4) $\sqrt[4]{2}\left(\cos\dfrac{\pi}{8}\pm\mathrm{i}\sin\dfrac{\pi}{8}\right)$

10. 略。

11. (1) 椭圆周 $\left(\dfrac{x}{3}\right)^2+\left(\dfrac{y}{5}\right)^2=1$; (2) 双曲线 $\dfrac{x^2}{9/4}-\dfrac{y^2}{7/4}=1$ 的右半支; (3) 实轴;

    (4) 射线 $y=x+1$ $(x>0)$; (5) 中心为 $z_0=-2$, 半径为 $\sqrt{2}$ 的圆周。

12. (1) $y=x^2$; (2) $x=y^2$; (3) $y=x^3$; (4) 双曲线 $xy=1$

13. (1) 椭圆周 $\left(\dfrac{x}{a}\right)^2+\left(\dfrac{y}{b}\right)^2=1$; (2) 圆周 $|z|=\sqrt{2}r$, 即 $x^2+y^2=2r^2$ 。

14. (1) 闭区域 $x\leqslant2$, 不是区域;

    (2) 顶点为 $z_1=1$, $z_2=3$ 和 $z_3=3+2\mathrm{i}$ 的三角形内部, 是区域;

    (3) 椭圆周 $\left(\dfrac{x}{3}\right)^2+\left(\dfrac{y}{5}\right)^2=1$ 的内部及其边界, 是闭区域, 不是区域;

    (4) $|z+2|>\sqrt{2}$, 是区域。

15.（1）、（2）、（3）、（5）是多连通域，（4）是单连通域；

（1）、（2）是有界域，（3）、（4）、（5）是无界域。

习题二答案

1. $\dfrac{u^2}{(5/2)^2}+\dfrac{v^2}{(3/2)^2}=1$

2. (1) $0<\rho<4$，$\varphi=\dfrac{\pi}{2}$；（2）$0<\rho<4$，$0<\varphi<\dfrac{\pi}{2}$；

（3）$v^2=4a^2(a^2-u)$，$v^2=4b^2(b^2+u)$

3. (1) $|w|=\dfrac{1}{2}$；（2）$v=u$；（3）$v=0$；（4）$\left|w-\dfrac{1}{2}\right|=\dfrac{1}{2}$

4. (1) 0；（2）不存在；（3）$-\dfrac{1}{2}$；（4）$\dfrac{3}{2}$

5. (1) $f(z)$仅在$z=0$处不连续；（2）连续。

6. 略。

7. (1) $n(z-1)^{n-1}$；（2）在$z\neq\pm i$，$z\neq-1$处，$f'(z)=\dfrac{-2z^3+5z^2+4z+3}{(z+1)^2(z^2+1)^2}$；

（3）在$z\neq 7/5$处，$f'(z)=-\dfrac{61}{(5z-7)^2}$；（4）在$z\neq 0$处，$f'(z)=-\dfrac{1+i}{z^2}$

8. 略。

9. (1) 处处不解析，只在$z=0$可导；（2）处处不解析，只在直线$y=x$上可导；

（3）处处不解析，只在$\sqrt{2}\,x\pm\sqrt{3}\,y=0$上可导，（4）处处不解析，只在$z=0$可导。

10. 略。

11. 只在曲线$y=\cos x$上可导，其导数为$f'(z)=2\cos x$，处处不解析。

12. 略。

13. $m=1$，$n=-3$，$l=-3$。

14. (1) $f'(z)=3z^2$；（2）$f'(z)=(z+1)e^z$

15. (1) $e^2(\cos 1+i\sin 1)$；（2）$\dfrac{1}{2}e^{2/3}(1-i\sqrt{3})$；（3）$e^{x/(x^2+y^2)}\cos\dfrac{y}{x^2+y^2}$；（4）$e^{-2x}$

16. (1) $\ln\sqrt{13}+i\left[\pi-\arctan\left(\dfrac{3}{2}\right)\right]$；（2）$\ln 2\sqrt{3}-i\,\dfrac{\pi}{6}$；（3）i；（4）$1+i\dfrac{\pi}{2}$

17. (1) $\sqrt{2}\,e^{\pi/4+2k\pi}\left[\cos\left(\dfrac{\pi}{4}-\ln\sqrt{2}\right)+i\sin\left(\dfrac{\pi}{4}-\ln\sqrt{2}\right)\right]$

（2）$3^{\sqrt{5}}\left[\cos\sqrt{5}(2k+1)\pi+i\sin\sqrt{5}(2k+1)\pi\right]$

（3）$e^{2k\pi}$

（4）$e^{\pi/4-2k\pi}\left(\dfrac{\sqrt{2}}{2}-i\dfrac{\sqrt{2}}{2}\right)$

18. (1) $-\dfrac{1}{2}(\mathrm{e}^{-5}+\mathrm{e}^{5})=-\mathrm{ch}5$; (2) $\dfrac{\mathrm{e}^{-5}+\mathrm{e}^{5}}{2}\sin1-\mathrm{i}\dfrac{\mathrm{e}^{-5}+\mathrm{e}^{5}}{2}\cos1$

  (3) $\dfrac{\sin-\mathrm{i}\sin2}{2(\mathrm{ch}^{2}1-\sin^{2}3)}$; (4) $\sin^{2}x+\mathrm{sh}^{2}y$

  (5) $2k\pi-\mathrm{i}\ln(\sqrt{2}-1)$，$(2k+1)\pi-\mathrm{i}\ln(\sqrt{2}+1)$

  (6) $k\pi+\dfrac{1}{2}\arctan2+\dfrac{\mathrm{i}}{4}\ln5$

19. (1) $\left(2k+\dfrac{1}{2}\right)\pi\pm\mathrm{i}\ln(2\pm\sqrt{3})$; (2) $\ln2+\mathrm{i}\left(\dfrac{\pi}{3}+2k\pi\right)$; (3) i;

  (4) $\ln\sqrt{2}+\mathrm{i}\left(2k+\dfrac{1}{4}\right)\pi$

20. 略。

习题三答案

1. $\dfrac{\mathrm{i}-1}{3}$

2. (1) i; (2) $\dfrac{2\mathrm{i}}{3}$

3. (1) i; (2) $2\mathrm{i}$; (3) $2\mathrm{i}$

4. (1) $1+\dfrac{\mathrm{i}}{2}$; (2) $-\dfrac{\pi}{2}$; (3) $-\pi R^{2}$

5. (1) $4\pi\mathrm{i}$; (2) $8\pi\mathrm{i}$

6. (1) $8+3\pi\mathrm{i}$; (2) $8-3\pi\mathrm{i}$; (3) $-6\pi\mathrm{i}$

7. 为零，因为被积函数处处解析。

8. $2\pi\mathrm{i}$。

9. 0。

10. (1) $2\pi\mathrm{i}$; (2) 0; (3) $-\pi\mathrm{i}$; (4) $\pi\mathrm{i}$

11. 略。

12. (1) $2\mathrm{ch}1$; (2) -2; (3) $-\dfrac{11}{3}+\dfrac{\mathrm{i}}{3}$; (4) $\dfrac{1}{8}\left(\dfrac{\pi^{2}}{4}+3\ln^{2}2\right)$;

  (5) $\sin1-\cos1$; (6) $-\left(\tan1+\dfrac{1}{2}\tan^{2}1+\dfrac{1}{2}\mathrm{th}^{2}1+\mathrm{i}\mathrm{th}1\right.$

13. $-\dfrac{\pi\mathrm{i}}{\sqrt{2}}$

14. $\dfrac{\pi}{3}\sin3\mathrm{i}$

15. 0

16. (1) $\dfrac{\pi\mathrm{i}}{12}$; (2) $-\pi\mathrm{i}$; (3) $\pi\mathrm{i}\sec^{2}\dfrac{z_{0}}{2}$

17. (1) $\dfrac{3\pi i}{8}$; (2) $-\dfrac{3\pi i}{8}$; (3) 0; (4) 0

18. $c = -3a$, $b = -3d$

19. 略。

20. 略。

21. 略。

22. (1) $f(z) = z^2 - i\dfrac{z^2}{2} + iC$; (2) $f(z) = i\left(\dfrac{1}{z} - 1\right)$;

    (3) $f(z) = ze^z + z + iz + 2$; (4) $f(z) = \ln z + C$

23. $p = 1$, $e^z + c$; $p = -1$, $-e^{-z} + c$

习题四答案

1. (1) 收敛, 极限为 1; (2) 收敛, 极限为 0; (3) 发散; (4) 发散; (5) 收敛, 极限为 0。

2. (1) 原级数收敛, 非绝对收敛; (2) 原级数收敛, 且绝对收敛; (3) 发散。

3. $|z| < 1$, $z = 1$ 时收敛, 其余发散。

4. (1)、(2)、(3) 都不正确。

5. 不能。

6. (1) $R = 1$, $|z - i| < 1$;   (2) $R = 1$, $|z| < 1$; (3) $R = 0$; (4) $R = 1$, $|z| < 1$;

   (5) $R = \infty$

7. 略。

8. 略。

9. (1) $1 - z^3 + z^6 - \cdots$, $R = 1$

   (2) $1 - 2z^2 + 3z^4 - 4z^6 + \cdots$, $R = 1$

   (3) $1 - \dfrac{z^4}{2!} + \dfrac{z^8}{4!} - \dfrac{z^{12}}{6!} + \cdots$, $R = \infty$

   (4) $z + \dfrac{z^3}{3!} + \dfrac{z^5}{5!} + \cdots$, $R = \infty$

   (5) $1 + \dfrac{z^2}{2!} + \dfrac{z^4}{4!} + \dfrac{z^6}{6!} + \cdots$, $R = \infty$

   (6) $z^2 + z^4 + \dfrac{z^6}{3} + \cdots$, $R = \infty$

   (7) $1 - z - \dfrac{z^2}{2!} - \dfrac{z^3}{3!} - \cdots$, $R = 1$

   (8) $\sin 1 + \cos 1 z + \left(\cos 1 - \dfrac{1}{2}\sin 1\right)z^2 + \left(\dfrac{5}{6}\cos 1 - \sin 1\right)z^3 + \cdots$, $R = 1$

10. (1) $\displaystyle\sum_{n=1}^{\infty} (-1)^{n-1} \dfrac{(z-1)^n}{2^n}$, $R = 2$

   (2) $\displaystyle\sum_{n=0}^{\infty} (-1)^n \left(\dfrac{1}{2^{2n+1}} - \dfrac{1}{3^{n+1}}\right)(z-2)^n$, $R = 3$

(3) $\sum_{n=0}^{\infty} (n+1)(z+1)^n$, $R=1$

(4) $\sum_{n=0}^{\infty} \dfrac{3^n}{(1-3i)^{n+1}} [z-(1+i)]^n$, $R=\dfrac{\sqrt{10}}{3}$

(5) $1+2\left(z-\dfrac{\pi}{4}\right)+2\left(z-\dfrac{\pi}{4}\right)^2+\dfrac{8}{3}\left(z-\dfrac{\pi}{4}\right)^3+\cdots$, $R=\dfrac{\pi}{4}$

(6) $z-\dfrac{z^3}{3}+\dfrac{z^5}{5}-\cdots$, $R=1$

11. $\ln(1+e^{-z})=\ln 2-\dfrac{1}{2}z+\dfrac{1}{2!2^2}z^2-\dfrac{1}{4!2^3}z^4+\cdots$, $R=\pi$

12. 略。

13. 略。

14. 略。

15. $|z|<1$, $f(z)=\sum_{n=0}^{\infty}\left(\dfrac{(-1)^n}{2^{n+1}}-1\right)z^n$

$1<|z|<2$, $f(z)=\dfrac{1}{2}\sum_{n=0}^{\infty}\left(-\dfrac{z}{2}\right)^n+\dfrac{1}{2}\sum_{n=0}^{\infty}\left(\dfrac{1}{z}\right)^n$

$2<|z|<+\infty$, $f(z)=\dfrac{1}{z}\sum_{n=0}^{\infty}\left(-\dfrac{2}{z}\right)^n+\sum_{n=0}^{\infty}\left(\dfrac{1}{z}\right)^{n+1}$

16. (1) $\dfrac{1}{5}\left(\cdots+\dfrac{2}{z^4}+\dfrac{1}{z^3}-\dfrac{2}{z^2}-\dfrac{1}{z}-\dfrac{1}{2}-\dfrac{z}{4}-\dfrac{z^2}{8}-\dfrac{z^3}{16}-\cdots\right)$

(2) $\sum_{n=-1}^{\infty}(n+2)z^n$, $\sum_{n=-2}^{\infty}(-1)^n(z-1)^n$

(3) $-\sum_{n=-1}^{\infty}(z-1)^n$, $\sum_{n=0}^{\infty}(-1)^n\dfrac{1}{(z-2)^{n+2}}$

(4) $1-\dfrac{1}{z}-\dfrac{1}{2!z^2}-\dfrac{1}{3!z^3}+\dfrac{1}{4!z^4}+\cdots$

(5) $\sum_{n=1}^{\infty}(-1)^{n-1}\dfrac{n(z-i)^{n-2}}{i^{n+1}}$ $(0<|z-i|<1)$

$\sum_{n=0}^{\infty}(-1)^n\dfrac{(n+1)i^n}{(z-i)^{n+3}}$ $(1<|z-i|<+\infty)$

(6) $1-\dfrac{3}{2}\sum_{n=0}^{\infty}\dfrac{1}{4^n}z^n-2\sum_{n=-1}^{-\infty}\dfrac{1}{3^{n+1}}z^n$ $(3<|z|<4)$

$1+\sum_{n=1}^{\infty}(3\cdot2^{2n-1}-2\cdot3^{n-1})z^{-n}$ $(4<|z|<+\infty)$

19. (1) 0; (2) $2\pi i$; (3) 0; (4) $2\pi i$

20. $2\pi i$。

习题五答案

1. (1) $z=0$，一级极点；$z=\pm i$，二级极点；

   (2) $z=0$，二级极点；

   (3) $z=1$，二级极点；$z=-1$，一级极点；

   (4) $z=0$，可去奇点；

   (5) $z=\pm i$，二级极点；$z_k=(2k+1)i\ (k=1,\pm 2,\cdots)$，一级极点；

   (6) $z=1$，本性奇点；

   (7) $z=0$，三级极点；$z_k=2k\pi i\ (k=\pm 1,\pm 2,\cdots)$，一级极点；

   (8) $z_k=e^{\frac{(2k+1)\pi i}{n}}\ (k=0,1,\cdots,n-1)$，一级极点；

   (9) $z=0$，二级极点；$\pm\sqrt{k\pi}$，$\pm i\sqrt{k\pi}\ (k=1,2,\cdots)$一级极点。

2. 略。

3. 10 级极点。

4. 15 级零点。

5. (1) $\operatorname{Res}[f(z),0]=-\dfrac{1}{2}$，$\operatorname{Res}[f(z),2]=\dfrac{3}{2}$

   (2) $\operatorname{Res}[f(z),0]=-\dfrac{4}{3}$

   (3) $\operatorname{Res}[f(z),i]=-\dfrac{3}{8}i$，$\operatorname{Res}[f(z),-i]=\dfrac{3}{8}i$

   (4) $\operatorname{Res}\left[f(z),k\pi+\dfrac{\pi}{2}\right]=(-1)^{k+1}\left(k\pi+\dfrac{\pi}{2}\right)\ (k=0,\pm 1,\pm 2,\cdots)$

   (5) $\operatorname{Res}[f(z),1]=0$

   (6) $\operatorname{Res}[f(z),0]=-\dfrac{1}{6}$

6. (1) 可去奇点，留数为 0；

   (2) 本性奇点，留数为 0；

   (3) 可去奇点，留数为 -2。

7. (1) $\operatorname{Res}[f(z),0]=1$，$\operatorname{Res}[f(z),-2]=-1$

   (2) $\operatorname{Res}[f(z),0]=0$，$\operatorname{Res}[f(z),k\pi]=(-1)^k\dfrac{1}{k\pi}\ (k=\pm 1,\pm 2,\cdots)$

8. $-\left(1-\dfrac{1}{3!}\right)$

9. (1) 0；(2) $2\pi i$；(3) $4\pi i$；(4) $4\pi e^2 i$；(5) $-4\pi i$；

   (6) 当 $m\geqslant 3$ 且为奇数时，积分等于 $(-1)^{\frac{m-3}{2}}\dfrac{2\pi i}{(m-1)!}$；当 m 为其他整数时，积分等于 0。

10. (1) $2\pi i$；(2) $-\dfrac{2}{3}\pi i$；(3) 当 $n \neq 1$ 时，积分为 0；当 $n = 1$ 时，积分为 $2\pi i$。

11. (1) $\dfrac{5\pi}{12}$；(2) $\dfrac{\sqrt{2}\,\pi}{4a^3}$；(3) $\dfrac{\pi}{3e^3}(3\cos 1 + \sin 1)$；(4) $\dfrac{\pi}{2e^a}$；(5) $\dfrac{\pi}{2}$；

　　(6) $\dfrac{2\pi}{b^2}(a - \sqrt{a^2 - b^2})$；(7) $\dfrac{\pi}{2}$；(8) $\dfrac{\pi}{2\sqrt{2}}$

<h3 style="text-align:center">习题六答案</h3>

1. (1) $\dfrac{4}{\pi}\displaystyle\int_0^{+\infty} \dfrac{\sin\omega - \omega\cos\omega}{\omega^3}\cos\omega t\,d\omega$

　　(2) $\dfrac{2}{\pi}\displaystyle\int_0^{+\infty} \dfrac{(5 - \omega^2)\cos\omega t + 2\omega\sin\omega t}{25 - 6\omega^2 + \omega^4}\,d\omega$

　　(3) $\dfrac{2}{\pi}\displaystyle\int_0^{+\infty} \dfrac{1 - \cos\omega}{\omega}\sin\omega t\,d\omega$（$|t| \neq 0$，$1$）

左端的 $f(t)$ 在它的间断点 $t_0 = -1$，0，1 处，应以 $\dfrac{f(t_0 + 0) + f(t_0 - 0)}{2}$ 代替。

2. (1) $f(t) = \dfrac{2}{\pi}\displaystyle\int_0^{+\infty} \dfrac{\beta}{\beta^2 + \omega^2}\cos\omega t\,d\omega$

　　(2) $f(t) = \dfrac{2}{\pi}\displaystyle\int_0^{+\infty} \dfrac{\omega^2 + 2}{\omega^4 + 4}\cos\omega t\,d\omega$

　　(3) $f(t) = \dfrac{2}{\pi}\displaystyle\int_0^{+\infty} \dfrac{\sin\omega\pi\sin\omega t}{1 - \omega^2}\,d\omega$

3. $F(\omega) = \dfrac{A(1 - e^{-i\omega\tau})}{i\omega}$；

4. $F(\omega) = \dfrac{\omega}{1 + \omega^2}$

5. 略。

6. $f(t) = \begin{cases} \dfrac{1}{2}\big[u(1+t) + u(1-t) - 1\big], & |t| \neq 1 \\[2mm] \dfrac{1}{4}, & |t| = 1 \end{cases}$

7. $F(\omega) = \dfrac{\pi}{2}i\big[\delta(\omega+2) - \delta(\omega-2)\big]$

8. (1) $i\dfrac{d}{d\omega}F(\omega) - 2F(\omega)$；(2) $\dfrac{1}{i}\dfrac{d^3}{d\omega^3}F(\omega)$；(3) $-F(\omega) - \omega\dfrac{d}{d\omega}F(\omega)$；

　　(4) $\dfrac{i}{2}\dfrac{d}{d\omega}F\left(\dfrac{\omega}{2}\right)$；(5) $\dfrac{i}{2}\dfrac{d}{d\omega}F\left(-\dfrac{\omega}{2}\right) - F\left(-\dfrac{\omega}{2}\right)$；(6) $\dfrac{1}{2i}\dfrac{d^3}{d\omega^3}F\left(\dfrac{\omega}{2}\right)$；

　　(7) $-ie^{-i\omega}\dfrac{d}{d\omega}F(-\omega)$；(8) $\dfrac{1}{2}e^{-\frac{5}{2}i\omega}F\left(\dfrac{\omega}{2}\right)$

9. (1) $\dfrac{\omega_0}{\omega_0^2-\omega^2}+\dfrac{\pi}{2\mathrm{i}}[\delta(\omega-\omega_0)-\delta(\omega+\omega_0)]$

(2) $\dfrac{1}{\mathrm{i}(\omega-\omega_0)}+\pi\delta(\omega-\omega_0)$

(3) $\mathrm{e}^{-\mathrm{i}(\omega-\omega_0)t_0}\left[\dfrac{1}{\mathrm{i}(\omega-\omega_0)}+\pi\delta(\omega-\omega_0)\right]$

(4) $-\dfrac{1}{(\omega-\omega_0)^2}+\pi\mathrm{i}\delta'(\omega-\omega_0)$

10. $f_1(t)*f_2(t)=\dfrac{\alpha\sin t-\cos t+\mathrm{e}^{-\alpha t}}{\alpha^2+1}$

11. $f_1(t)*f_2(t)=\begin{cases}0, & t\leqslant 0\\[2mm]\dfrac{1}{2}(\sin t-\cos t+\mathrm{e}^{-t}), & 0<t\leqslant\dfrac{\pi}{2}\\[2mm]\dfrac{1}{2}\mathrm{e}^{-t}(1+\mathrm{e}^{\frac{\pi}{2}}), & t>\dfrac{\pi}{2}\end{cases}$

12. 略。

习题七答案

1. (1) $F(s)=\dfrac{2}{4s^2+1}$ $(\mathrm{Re}(s)>0)$; 　　(2) $F(s)=\dfrac{1}{s+2}$ $(\mathrm{Re}(s)>-2)$;

(3) $F(s)=\dfrac{2}{s^3}$ $(\mathrm{Re}(s)>0)$; 　　(4) $F(s)=\dfrac{1}{s^2+4}$ $(\mathrm{Re}(s)>0)$;

(5) $F(s)=\dfrac{s^2+2}{s(s^2+4)}$ $(\mathrm{Re}(s)>0)$; 　　(6) $F(s)=\dfrac{2}{s(s^2+4)}$ $(\mathrm{Re}(s)>0)$;

2. (1) $F(s)=\dfrac{1}{s}(3-4\mathrm{e}^{-2s}+\mathrm{e}^{-4s})$; 　　(2) $F(s)=\dfrac{1}{s^2+1}(1+\mathrm{e}^{-\pi s})$;

(3) $F(s)=\dfrac{5s-9}{s-2}$; 　　(4) $F(s)=\dfrac{s^2}{s^2+1}$

3. $\mathscr{L}[f(t)]=\dfrac{1}{(1-\mathrm{e}^{-\pi s})(s^2+1)}$

4. (1) $F(s)=\dfrac{1}{s^3}(2s^2+3s+2)$; 　　(2) $F(s)=\dfrac{1}{s}-\dfrac{1}{(s-1)^2}$;

(3) $F(s)=\dfrac{s^2-4s+5}{(s-1)^3}$; 　　(4) $F(s)=\dfrac{s}{(s^2+a^2)^2}$;

(5) $F(s)=\dfrac{s^2-a^2}{(s^2+a^2)^2}$; 　　(6) $F(s)=\dfrac{10-3s}{s^2+4}$;

(7) $F(s)=\dfrac{6}{(s+2)^2+36}$; $\qquad$ (8) $F(s)=\dfrac{s+4}{(s+4)^2+16}$;

(9) $F(s)=\dfrac{1}{s}e^{-\frac{5}{3}s}$; $\qquad$ (10) $F(s)=\dfrac{1}{s}$

5. (1) $F(s)=aF(as+1)$; $\qquad$ (2) $F(s)=aF(as+a^2)$

6. (1) $F(s)=\dfrac{4(s+3)}{[(s+3)^2+4]^2}$; $\qquad$ (2) $F(s)=\dfrac{2(3s^2+12s+13)}{s^2[(s+3)^2+4]^2}$;

(3) $f(t)=-\dfrac{1}{t}(e^{-t}-e^t)$; $\qquad$ (4) $F(s)=\dfrac{4(s+3)}{s[(s+3)^2+4]^2}$

7. (1) $F(s)=\text{arccot}\dfrac{s}{k}$; $\qquad$ (2) $F(s)=\text{arccot}\dfrac{s+3}{2}$;

(3) $F(s)=\dfrac{1}{s}\text{arccot}\dfrac{s+3}{2}$

8. (1) $f(t)=\dfrac{1}{2}\sin 2t$; $\qquad$ (2) $f(t)=\dfrac{1}{6}t^3$;

(3) $f(t)=\dfrac{1}{6}t^3e^{-t}$; $\qquad$ (4) $f(t)=e^{-3t}$;

(5) $f(t)=2\cos 3t+\sin 3t$; $\quad$ (6) $f(t)=\dfrac{3}{2}e^{3t}-\dfrac{1}{2}e^{-t}$;

(7) $f(t)=\dfrac{3}{5}e^{2t}+\dfrac{2}{5}e^{-3t}$; $\quad$ (8) $f(t)=2e^{-2t}\cos 3t+\dfrac{1}{3}e^{-2t}\sin 3t$

9. (1) t; (2) $\dfrac{1}{6}t^3$; (3) $\dfrac{m!n!}{(m+n+1)!}t^{m+n+1}$;

(4) e^t-t-1; (5) $\dfrac{1}{2}t\sin t$; (6) $\dfrac{1}{2k}\sin kt-\dfrac{t}{2}\cos kt$

10. 略。

11. (1) $f(t)=\dfrac{1}{a}(e^{at}-1)$; $\qquad$ (2) $f(t)=\dfrac{1}{a^3}(e^{at}-\dfrac{1}{2}a^2t^2-at-1)$;

(3) $f(t)=\dfrac{1}{5}(3e^{2t}+2e^{-3t})$; $\quad$ (4) $f(t)=2\cos 3t+\sin 3t$;

(5) $f(t)=\dfrac{1}{a^2}(1-\cos at)$; $\qquad$ (6) $f(t)=\sinh t-t$;

(7) $f(t)=\dfrac{1}{40}\left[(t^2+8t+15)+\left(7t-\dfrac{15}{2}\right)e^{2t}\right]$;

(8) $f(t)=-u(t)+2e^t-te^t$; $\quad$ (9) $f(t)=\dfrac{1}{2a^3}(\sinh at-\sin at)$;

$$(10) \ f(t) = \frac{1}{3}\cos t - \frac{1}{3}\cos 2t$$

12. $(1) \ f(t) = \frac{4}{3}(1 - e^{-\frac{3}{2}t})$;　　$(2) \ f(t) = \frac{3}{2}(e^{-2t} - e^{-4t})$;

$(3) \ f(t) = \frac{1}{5}(1 - \cos\sqrt{5}t)$;　　$(4) \ f(t) = 6e^{-4t} - 3e^{-2t}$;

$(5) \ f(t) = 1 - 3e^{-t} + 3e^{-2t}$; $(6) \ f(t) = 8 + st + t^2 - (8 - 3t)e^t$;

$(7) \ f(t) = 7e^{-3t} - 3e^{-2t}$;　　　$(8) \ f(t) = \frac{1}{2}te^{2t}\sin t$;

$(9) \ f(t) = \frac{1}{2}e^{-t}[\sin t - t\cos t]$; $(10) \ f(t) = \left(\frac{1}{2}t\cos 3t + \frac{1}{6}\sin 3t\right)e^{-2t}$

13. $(1) \ y(t) = e^{2t} - e^t$

$(2) \ y(t) = \frac{1}{4}[(7 + 2t)e^{-t} - 3e^{-3t}]$

$(3) \ y(t) = e^{-t} - e^{-2t} + \left[-e^{-(t-1)} + \frac{1}{2}e^{-2(t-1)} + \frac{1}{2}\right]u(t-1)$

$(4) \ y(t) = te^t\sin t$

$(5) \ y(t) = \frac{1}{3}e^{-t}(\sin t + \sin 2t)$

$(6) \ y(t) = -2\sin t - \cos 2t$

$(7) \ y(t) = h(t) * e^{-2t}\sin t + e^{-2t}[c_1\cos t + c\sin t] \ (c = 2c_1 + c_2)$

$(8) \ y(t) = 1 - \left(\frac{t^2}{2} + t + 1\right)e^{-t}$

$(9) \ y(t) = -\frac{1}{2} + \frac{1}{10}e^{2t} + \frac{2}{5}\cos t - \frac{1}{5}\sin t$

$(10) \ y(t) = t^3 e^{-t}$

$(11) \ y(t) = \left(\frac{1}{60}t^5 - \frac{t^2}{2} - t + 1\right)e^t$

$(12) \ y(t) = \frac{1}{2}t\sin t$

$(13) \ y(t) = -\frac{1}{2} + \frac{1}{2}t + \frac{1}{2}\left(c_0 + \frac{1}{2}\right)t^2 + \frac{1}{2}(\cos t - \sin t)$

$(14) \ y(t) = 2te^{t-1}$

$(15) \ y(t) = \frac{\sinh t}{\sinh 2\pi}$

14. （1）$y(t) = 1 + \dfrac{1}{2}t^2$；　　　　（2）$y(t) = \sin t$；

（3）$y(t) = e^{-(t-b)}\sin(t-b)u(t-b) - 2e^{-t}(\cos t - \sin t)$；

（4）$y(t) = 5(-e^{-t} + 4e^{-2t} - 3e^{-3t})$

15. （1）$\begin{cases} x(t) = e^t \\ y(t) = e^t \end{cases}$；（2）$\begin{cases} y(t) = (1 - 2\cos t) * f(t) \\ z(t) = -\cos t * f(t) \end{cases}$；

（3）$\begin{cases} x(t) = \dfrac{2}{3}\cos 2t + \dfrac{1}{3}\sin 2t + \dfrac{1}{3}e^t \\ y(t) = -\dfrac{2}{3}\cos 2t - \dfrac{1}{3}\sin 2t + \dfrac{2}{3}e^t \end{cases}$

参 考 文 献

[1] 闫炎. 复变函数与积分变换[M]. 北京：清华大学出版社，2013.

[2] 马柏林. 复变函数与积分变换[M]. 上海：复旦大学出版社，2012.

[3] 祝同江. 工程数学：复变函数[M]. 3 版. 北京：电子工业出版社，2012.

[4] 王忠仁，张静. 复变函数与积分变换[M]. 北京：高等教育出版社，2006.

[5] 西安交通大学高等数学教研室. 复变函数[M]. 北京：高等教育出版社，2007.

[6] 张元林. 工程数学：积分变换[M]. 5 版. 北京：高等教育出版社，2007.

[7] 卢玉峰. 复变函数[M]. 北京：高等教育出版社，2003.

[8] 李建林. 复变函数与积分变换[M]. 西安：西北工业大学出版社，2007.